Zugvögel

MIKE UNWIN & DAVID TIPLING

Zugvögel

Reisewege und Überlebensstrategien

DUMONT

Die englische Originalausgabe erschien 2020
unter dem Titel *Flights of Passage.*
An illustrated natural history of bird migration
bei White Lion Publishing, London.

Erste Auflage 2021

Verlagskoordination: Marisa Botz
Übersetzung: Sebastian Vogel
Lektorat: Franz Leipold
Satz: Aicha Becker
Umschlag: Birgit Haermeyer

Printed in China
ISBN 978-3-8321-9995-1
www.dumont-buchverlag.de

SEITE 1 Ein Papageitaucher mit dem Schnabel voller Fische auf den Farne-Inseln, Northumberland, England.

SEITE 2 Ein Turteltaubenpaar in der Luft. Wie bei vielen afropaläarktischen Zugvögeln geht der Bestand dieser Art stark zurück.

RECHTS Nonnengänse sammeln sich nach ihrem langen Flug aus dem arktischen Spitzbergen auf Äckern am Solway Firth, Schottland.

Inhalt

GEGENÜBER Die Rötelschwalbe fliegt am Tag und frisst auf ihrem Zug von Südeuropa ins tropische Afrika in der Luft.

FOLGENDE DOPPELSEITE Die winzige Buntfuß-Sturmschwalbe trotzt den heftigsten Stürmen auf ihrer Reise über die Ozeane der Welt.

DAS WUNDER DES VOGELZUGES

Wie ein Schneesturm stieben die Kurzschwanz-Sturmtaucher vor der Nordostküste Russlands über die arktischen Wellenberge. Zu Tausenden sammeln sie sich hier für den Rückflug nach Neuseeland. Silbergraue, soeben aus den asiatischen Steppen eingetroffene Wiesenweihen lassen sich inmitten der Savannen der Serengeti zwischen weidenden Gnuherden nieder. Bunt gemischte amerikanische Sperlingsvögel – Magnolien-, Gold-, Gelbscheitel-Waldsänger – flitzen wie lebende Edelsteine zwischen den Büschen eines texanischen Parkplatzes hin und her, nachdem sie auf ihrer Wanderung gerade den Golf von Mexiko überquert haben.

Kaum etwas anderes in der Tierwelt beflügelt unsere Fantasie so sehr wie der Vogelzug. Doch um solche Wunder zu erleben, muss man nicht an exotische Orte reisen – während ich an einem stürmischen Oktobertag in einer belebten Stadt an der englischen Südküste diese Zeilen schreibe, ziehen Rauchschwalben über mein Haus: Die Vögel machen sich auf eine Reise, die sie bis nach Kapstadt in Südafrika führen kann. Und wenn heute Abend der Himmel klar ist und ich kurz nach Einbruch der Dunkelheit ins Freie trete, werde ich das dünne *Tsip, tsip* der Rotdrosseln hören – kleiner Vögel aus Skandinavien, die über das Meer gekommen sind und hier überwintern.

Ornithologen sind nicht die Einzigen, die sich von solchen Geschichten fesseln lassen. Seit Jahrtausenden beobachten die Menschen die faszinierenden Wanderungen der Wildvögel. Vom „ersten Kuckuck" im Frühling bis zu den großartigen Schwärmen der Schneegänse, die in den Vereinigten Staaten den Herbst ankündigen, waren Zugvögel für uns immer die Vorboten des jahreszeitlichen Wandels. Vor über 3000 Jahren ließen sich polynesische Seeleute bei ihren Erkundungsreisen über den Pazifik von Zugvögeln zum Land führen, und antike Gelehrte von Aristoteles bis zu Plinius dem Älteren beschrieben den Vogelzug in ihren Schriften. Selbst die Bibel berichtet davon: „Der Storch unter dem Himmel weiß seine Zeit, Turteltaube, Kranich und Schwalbe halten die Zeit ein, in der sie wiederkommen sollen" (Jeremia 8, 7).

Unsere Faszination lässt sich leicht erklären. Die gefiederten Tiere – viele von ihnen winzig klein und aus unserer Sicht empfindlich – beherrschen das Fliegen, eine Fähigkeit, von der wir nur träumen können. Sie überwinden damit Entfernungen und vollbringen Kraft- und Ausdauerleistungen, die Fragen nach dem Bereich des physikalisch Möglichen aufwerfen. Dabei bewältigen sie nicht nur schier unbezwingbare Hindernisse wie Wüsten, Gebirge und Ozeane, sondern es gelingt ihnen auch noch, Jahr für Jahr den Weg zu ihrem Bestimmungsort zu finden – manchmal zu ein und demselben Baum.

Bevor der Mensch das Flugzeug erfand, konnte er sich eine Reise, wie die Pfuhlschnepfe sie unternimmt, nicht vorstellen: Der kleine Vogel fliegt in nur neun Tagen 11.300 km weit über das offene Meer von Alaska nach Neuseeland. Selbst heute, in Zeiten von Satellitennavigation, zerbrechen sich Wissenschaftler den Kopf über die Orientierungsfähigkeit und Zielgenauigkeit der Vögel. Da wundert es nicht, dass Aristoteles vermutete, die Schwalben, die jedes Jahr im Herbst verschwanden, würden Winterschlaf halten. Hätte die Wahrheit – dass sie nach Afrika und zurück fliegen – überzeugender geklungen? Erst seit rund 200 Jahren haben wir den Vogelzug als Tatsache anerkannt, und heute, wo wir immer mehr darüber wissen, wird er nur noch erstaunlicher.

WARUM WANDERN VÖGEL?

Den Vogelzug zu definieren ist nicht immer einfach. In einem weit gefassten Sinn meint man damit die regelmäßige, jahreszeitliche Wanderungsbewegung der Vögel zwischen ihren Brut- und Überwinterungsgebieten. In der Regel ziehen Vögel, die in gemäßigten oder polaren Breiten der nördlichen Erdhalbkugel brüten, im Herbst in die Tropen oder Subtropen. Dort verbringen sie den Winter, und im Frühjahr fliegen sie zum Brüten wieder nach Norden.

Zu diesem Grundprinzip gibt es viele Abwandlungen. Doch warum nehmen Vögel überhaupt die Gefahren einer solchen Wanderung auf sich, die riesige Anforderungen in Bezug auf Energie und Durchhaltevermögen stellt? Die Antwort lautet: Überleben. Einfach gesagt, wiegen die Gefahren des Bleibens schwerer als die des Fortziehens. Der Rauchschwalbe, die in Europa brütet, bietet der Sommer eine Fülle an Nahrung und Tageslicht, sodass sie ihre Jungen ernähren kann, aber der Winter, in dem die Versorgung mit Insekten zusammenbricht, wird

GEGENÜBER Kanadakraniche stoßen vom Abendhimmel auf die Sandbänke des Platte River in Nebraska herab. Die Region ist ein wichtiger Rastplatz auf ihrer Wanderung nach Norden.

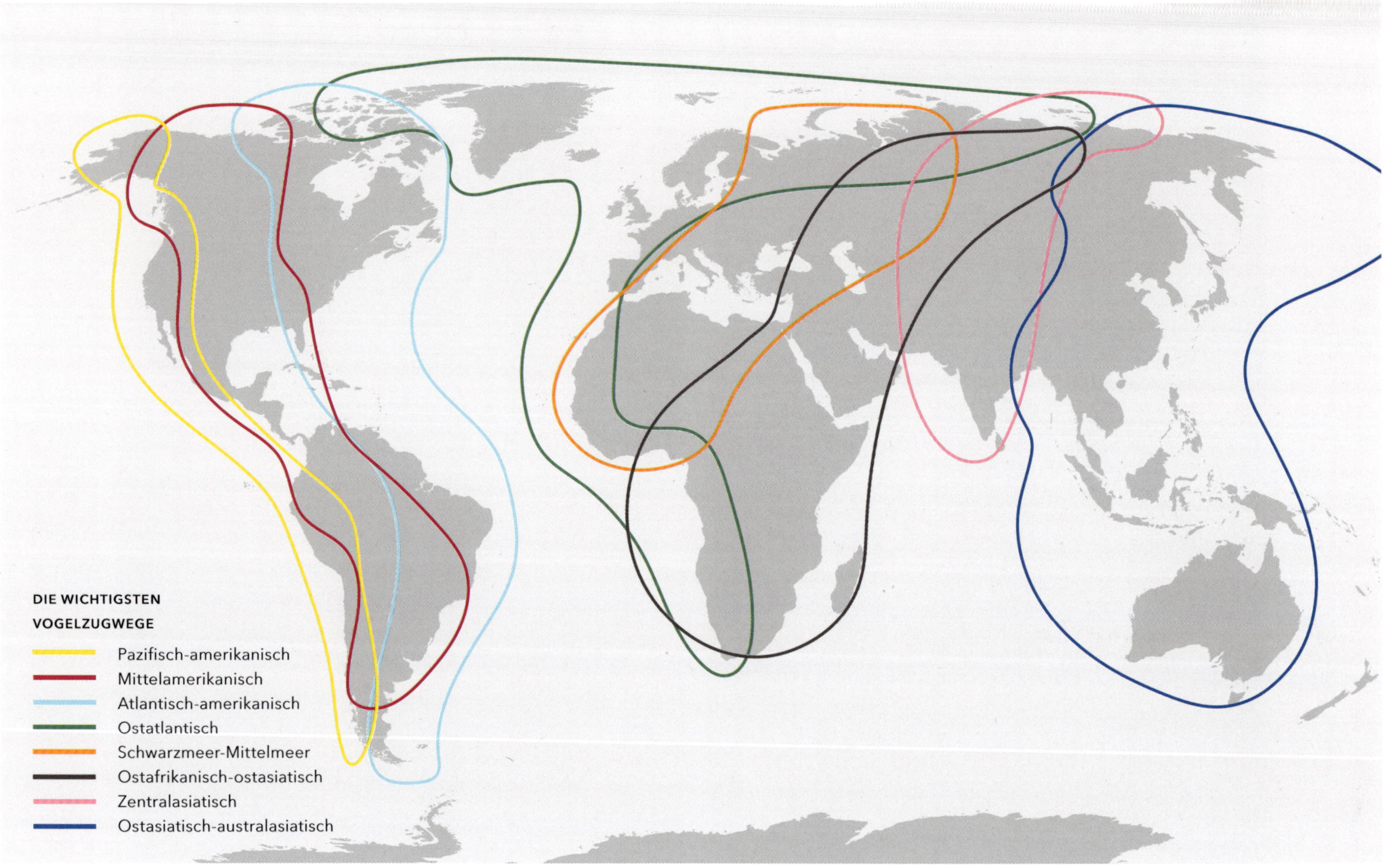

zur Todesfalle. Also macht sich der Vogel auf nach Afrika, wo er Wärme und Nahrung im Überfluss findet. Wenn aber die Brutsaison näher rückt, werden dort die Heerscharen einheimischer Vögel zur Gefahr, die mit ihm um Nistplätze konkurrieren. Also kehrt er nach Norden zurück, wo die längeren Tage es ihm ermöglichen, für reichlich Nachwuchs zu sorgen.

Natürlich ist der Vogelzug anstrengend und gefährlich. Aber das ist für die meisten Vögel auch die alltägliche Herausforderung, einfach am Leben zu bleiben. Die Überlebensquote von Standvögeln – Arten, die über den Winter an Ort und Stelle bleiben – ist häufig sogar niedriger als bei verwandten Arten, die Zugvögel sind. Auch hier gilt: In der Regel bringt die Evolution nichts hervor, was das Leben erschwert. Die natürliche Selektion sorgt dafür, dass Anpassungen wie der Vogelzug sich nur dann entwickeln, wenn sie einen Vorteil bieten. Natürlich sind Wanderungsbewegungen nicht auf Vögel beschränkt – zahlreiche andere Tiere auf der ganzen Welt, von den Buckelwalen bis zu den Monarchfaltern, wandern ebenfalls, und alle tun es aus dem gleichen Grund: um Ressourcen zu finden, mit denen sie am Leben bleiben und sich fortpflanzen können.

Die Evolution des Vogelzuges hat ihre Wurzeln nach heutiger Kenntnis vermutlich in den Eiszeiten. Die Abstammungslinien der meisten Arten, die auf der Nordhalbkugel heimisch sind, haben sich in den Tropen entwickelt, während die Polarregionen von Eiskappen bedeckt waren. Als sich das Eis zurückzog, wagten sich manche Arten nach Norden vor, um dort neue ökologische Nischen zu erkunden, aber im Winter mussten sie zum Überleben immer noch in den Süden zurückkehren. Solche Verhaltensmuster sind offensichtlich in der Evolution vieler Abstammungslinien von Vögeln auf der ganzen Welt unabhängig voneinander entstanden und wurden in den Arten, die daraus später hervorgingen, genetisch festgeschrieben.

Heute wandern etwa 4000 der mehr als 10.000 Vogelarten auf diese oder jene Weise, und mindestens 1800 legen dabei große Entfernungen zurück. In den Tropen, wo Nahrungsangebot und Wetter am zuverlässigsten sind, bleiben die meisten Arten sesshaft oder wandern nur wenig. Auf der Nordhalbkugel dagegen wandert die Mehrzahl der Arten in einem gewissen Umfang. Mindestens 200 Arten von Landvögeln unternehmen regelmäßig die lange Reise von Europa nach Afrika und zurück, und 300 wandern zwischen Nord- und Südamerika. Im Süden kehren nur wenige Arten den Trend um – innerafrikanische Zugvögel wie der Senegalliest zum Beispiel bleiben bei ihren Wanderungen auf der Südhalbkugel.

FORMEN DES VOGELZUGES

In der klassischen Vorstellung ist der Vogelzug eine Hin- und Rückreise – ein regelmäßiges Hin und Her zwischen zwei Regionen. Er folgt typischerweise der Nord-Süd-Richtung. Manchmal sind die Entfernungen groß – die Dominikanerschwalbe zum Beispiel legt zwischen Kanada und Brasilien in jeder Richtung 10.000 km zurück –, in anderen Fällen ist die Reise kürzer wie die 1000 km der Rotdrossel zwischen Skandinavien und Großbritannien. Bei diesen Wanderungsbewegungen ist häufig ein starkes Element der Standorttreue zu erkennen: Der Vogel kehrt an beiden Zielpunkten der Reise immer an die gleiche Stelle zurück.

Vögel wandern entlang gemeinsamer Routen oder Zugwege, in denen sich die vorherrschenden Wetterbedingungen und die Topografie der überflogenen Landschaften widerspiegeln. Manche Arten folgen dem Küstenverlauf, andere überqueren Ozeane oder das Innere von Kontinenten, wobei sie Flusstäler und andere „Orientierungslinien“ nutzen. Viele Zugwege führen auch über Gebirgspässe, Meerengen oder andere Engstellen, wo sich die Zugvögel häufig in großer Zahl sammeln. Immer gibt es wichtige Rastplätze – oft Feuchtgebiete oder Flussmündungen –, wo die Vögel sich mit Nahrung und Wasser versorgen und sich ausruhen können.

Weltweit gibt es drei Hauptzugwege: den amerikanischen, den afrikanisch-eurasischen und den asiatisch-australasiatischen. Jedes dieser drei riesigen Gebiete umfasst einige eng umgrenzte Routen. In Nordamerika hat man vier Hauptzugwege nachgewiesen: Den pazifisch-amerikanischen, den Mississippiamerikanischen, den atlantisch-amerikanischen und den ostatlantischen. Jeder davon nimmt zwischen der Arktis und den Tropen einen anderen Verlauf. Auch der afrikanisch-eurasische Zugweg gliedert sich in drei Hauptrouten: den ostatlantischen, den Schwarzmeer-mediterranen und den westasiatisch-ostafrikanischen. Weitere drei Hauptrouten findet man im asiatisch-australasiatischen Zugweg: den zentralasiatischen, den ostasiatisch-australasiatischen und den westpazifischen.

Innerhalb der breiten Zugwege folgt jede Spezies einer eigenen Route, die nicht unbedingt in gerader Linie verläuft. Vielfach sind die Wege geknickt: Der Vogel ist gezwungen, nach Westen oder Osten auszuweichen, um ein geografisches Hindernis wie ein Gebirge oder einen Ozean zu überwinden, oder er nutzt auf einer gewundenen Route die jahreszeitlichen Wetterverhältnisse oder Nahrungsquellen. Durch solche Wanderungsrouten kann sich der Weg zwar um viele Kilometer verlängern, aber sie sind dennoch häufig das effizienteste Mittel, um die Reise erfolgreich abzuschließen. Streifenwaldsänger wandern im Herbst zunächst von Zentralkanada in östlicher Richtung nach Neuengland, bevor sie sich in den Süden nach Brasilien aufmachen und so die schnellere Route über den Westatlantik nutzen, statt unmittelbar südlich mitten über Nordamerika zu fliegen.

Manchmal verläuft der Rückweg auch anders als der Hinweg – der Vogel macht also eine „Rundreise“, wie zum Beispiel die Rotrücken Zimtelfen: Sie folgen im Frühjahr auf dem Weg von Mexiko nach Alaska einer Route entlang der Küste, schlagen aber im Herbst eine Südroute im Landesinneren über die Rocky Mountains ein, um sich unterwegs vom Nektar der Wildblumen zu ernähren. Häufig kommen solche Rundreisen bei See- und Küstenvögeln vor, die vielfach die jahreszeitlichen Veränderungen der Windverhältnisse zur Unterstützung ihres Fluges ausnutzen. Das ist der Grund, warum Vogelfreunde in Großbritannien im Herbst viele Rotkehl- und Sichelstrandläufer auf ihrem Flug von den arktischen Brutgebieten nach Süden vorüberkommen sehen, während ihre Zahl im Frühjahr, wenn sie eine östliche Route wählen, sehr gering ist.

Manche Arten nehmen mehrere Routen. Grauschnäpper, die in Westeuropa brüten, fliegen auf einer westlichen Route über das westliche Mittelmeer nach Afrika, solche aus Osteuropa dagegen schlagen einen Kurs über die östliche Seite ein. Entsprechend gibt es für diese Art irgendwo in Mitteleuropa eine „Wanderungsscheide“, eine Stelle, an der zwei Populationen derselben Spezies unterschiedliche Strategien verfolgen. Bei einigen Arten jedoch schreibt die Evolutionsvergangenheit eine Route vor, die bei einem Blick auf den Atlas der Intuition zu widersprechen scheint. Steinschmätzer aus Kanada unternehmen eine Mammutreise nach Zentralafrika: Sie überqueren den Atlantik und schlagen über Europa eine südliche Richtung ein, statt wie andere in Kanada brütende Arten über die viel kürzere Entfernung südlich nach Mittelamerika zu wandern. Der Grund: Früher erstreckte sich das Brutgebiet der Spezies von Eurasien nach Westen, und als die Vögel die Neue Welt besiedelten, nahmen sie ihre genetisch festgeschriebene Wanderungsroute aus der Alten Welt mit.

In vielen Fällen besteht auch ein Teil der Population einer Spezies aus Zugvögeln, während ein anderer Teil – in der Regel derjenige, der weiter südlich lebt – am Ort bleibt. Solche Vögel bezeichnet man als Teilzieher. In Nordamerika bleiben die Rotflügelstärlinge, die in den südlichen Bundesstaaten ansässig sind, das ganze Jahr über in ihren Brutgebieten oder in deren Nähe, während Populationen, die in den nördlichen Bundesstaaten oder in Kanada brüten, nach Süden oftmals bis nach Mexiko fliegen. Solche Arten müssen ein Gleichgewicht zwischen den relativen Vor- und Nachteilen von Ziehen und Bleiben finden. In manchen Fällen überfliegen die Wanderer aus dem Norden ihre sesshaften Vettern im Süden in einer Art „Sprungwanderung“. So fliegen Fischadler, die in Quebec brüten und in Brasilien überwintern, zweimal im Jahr über die Köpfe ihrer sesshaften Vettern in Belize hinweg. Mittlerweile unterscheiden sich die beiden Populationen in ihrem Verhalten so stark, dass sie sich zu getrennten Unterarten entwickelt haben und sich nicht mehr miteinander vermischen.

Das Wanderungsverhalten kann sich innerhalb einer Spezies auch je nach Alter und Geschlecht unterscheiden. Die Weibchen von Küstenvögeln wie dem Knutt machen sich auf die Reise in den Süden, kurz nachdem die Jungen geschlüpft

sind, während die Männchen zurückbleiben, die Jungen versorgen und erst einige Wochen später nachfolgen. Die Weibchen ziehen in der Regel auch weiter, und die Männchen kehren im folgenden Frühjahr eher zurück, erpicht darauf, so früh wie möglich das Brutrevier zu sichern. Wegen der Notwendigkeit des Brütens verläuft die Rückreise der meisten Zugvögel auch schneller als der Hinweg im Herbst, das heißt, sie legen weniger Pausen ein und wählen eine direktere Route. Die Jungvögel des Mauerseglers und anderer Arten, die unmittelbar nach dem Flüggewerden gewandert sind, kehren im folgenden Jahr nicht zurück, sondern bleiben im Winterquartier, wachsen dort heran und lernen, bis sie im zweiten Jahr bereit sind, den Rückweg anzutreten und sich zu paaren. Manche langlebigen Arten, beispielsweise die Albatrosse, kehren unter Umständen sieben oder acht Jahre nicht zu ihren Brutgebieten zurück.

Ebenso ziehen nicht alle Vögel entlang einer Nord-Süd-Achse. Manche Arten wie beispielsweise der Mauerläufer folgen der Höhenlage: Er brütet in europäischen Gebirgen wie den Alpen in Höhen bis zu 3000 m, begibt sich aber im Winter manchmal bis auf Meereshöhe herab und tauscht die nackten Gipfel gegen Mauern in Dörfern, die zu dieser Jahreszeit mehr Nahrung bieten. Manche dieser Reisen sind sehr kurz – ein Alpenschneehuhn bewegt sich vielleicht am selben Berg 600 m auf und ab –, aber alle folgen dem gleichen Prinzip: Der Vogel muss an einen Ort wandern, an dem er das Notwendige zum Überleben findet.

Die Wanderungsbewegungen entsprechen nicht immer dem klassischen Prinzip mit alljährlicher Hin- und Rückreise. Manche Arten vollziehen auch die sogenannte Irruption: Sie treffen in regelmäßigen Abständen massenhaft in Winterquartieren ein, in denen man sie unter Umständen jahrelang nicht gesehen hat. Meist geschieht so etwas, wenn die Nahrung im Winter nach einer produktiven Brutsaison knapp wird, sodass die kürzlich gewachsene Population weiterziehen muss. Seidenschwänze ziehen etwa alle zehn Jahre über die Nordsee nach Großbritannien, nachdem sie die skandinavischen Beerensträucher geplündert haben. Einem ähnlichen nahrungsabhängigen Irruptionszyklus folgen nördliche Raubvögel, die auf die schwankende Wühlmauspopulation angewiesen sind: In den USA tauchen Schnee-Eulen manchmal mehrere tausend Kilometer südlich von ihren Brutgebieten auf. Andere Vögel unternehmen „Fluchtwanderungen", wenn widriges Wetter sie kurzfristig zum Ortswechsel zwingt. Das gilt vor allem für Wasservögel, deren Seen zufrieren, oder für Arten wie den Kiebitz, die im gefrorenen Boden keine Nahrung mehr finden.

Einige Arten wandern mit einem One-Way-Ticket. Fichtenkreuzschnäbel richten ihre Brutzeit so ein, dass sie mit der unregelmäßigen Samenproduktion von Kiefern und Fichten zusammenfällt. Sie wandern dorthin, wo die beste Nahrung verfügbar ist, paaren sich, wenn nötig, mitten im Winter, und ziehen weiter in neue Gebiete, wenn dort Nahrungspflanzen zur Verfügung stehen. Ein solches Nomadentum ist typisch für viele Vögel in tropischen Trockengebieten, so auch in den Wüsten Südaustraliens, wo Wellensittiche und verschiedene Finkenarten ein Nomadenleben führen: Sie gehen immer dahin, wo gerade Regen fällt und die Grassamen keimen.

OBEN Rauchschwalben sammeln sich während der Zugunruhe, einer Phase hektischer Aktivität unmittelbar vor der Abreise nach Süden, auf einem Drahtzaun.

VORBEREITUNG FÜR DEN ABFLUG

Vögel machen sich nicht einfach aus einer Laune heraus auf den Weg, sie müssen dafür bereit sein. Das hat aber nichts mit bewusster Planung, sondern mit innerer Programmierung zu tun. Ausgelöst wird der Prozess durch die unterschiedliche Tageslänge im Herbst und Frühjahr, die im Vogel eine Hormonverschiebung in Gang setzt.

Vor der Reise machen Zugvögel beträchtliche physiologische Veränderungen durch. Vielfach legen sie unter der Haut eine zusätzliche Fettschicht an, die doppelt so schnell in Energie umgesetzt werden kann wie die Kohlenhydrate der normalen Nahrung und die die notwendige Kraft zum Fliegen liefert. Dazu fressen die Vögel vor dem Abflug ständig und viel, wobei sie häufig die im Herbst reifenden Beeren nutzen. Bei Arten, die Nonstopflüge unternehmen, kann sich die Körpermasse in dieser Zeit verdoppeln. Andere verlieren dagegen unnötiges Gewicht: Die Fortpflanzungsorgane der Pfuhlschnepfe schrumpfen während der Wanderung beträchtlich.

Die meisten kleinen Zugvögel machen vor dem Abflug auch eine vollständige Mauser durch: Sie tauschen nach der Paarung das schäbige Gefieder gegen ein neues Reise-Federkleid – bei anderen Vögeln jedoch, darunter Küstenvögel und Möwen, geschieht dies erst am Zielort. Viele wilde Wasservögel legen ihr gesamtes Gefieder auf einmal ab, sodass sie erst wieder fliegen können, wenn die Federn nachgewachsen sind. Manche unternehmen auch zu diesem Zweck eine besondere „Mauserwanderung“: So versammeln sich Brandgänse aus ganz Europa im September im Wattenmeer vor der niederländischen Küste, wo sie vor natürlichen Feinden sicher sind, wechseln dort das Federkleid und ziehen erst dann weiter ins Winterquartier.

Wenn der Abreisetag naht, werden die Vögel unruhig; sie bewegen sich ständig und fressen hektisch. Diese Zugunruhe wurde erstmals 1795 von dem deutschen Naturforscher Johann Andreas Naumann (1744–1826) beschrieben. Die Ursache ist wiederum eine genetische Programmierung. Wie man aus Experimenten weiß, setzt die Zugunruhe zur Zeit der Wanderung sogar bei Vögeln ein, die in Gefangenschaft aufgewachsen sind. Wann der Vogel seinen Bestimmungsort erreicht, merkt er nicht nur an sensorischen Anhaltspunkten, sondern auch an seinem Stoffwechsel: Da er den „Tank“ genau mit der richtigen Treibstoffmenge gefüllt hat, weiß er, dass er angekommen ist, wenn die Nadel auf null zeigt.

DIE REISE

Sind die Zugvögel reisefertig, warten sie darauf, dass das Wetter den Startschuss gibt. Klarer Himmel und Rückenwind sind ideale Bedingungen. Gewöhnlich starten Zugvögel in breiter Front – sie fliegen nicht im Schwarm, sondern individuell, schlagen aber alle ungefähr die gleiche Richtung ein, bleiben mit Rufen in Kontakt und lassen sich oft auch am gleichen Ort zum Ausruhen nieder. Parallele Ströme können an geografischen Nadelöhren – beispielsweise an Gebirgspässen – zusammenfließen, wobei die breite Front sich zu einem deutlich erkennbaren Zugweg verengt.

Manche langlebigen, sozialen Arten wie Kraniche oder auch Gänse wandern im Schwarm. Dabei fliegen sie meist in einer

OBEN LINKS Bergstrandläufer an einem Gezeitenkanal im Delta des Copper River in Alaska. Die Vögel sind auf dem Weg in ihre arktischen Brutgebiete.

OBEN RECHTS Wie viele kleine Vögel legt auch der Schilfrohrsänger vor dem Nonstopflug zusätzliche Fettreserven an und verdoppelt so fast sein Körpergewicht.

„V-Formation", in der jeder Vogel durch die Turbulenzen, die von den Flügelspitzen des vor ihm fliegenden Vogels entstehen, Auftrieb erhält. Zugleich werden die Positionen im Schwarm getauscht, sodass jeder abwechselnd den Vorteil genießen kann. Große Schwärme bestehen manchmal aus Familienverbänden von ausgewachsenen Vögeln und gerade flügge gewordenen Jungtieren. Sie fliegen und rasten gemeinsam und verlangsamen den Flug oder schieben den Abflug hinaus, damit ein Individuum, das Schwierigkeiten hat, aufholen kann.

Viele Arten, darunter die meisten Sperlings-, Wat- und Entenvögel, ziehen vorwiegend nachts. Das hat mehrere Vorteile: Die Luft ist weniger dicht und stabiler, was Turbulenzen vermindert. Es besteht eine geringere Gefahr, von tagaktiven Raubvögeln gefressen zu werden, die Gefahr der Überwärmung ist geringer, und die Vögel können morgens landen und tagsüber fressen. Dennoch wandern andere vorwiegend am Tag – dazu gehören Insektenfresser wie die Mauersegler und Schwalben, die unterwegs im Fluge fressen können.

Große Vögel mit breiten Flügeln, darunter Störche, Raubvögel und Pelikane, wandern ebenfalls tagsüber. Wegen ihres schwereren Körperbaus können sie sich nicht längere Zeit im Flatterflug fortbewegen. Sie sind vielmehr darauf angewiesen, dass die Thermik – warme Luftströmungen, die vom sonnenwarmen Boden aufsteigen – ihnen Auftrieb verleiht, sodass sie ihr Ziel im Gleitflug erreichen. Solche Vögel vermeiden es meist, große Gewässer zu überqueren, wo es keine Thermik gibt. Ihre Zugwege laufen an den schmalsten Meerengen zusammen, so in Gibraltar am westlichen und am Bosporus am östlichen Ende des Mittelmeers. An solchen Engpässen sammeln sie sich in großer Zahl und warten darauf, dass die Thermik sie anhebt und ihnen über die natürlichen Barrieren hinweghilft. Bei der Raubvogelwanderung in der mexikanischen Provinz Veracruz sieht man entlang eines schmalen Landstreifens zwischen Gebirge und Meer innerhalb weniger Tage bis zu 5 Millionen Falken, Habichte und Truthahngeier vorüberziehen.

Zu allen Vogelzugwegen gehören traditionelle Bereitstellungsräume, Zwischenstationen mit reichem Nahrungsangebot, an denen die Vögel sich ausruhen und Energie für die Weiterreise „tanken" können. Ringelgänse machen auf ihrem Weg von Russland nach Großbritannien im Wattenmeer halt und tun sich an den wirbellosen Tieren im Gezeitenschlick gütlich. Auf dem westpazifischen Flugweg von der russischen Arktis und Alaska machen Millionen Küstenvögel verschiedener Arten im Gelben Meer vor der chinesischen Küste und Korea halt. Die Zugwege der einzelnen Arten haben sich rund um solche Zwischenstationen entwickelt: Alle Trauerschnäpper machen auf dem Weg von Nordeuropa nach Westafrika in Nordspanien Pause, bevor sie weiterfliegen.

Die Entfernungen sind je nach Spezies unterschiedlich. Rekordhalter wie die Küstenseeschwalbe oder der Dunkle Sturmtaucher legen in einem Jahr bis zu 60.000 km zurück. Andere fliegen nicht annähernd so weit. Die Entfernung ist eigentlich kein Problem: Solange die Vögel fit genug sind und unterwegs geeignete Ruheplätze finden, können sie so weit reisen wie nötig. Manche haben es wirklich eilig: Die Doppelschnepfe legt die 6800 km von Skandinavien bis ins südliche Afrika in nur drei oder vier Tagen zurück und erreicht dabei Geschwindigkeiten von 97 km/h. Andere ziehen gemächlicher: Eine Rauchschwalbe braucht von Nordeuropa drei Monate, bis sie ihr afrikanisches Winterquartier erreicht. Die meisten kleinen Vögel fliegen mit durchschnittlich 30–40 km/h. Tauben bringen es auf 60 km/h und Watvögel auf 70–80 km/h.

Ein weiterer wichtiger Faktor ist die Flughöhe. Studien zufolge fliegen die meisten Zugvögel zwischen 150 und 600 m hoch, wobei sie gegen Abend absinken. Manche Arten überwinden aber auch Gebirgszüge in viel größerer Höhe: Streifengänse steigen bei der Überquerung des Himalaya über 6100 m auf. Landvögel fliegen bei der Meeresüberquerung meist höher, und Pfuhlschnepfe oder Tundra-Goldregenpfeifer können bei ihrer Nonstop-Pazifiküberquerung eine Höhe erreichen, in denen sie vom Jetstream unterstützt werden. Wegen der dünneren Luft ist schnelleres Fliegen in großer Höhe effizienter: Singschwäne konnten auf ihrem Weg von Island nach Schottland in bis zu 8000 m Höhe gesichtet werden, sie absolvierten die Reise in nur zwölf Stunden.

DEN WEG FINDEN

Zugvögel besitzen eine erstaunliche Orientierungs- und Navigationsfähigkeit. Ein berühmtes Experiment fand 1952 statt: Ein junger Atlantiksturmtaucher wurde auf der walisischen Insel Skokholm aus seinem Nest genommen, mit dem Flugzeug in die USA gebracht und an der Küste vor Boston freigelassen. Zwölf Tage später, noch bevor die briefliche Nachricht über die Freilassung den Atlantik überquert hatte, war er wieder in seinem Bau in Wales. Orientierung und Zielfindung sind aber nicht das Gleiche: Die Orientierung – die Fähigkeit, die richtige Richtung einzuschlagen – wird von einem angeborenen inneren Kompass gesteuert, das Ziel dagegen wird präziser mit kognitiven Fähigkeiten und Erfahrung erkannt.

Ein entscheidender Kompass für Zugvögel ist die Sonne. Mithilfe einer inneren Uhr orientieren sich die Vögel an ihrer Position, während sie von Osten nach Westen über den Himmel wandert. Gefangene Stare können sich im Experiment nicht orientieren, wenn die Sonne nicht zu sehen ist. Sobald man ihre scheinbare Position am Himmel mit Spiegeln verändert, schlagen sie die falsche Richtung ein. Selbst mehrere Stunden nach Sonnenuntergang können die Vögel mit ihrer Fähigkeit, polarisiertes Licht zu sehen, ihre letzte Position am Horizont noch erkennen und so auch nachts die Richtung beibehalten. Nach Einbruch der Dunkelheit nutzen sie aber auch die Sterne: Sie passen ihre Position im Verhältnis zu verschiedenen Sternbildern an, die um den Fixpunkt des Polarsterns kreisen.

Aber wie finden die Vögel ihren Weg in bewölkten Nächten ohne visuelle Anhaltspunkte? Hier kommt ihnen das Gehör zu Hilfe. Vögel nehmen niederfrequenten Infraschall wahr: So können sie ferne geophysikalische Geräusche hören, beispielsweise den Wind rund um Berggipfel oder die Brandung an einer Küste. Einige Arten sollen sich sogar nach Gerüchen richten: Sturmvögel, Albatrosse und andere besitzen einen besseren Geruchssinn als die meisten übrigen Vögel. Damit können sie Nahrung an der Meeresoberfläche aufspüren und wahrscheinlich auch Geruchsgradienten bis zu ihrem Ziel verfolgen. Am interessantesten ist vielleicht die Magnetorezeption: In Schnäbeln und Schädeln von Tauben hat man winzige Mengen der Eisenverbindung Magnetit entdeckt – ein Hinweis, dass diese Vögel und vermutlich auch viele andere das Erdmagnetfeld wahrnehmen und sich daran orientieren können.

Höchstwahrscheinlich kombinieren Vögel alle diese Orientierungsfähigkeiten zu einem einheitlichen System, wobei je nach Spezies der eine oder andere Bestandteil stärker genutzt wird. Bei der Zielfindung müssen sie aber auch auf kognitive Fähigkeiten zurückgreifen: Sie bauen bei einer ersten Reise eine genaue mentale Landkarte auf und erkennen dann beim zweiten Mal wichtige Orientierungsmarken wieder. Wie man aus Studien an Fischadlern weiß, weichen erfahrene Individuen viel weniger vom Weg ab und können auch Störfaktoren wie den Wind besser ausgleichen.

DIE REISE ÜBERLEBEN

Der Vogelzug steckt voller Gefahren. Auf die Vögel, die ihre Reise überleben, kommen Millionen andere, die unterwegs sterben – insbesondere die Jungvögel, die gerade erst flügge geworden sind und keine Erfahrung haben.

Schlechtes Wetter kann für Tausende von Vögeln auf einen Schlag zur Katastrophe werden. Starker Seitenwind bringt sie vom Kurs ab und trägt sie manchmal weit aufs Meer, sodass sie nicht mehr zurückkommen. Gegenwind kann verhindern, dass sie das trockene Land erreichen, sodass sie kurz vor ihrem Ziel in die Wogen stürzen. Umgekehrt kann Nebel dazu führen, dass sie zu weit fliegen oder vorzeitig landen müssen. Stürme tragen Seevögel manchmal weit landeinwärts, wo sie auf Wasserläufen „Schiffbruch“ erleiden und für den Rückweg nicht mehr die Energie haben. Herrscht am Zielort für die Jahreszeit ungewöhnliches Wetter, beispielsweise später Schneefall, finden sie unter Umständen nach der Ankunft nichts zu fressen – und das in dem Moment, da die erschöpften Energiereserven dringend aufgefüllt werden müssen. In solchen Fällen unternehmen Vögel manchmal einen „umgekehrten Vogelzug“ und verfolgen die Etappen des Zugweges zurück bis zu einem Ort, wo sie Nahrung finden und auf bessere Verhältnisse warten können.

Störungen des Vogelzuges sind manchmal spannend für Vogelfreunde, weil seltene Arten unerwartet in ihrer Umgebung auftauchen. Solche Vögel nennt man Irrgäste oder Ausnahmegäste. Beispielsweise kann ein starker westlicher Wind über dem Atlantik amerikanische Vögel, die eigentlich nach Süden unterwegs sind, östlich über den Ozean abtreiben, sodass amerikanische Wanderdrosseln oder Baltimoretrupiale an der britischen Küste landen. Umgekehrt verzeichnet die britische Ostküste manchmal einen Zustrom sibirischer Arten: Der Streifenschwirl wird von seinem ursprünglich südlichen Kurs durch starken

OBEN Ein Atlantiksturmtaucher vor seiner Nisthöhle auf der walisischen Insel Skokholm.

Ostwind abgelenkt und gelangt über einen anderen Zugweg schließlich bis nach Europa. In der Vogelzugsaison machen sich viele Vogelfreunde auf, um solche Irrläufer zu beobachten. Was sie begeistert, ist aber für die Vögel eine Katastrophe: Nur die wenigsten erschöpften Wanderer überleben ihr Trauma, und meist finden sie den Heimweg nicht.

Eine weitere natürliche Gefahr ist die Erschöpfung durch Hitze: Für die meisten Arten, die zwischen der Arktis und Afrika wandern, ist die Saharaüberquerung die größte Herausforderung. Außerdem warten Raubvögel darauf, erschöpfte Vögel aufzugreifen, sobald sie landen. Manche Arten, insbesondere der Eleonorenfalke aus der Mittelmeerregion (siehe Seite 218–221), haben sich auf Zugvögel als Beute spezialisiert und schieben sogar die Versorgung ihrer Jungen hinaus, um das jahreszeitliche Nahrungsangebot zu nutzen. Die großen Ansammlungen an den Zwischenstationen, wie die Rastplätze der Rauchschwalben in Westafrika, locken Heerscharen von Raubtieren an, von Raubvögeln bis zu Schlangen. Außerdem bergen sie die Gefahr von Krankheiten: Die eng zusammengedrängten Vögel sind anfälliger für Zecken, Läuse und andere Krankheitserreger wie die Vogelgrippeviren.

In der Evolution haben sich Zugvögel so entwickelt, dass sie die Herausforderungen der Natur meistern können: Dazu gehören Stürme, Dürre und natürliche Feinde. Die menschlichen Eingriffe dagegen überstehen sie nur mit Mühe (siehe unten). Die Gefahren für Zugvögel reichen dabei von der Jagd bis zu Kollisionen mit den vielen Hindernissen, die wir ihnen in den Weg gelegt haben, wie etwa Hochhäuser, Hochspannungsleitungen und Windräder. Einen besonders schweren Tribut fordern beleuchtete Gebäude wie Gasfackeln und Leuchttürme. Große Vögel können sogar mit Flugzeugen zusammenstoßen, was für den Vogel und gelegentlich sogar für die Insassen tödliche Folgen hat. In den USA waren Schnee- und Kanadagänse für viele solche Unfälle verantwortlich, und durch den Zusammenstoß eines Flugzeugs mit einem Sperbergeier am Himmel über der Elfenbeinküste wurde sogar ein erstaunlicher Höhenrekord für Vögel bewiesen: 11.300 m.

Noch schlimmer wirkt sich aber der Verlust oder die Schädigung von Lebensräumen aus. Das Spektrum reicht dabei von Umweltverschmutzung bis zur umfassenden Zerstörung, einschließlich der landwirtschaftlichen und städtischen Erschließung entlang der Zugwege. Auch der Klimawandel richtet immer größeren Schaden an. In der Tundra schrumpfen die Brutgebiete vieler Arten durch das Vorrücken der Wälder nach Norden, und die von Überweidung und Klimawandel ausgelöste Wüstenbildung in der zentralafrikanischen Sahelzone führt

OBEN Der Bienenfresser gehört zu den vielen europäisch-afrikanischen Zugvögeln, die im Mittelmeerraum illegal gejagt werden.

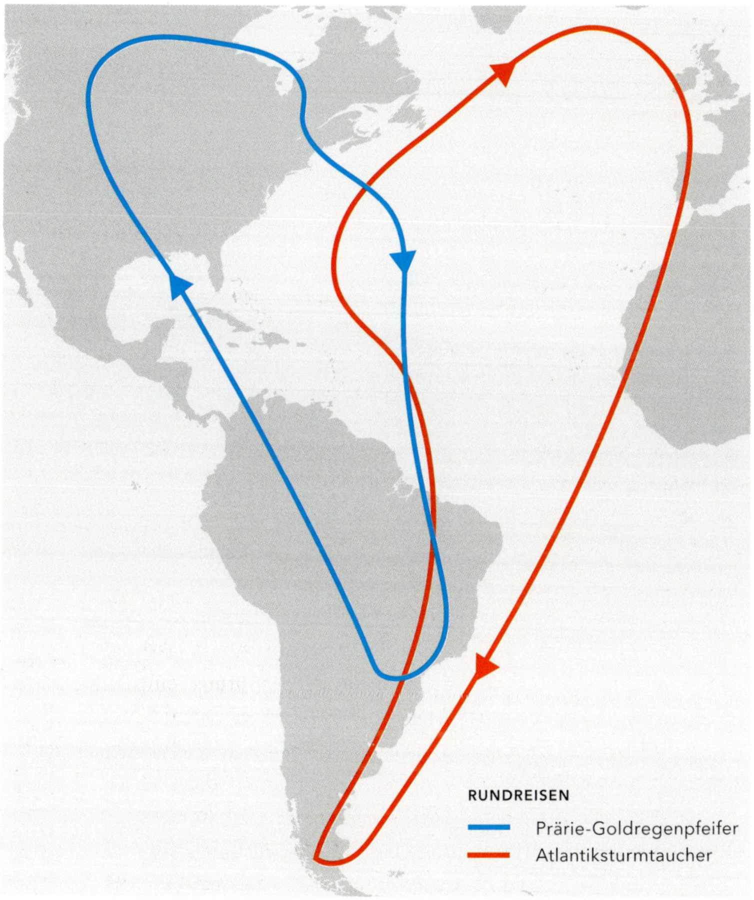

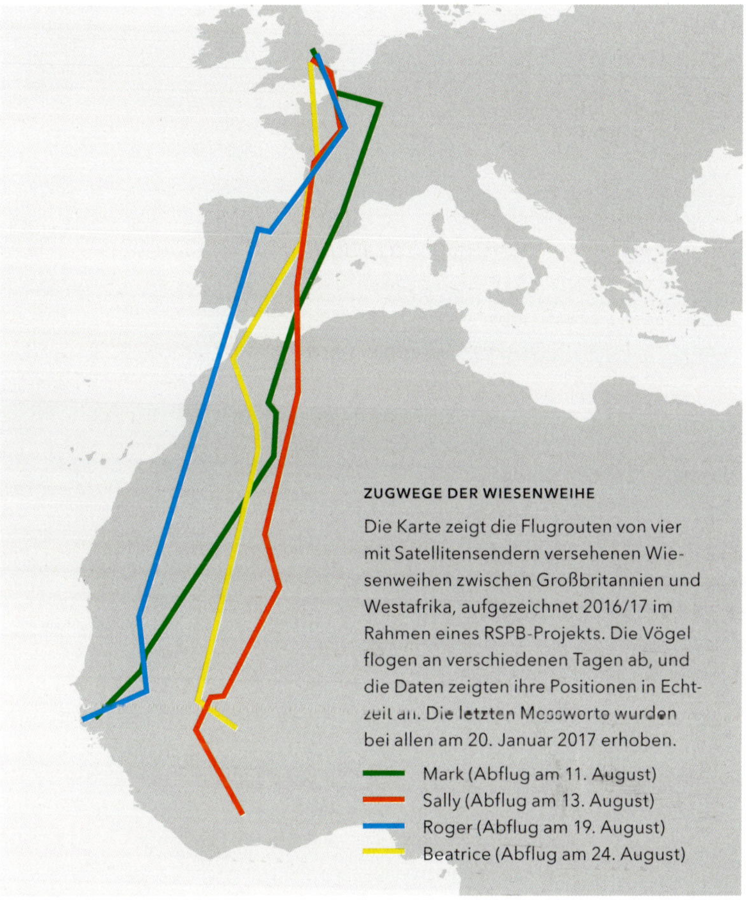

dazu, dass Arten auf ihrem Zugweg zwischen Afrika und der Arktis immer längere Wege zurücklegen müssen. Das alles trägt wahrscheinlich zur Dezimierung vieler Arten bei.

DEN VOGELZUG VERSTEHEN

Menschen beobachten den Vogelzug schon seit Jahrtausenden, doch erst vor nicht allzu langer Zeit begriffen Wissenschaftler, was sich dabei abspielt. Zuvor versuchte man, das jahreszeitliche Auftauchen und Verschwinden mancher europäischer Vogelarten mit den verschiedensten Theorien zu erklären: So sollten sich Gartenrotschwänze angeblich in Rotkehlchen und Weißwangengänse in Seepocken „verwandeln". Der britische Ornithologe Gilbert White (1720–1793) vertrat noch 1789 eine Idee, die schon Aristoteles geäußert hatte: Danach überwinterten Rauchschwalben in Felsspalten oder im Morast von Teichen.

Gegen Ende des 18. Jahrhunderts gewann die Vorstellung vom Vogelzug an Glaubwürdigkeit. Thomas Bewick zitierte 1797 in seinem Buch *A History of British Birds* einen Schiffskapitän, der zwischen den Inseln Menorca und Mallorca zahlreiche Schwalben auf dem Flug nach Norden beobachtet hatte. Die Vorstellung, sie würden sich „ins Wasser zurückziehen", lehnte er ab und vermutete stattdessen: „Sie verlassen uns, wenn dieses Land sie nicht mehr mit Nachschub an ihrer ordnungsgemäßen, natürlichen Nahrung ausstatten kann." Anfang des 19. Jahrhunderts mehrten sich glaubwürdige Berichte, man habe Schwalben über dem Ärmelkanal, dem Mittelmeer und vor der Küste Westafrikas gesehen. Das alles sprach dafür, dass diese und andere Vögel jedes Jahr lange Reisen unternehmen. Einen bemerkenswerten Beleg brachte das Jahr 1822: Ein Weißstorch, der von einem afrikanischen Pfeil getroffen worden war und diesen noch im Körper trug, tauchte in der Nähe der deutschen Kleinstadt Klütz auf (siehe Seite 139).

Den endgültigen Beweis konnte man aber erst im 20. Jahrhundert durch das Beringen liefern. Diese Methode wurde erstmals 1899 von dem dänischen Ornithologen Hans Christian Cornelius Mortensen angewandt. Als entscheidend erwies sich ein britischer Rekord: Eine Rauchschwalbe, die der Anwalt John Masefield im Mai 1911 beringt hatte, wurde 18 Monate später vor einem Bauernhaus im südafrikanischen Utrecht gefunden. Damit war bewiesen, dass Rauchschwalben, die in Großbritannien brüten, im Winter mehr als 8000 km nach Südafrika fliegen und dabei die Sahara überqueren. Seither wurden weltweit mehr als 20 Millionen Vögel beringt, und die von ihnen gewonnenen Daten bildeten die Grundlage unserer heutigen Kenntnisse über den Vogelzug.

Das Beringen hat aber auch Nachteile. Ganz gleich, wie geschickt und engagiert der Mensch ist, der es macht (und die Arbeit erfordert jahrelange Schulung), die Vögel erleiden durch das Einfangen stets ein gewisses Trauma. Manche werden auch von listigen Raubtieren gefressen, bevor man sie bergen

kann. Der größte Nachteil ist aus wissenschaftlicher Sicht aber die geringe Rücklaufquote: Von Grasmücken und anderen kleinen Vögeln wird noch nicht einmal einer unter 1000 wieder eingefangen – viele von ihnen fliegen in abgelegene Regionen, in denen keine Ornithologen tätig sind. Andere traditionelle Methoden zum Verfolgen von Zugvögeln erfordern nicht das erneute Einfangen, dazu gehört die Markierung mit farbigen Beinringen, gefärbtem Gefieder oder Kennzeichnungen an den Flügeln, die man aus der Ferne beobachten und aufzeichnen kann. Solche Methoden funktionieren allerdings nur mit großen Arten, so mit Gänsen oder Raubvögeln.

In den letzten Jahrzehnten hat uns die Trackingtechnik viele neue Kenntnisse verschafft. Die ersten Funksender waren noch relativ groß: Man konnte sie nur an Gänsen und ähnlich großen Vögeln befestigen, und sowohl ihre Reichweite als auch ihre Lebensdauer waren begrenzt. Seit es aber die GPS-Satelliten gibt, können Wissenschaftler die Wanderungen der Vögel mit Sendern, die einen ständigen Datenstrom liefern, in allen Einzelheiten verfolgen. Solche Geräte wiegen nur 0,3 g und lassen sich mit einem Band noch an den Beinen der kleinsten Vögel befestigen. Viele Naturschutzorganisationen stellen ihre Daten auch online zur Verfügung.

Auch andere Methoden kamen im Laufe der Jahre zum Einsatz. Mit dem im Zweiten Weltkrieg entwickelten Radar konnte man Zugvögel auch nachts erkennen. Die gehäuften Punkte auf dem Bildschirm lieferten dabei Informationen über Zahl, Flugrichtung und Flughöhe, die Spezies konnte man jedoch nicht identifizieren. Im Labor erfuhr man mit runden Registrierkäfigen, in denen gefangene Vögel bei ihren Bewegungen kleine Spuren an den Wänden hinterlassen, viel über ihre angeborene Orientierungsfähigkeit.

Ein wichtiges modernes Hilfsmittel ist die Analyse stabiler Isotope; ihr Grundprinzip lautet: „Du bist, was du isst." Stabile Isotope sind Formen weitverbreiteter chemischer Elemente wie Kohlenstoff, Sauerstoff und Stickstoff, die im Laufe der Zeit nicht zerfallen, sondern in den Tieren verbleiben, die sie mit der Nahrung aufgenommen haben. Die Analyse stabiler Isotope im inaktiven Gewebe eines Vogels, beispielsweise in Federn oder Schwanz, gibt Aufschluss über die Zusammensetzung der Nahrung in verschiedenen Lebensphasen. An den Federn eines in Spanien gefangenen Alpenstrandläufers kann man beispielsweise ablesen, dass er in Sibirien geschlüpft ist.

Und schließlich kann man mit bloßem Auge beobachten. Der amerikanische Ornithologe George Lowery (1913–1978) entwickelte eine Methode zur nächtlichen Beobachtung des Vogelzuges: Er richtete ein Teleskop auf den Mond und zeichnete auf, welche Vögel daran vorüberflogen. Doch um den Vogelzug zu verfolgen, muss man kein Wissenschaftler sein – es reicht, sich im Frühjahr oder Herbst an einen Küstenabschnitt, einen Gebirgspass oder eine Meerenge zu begeben: Dort kann man zahlreiche Vögel auf ihrer Reise beobachten.

DER SCHUTZ VON ZUGVÖGELN

Die letzte Wandertaube starb am 1. September 1914 im Zoo von Cincinnati. Sie hieß Martha. Ihr Tod war ein schwarzer Tag für die Zugvögel. Nur wenige Jahrzehnte zuvor waren die Wandertauben (*Ectopistes migratorius*) noch in unvorstellbar großen Schwärmen durch Nordamerika gezogen. Ein solcher Schwarm im Süden von Ontario war im Jahr 1866 den Beschreibungen zufolge 1,5 km breit und 500 km lang. Bis er vorübergezogen war, vergingen 14 Stunden – vermutlich bestand er aus mehr als 3,5 Milliarden Vögeln. Unglaublich, aber wahr: Lediglich 50 Jahre später war die Spezies aufgrund übermäßiger Jagd ausgestorben.

Die Ausrottung der Wandertaube ist eine heilsame Erinnerung daran, was der Mensch anrichten kann. Heute haben Zugvögel auf der ganzen Welt zu kämpfen. Allein auf dem afrikanisch-arktischen Zugweg hat die Population vieler Arten stark abgenommen. Daten aus Großbritannien zeigen, dass der Bestand der europäischen Turteltauben von 1995 bis 2010 um 74 % zurückging; beim Kuckuck waren es 65 %, beim Waldlaubsänger 61 % und beim Braunkehlchen 57 %. Die Bedrohungen durch den Menschen sind vielfältig. Dazu gehört die Jagd. Allein rund um das Mittelmeer werden jedes Jahr schätzungsweise 500 Millionen Vögel getötet, die Mehrzahl auf dem Weg zwischen Europa und Afrika. Noch verheerender ist der Lebensraumverlust: Die Gezeitenebenen am Gelben Meer – dem wichtigsten Ruheplatz am ostasiatisch-australasiatischen Zugweg, an dem jedes Jahr Millionen Zugvögel haltmachen – haben in den letzten 50 Jahren durch industrielle Erschließung mehr als 40 % ihrer Fläche verloren. Wandernde Seevögel nehmen im Meer schwimmendes Plastik auf oder verenden an Langleinen-Fischhaken – diese sind jedes Jahr die Todesursache für rund 100.000 Albatrosse und der Grund, warum drei der 22 Arten dieser Gattung vom Aussterben bedroht sind.

Auch der Klimawandel fordert immer größeren Tribut. Der Alpenstrandläufer ist einer von mehreren arktischen Arten, deren Brutgebiete in der Tundra schrumpfen. Studien zufolge wird dieser kleine Watvogel bis zu 58 % seiner nördlichen Brutgebiete verlieren, wenn der CO_2-Gehalt der Atmosphäre sich bis 2070 oder 2090 verdoppelt, wie es manche Modelle vorhersagen. Die globale Erwärmung ist zumindest teilweise eine Erklärung, warum der Kuckuck in Großbritannien auf dem Rückzug ist. Diese Spezies – ein Brutparasit, der seine Eier in die Nester anderer Vögel legt – hat sich so entwickelt, dass seine alljährliche Rückkehr aus Afrika mit der Brutsaison seiner Wirte zusammenfällt. Da der Frühling in Großbritannien heute durchschnittlich 5,1 Tage früher einsetzt als vor 50 Jahren, kehren auch diese Vögel vielfach früher in ihre Brutgebiete zurück, sodass der Kuckuck zu spät kommt und keine geeigneten Nester mehr findet.

Bei vielen Arten spielt eine komplexe Kombination von Faktoren eine Rolle. Als man nach den Ursachen für den Rückgang

GEGENÜBER Ehrenamtlich Tätige von BirdLife Malta lassen vier Wespenbussarde frei. Die Vögel wurden gesund gepflegt, nachdem Jäger sie während ihres Zuges über die Insel illegal abgeschossen hatten.

der europäischen Turteltauben in Großbritannien suchte, stieß man auf ökologisch schädliche landwirtschaftliche Methoden in ihren europäischen Brutgebieten, unkontrollierte Jagd auf der Zugroute über das Mittelmeer und Lebensraumverlust in ihren westafrikanischen Winterquartieren. Hier wird deutlich, vor welchem Problem alle Zugvögel stehen: Wie kann man eine Spezies in einem Land schützen, wenn sie in einem anderen erschossen wird oder keine Zuflucht mehr findet?

Es besteht aber noch Hoffnung. Auf der ganzen Welt arbeiten Wissenschaftler und Naturschützer heute zusammen mit Regierungen und Gemeinden am Schutz der Zugvögel. Ein Beispiel ist „Migrants in Africa“, ein Gemeinschaftsprojekt von Naturschutzorganisationen in Ghana, Burkina Faso und Großbritannien (unter der Schirmherrschaft von BirdLife International): Es erforscht die Auswirkungen veränderter Landnutzung auf europäisch-afrikanische Zugvögel in ihren afrikanischen Winterquartieren. Im Rahmen der Albatross Task Force arbeiten engagierte Dozenten aus sieben Ländern gemeinsam mit Fischern am besseren Schutz der Albatrosse. Die Ergebnisse sind schon heute eindrucksvoll: Von jeweils 100 Albatrossen, die 2006 in südafrikanischen Gewässern durch die Fischerei getötet wurden, bleiben heute 85 allein durch die Verwendung abgewandelter Gerätschaften am Leben.

Anderswo legen sich engagierte Freiwillige mit den Jägern an. Die winzige Insel Malta hat eine strategisch wichtige Lage an dem europäisch-afrikanischen Zugweg: Über 170 Arten aus mindestens 48 Ländern überfliegen die Insel regelmäßig in nennenswerter Zahl. Gleichzeitig leben auf Malta aber auch rund 12.000 Jäger – die größte Dichte in Europa –, die lange hohen Tribut von den Zugvögeln forderten. Heute unterstützen Freiwillige von BirdLife Malta die Behörden bei der Bekämpfung der illegalen Jagd. Herz und Verstand können sich ändern: In Nagaland im Nordosten Indiens konnte eine konzertierte öffentliche Informationskampagne dem Gemetzel an ziehenden Amurfalken ein Ende machen, nachdem noch 2012 jeden Tag bis zu 15.000 dieser Vögel von den Dorfbewohnern der Gegend getötet und gegessen wurden.

Nach wie vor ist Forschung unentbehrlich. Je mehr wir über Zugvögel wissen, desto besser können wir sie schützen, und verbesserte Technik ermöglicht heute neue Erkenntnisse. Der Steppenkiebitz gehört zu den seltensten Vögeln der Welt – früher glaubte man, es gebe nur noch rund 300 Exemplare. Im Jahr 2008 konnte man drei ausgewachsene Vögel in Kasachstan mit Satellitensendern versehen und zu einem bis dahin unbekannten Rastplatz in der Türkei verfolgen. Dort fanden Wissenschaftler einen Schwarm von mehr als 2000 Vögeln. Entsprechend zielgerichtet konnte man daraufhin den Naturschutz einsetzen.

Naturschutz setzt immer entsprechende Gesetze voraus. Eine gezielte Gesetzgebung zum Schutz der Zugvögel reicht bis zum Migratory Bird Treaty Act zurück, einem US-Bundesgesetz, das 1916 verabschiedet wurde. Heute gibt es viele andere Konventionen. Ein Beispiel ist das Agreement on the Conservation of African-Eurasian Migratory Waterbirds (AEWA), ein internationaler Vertrag zum Schutz der Enten- und Watvögel, die entlang der afrikanisch-eurasischen Zugroute wandern. Es schützt 254 Vogelarten in 119 „Verbreitungsstaaten“. Die Ramsar-Konvention, benannt nach der iranischen Stadt, in der sie unterzeichnet wurde, ist ein internationaler Vertrag zum Schutz von Feuchtgebieten, die als Rastplätze für Zugvögel unentbehrlich sind. Im Mai 2018 führte die Konvention 2331 „Ramsar-Gebiete“ auf, deren geschützte Flächen sich weltweit auf 2,1 Millionen km² summieren.

Durch solche Projekte werden sowohl zwischen Staaten als auch zwischen Wissenschaftlern und Einheimischen neue Verbindungen geknüpft. Wessen Vögel sind die Tiere überhaupt? In Europa sprechen wir vielleicht von unseren Turteltauben, aber die Vögel verbringen noch nicht einmal fünf Monate auf europäischem Boden – könnten da die Menschen in Ghana oder Burkina Faso nicht den gleichen Anspruch erheben? Wenn irgendetwas zeigt, wie wir alle gemeinsam die gewaltigen Probleme angehen müssen, vor denen unser Planet in den nächsten 100 Jahren steht, dann ist es sicher der Vogelzug.

ÜBER DIESES BUCH

Dieses Buch zeigt zuallererst die Wunder des Vogelzuges. Die Bilder sollen zweierlei vermitteln: einerseits die Schönheit dieser Vögel – ihre raffinierte Form und ihre eleganten Bewegungen – und andererseits die Dramatik ihrer Reisen, die oft durch die spektakulärsten Landschaften der Erde führen.

Die 67 Vogelarten, die hier einzeln beschrieben werden, stehen stellvertretend für ein breites Spektrum verschiedener Zugvögel. Die sechs Kapitel sind nach groben Zusammenhängen aufgebaut und unternehmen nicht den Versuch einer umfassenden taxonomischen Einteilung. So vereinigt das Kapitel über Enten- und Tauchvögel die Lappen- und Seetaucher mit den damit nicht verwandten Enten und Gänsen, weil beide in einer ähnlichen Umwelt (dem Wasser) leben und mit ihren Wanderungen vor ähnlichen Herausforderungen stehen.

Unter den hier vertretenen Arten sind einige Vogelzug-Berühmtheiten – Rekordhalter wie die Küstenseeschwalbe und Publikumsmagneten wie die Schneegänse. Andere sind weniger bekannt, aber ihre Geschichten sind nicht weniger außergewöhnlich. Es gibt große und winzige Vögel, tropische Vögel und Polarvögel, Vögel, die allein fliegen, und andere, deren Schwärme Millionen umfassen, Vögel, die Gebirge überfliegen, und solche, die Ozeane umgehen.

Die Landkarten sind einfache, auf den ersten Blick verständliche Näherungsdarstellungen der Wanderungsbewegungen. Sie zeigen das Brutgebiet (gelb), die Winterquartiere (blau) und bei manchen Arten die Regionen, in denen sie dauerhaft angesiedelt sind (grün). Wo es möglich ist, deuten Pfeile einige Zugwege zwischen diesen Gebieten an.

GEGENÜBER OBEN Der Löffelstrandläufer droht durch den Verlust seiner Lebensräume auszusterben. Diverse Naturschutzanstrengungen gelten vor allem ihm.

GEGENÜBER UNTEN Weißstörche kreisen am stürmischen Himmel über dem Luangwa-Tal in Sambia und bereiten sich auf die Reise nach Norden vor.

01 ENTEN- UND TAUCHVÖGEL

Die alljährliche Wanderung der Wildgänse gilt vielfach als Symbol für den Wechsel der Jahreszeiten: Die schreienden, über den Himmel ziehenden Ketten zeigen an, dass die Natur am Wendepunkt steht.

Die Familie der Entenvögel (Anatidae) besteht aus 146 Arten von Gänsen, Enten und Schwänen. Arten, die in gemäßigten oder polaren Breiten brüten, gehören zu den großartigsten Zugvögeln der Welt. Im Winter, wenn die Feuchtgebiete ihrer Brutreviere gefrieren und Schnee das umgebende Gelände zudeckt, müssen sie sich in wärmere Klimazonen aufmachen und dort die Nahrung zum Überleben suchen.

Die größten Brutpopulationen von Entenvögeln leben in der sumpfigen arktischen Tundra, und dort beginnen auch viele von ihnen ihre Reise. In Westsibirien machen sich die Pfeifschwäne nach Südwesten auf, in Grönland und Spitzbergen gehen die Kurzschnabelgänse nach Süden auf die Reise. Alle folgen uralten Zugwegen und lassen sich an festen Zwischenstationen nieder. Schneegänse wandern von ihren Brutgebieten in Kanada und Alaska zu den Winterquartieren in Mexiko und den südlichen US-Bundesstaaten, wobei sie mitunter die Feuchtgebiete mit ihrer schieren Zahl überfordern.

Gänse und Schwäne gehören zu den relativ wenigen Vogelgruppen, die im Schwarm ziehen. Dieser besteht jeweils aus kleineren Familienverbänden, die während des Fliegens durch Rufe in Kontakt bleiben. Hat ein Individuum Schwierigkeiten, landet unter Umständen der ganze Schwarm und wartet, bis es weitergehen kann. In der Luft bilden sie lockere V-Formationen. Damit sparen die einzelnen Vögel Energie, weil sie den Auftrieb von den Flügelspitzen des unmittelbar vorausfliegenden Vogels nutzen. Sie wechseln sich mit ihrer Position ab, sodass jeder einmal in den Genuss der Erleichterung kommt.

Entenvögel gehören auch zu den Zugvögeln mit der größten Flughöhe. Manche Arten überfliegen Gebirge. Streifengänse überqueren auf dem Weg zwischen ihren Brutgebieten in Zentralasien und dem südindischen Winterquartier den Himalaya. Mit besonderen Anpassungen wie einer großen Lunge und einer verstärkten Sauerstoffsättigung des Blutes überleben sie noch in Höhen von mehr als 7000 m. Anders als Gänse und Schwäne bilden Enten in der Regel keine lebenslangen Paarbeziehungen oder Familiengruppen und auch keine großen Schwärme. Aber auch viele Entenarten wandern aus dem Norden in riesiger Zahl zu gemeinsamen Winterquartieren und versammeln sich häufig auf ruhigen Küstengewässern, wo es Nahrung im Überfluss gibt. Die Rotkopfente zieht nach Süden und überwintert am Golf von Mexiko, wo sich bis zu 80 % der US-amerikanischen Population in der Laguna Madre sammeln.

In tropischen Klimazonen sind Entenvögel im Allgemeinen eher sesshaft, denn sie finden in ihrem Brutgebiet ganzjährig ausreichend Ressourcen. Einige vollziehen aber kürzere jahreszeitliche Wanderungen: Die Spaltfußgans aus Australasien wandert zwischen Feuchtgebieten und folgt damit dem jahreszeitlichen Niederschlag zu den üppigsten Nahrungsquellen. Die Brandgans unternimmt als eine von wenigen Arten eine „Mauserwanderung". Diese Vögel können während ihrer alljährlichen Mauser einige Wochen lang nicht fliegen und wandern deshalb zu bevorzugten Mausergebieten – oftmals großen, ungestörten Wattgebieten –, wo sie in relativer Sicherheit warten können, bis ihre Federn nachgewachsen sind.

Enten und Gänse sind nicht die einzigen Schwimmvögel, die Wanderungen vollziehen. Andere, beispielsweise die Blässhühner, tun es im Schutz der Dunkelheit: Wenn ihre Brutgebiete gefrieren, ziehen sie zu großen eisfreien Süßwasserseen. See- und Lappentaucher sind fischfressende Vögel, die an Süßwasserseen brüten, im Winter aber nach Süden und vorwiegend ans Meer wandern. Manche Lappentaucher unternehmen ebenfalls eine „Mauserwanderung": Der Schwarzhalstaucher begibt sich dazu an Binnen-Salzseen, bevor er zu seinem Winterquartier an der Küste zieht.

Als man mit der Satellitentechnik die Wanderungen einzelner Vögel verfolgen konnte, gehörten Gänse und Schwäne zu den ersten Vögeln, die erforscht wurden. Sie sind so groß, dass man sie auch mit den älteren, größeren Sendern ausstatten konnte. Damit haben Entenvögel unsere Kenntnisse über den Vogelzug beträchtlich vorangebracht – wir konnten von ihnen lernen, wie Vögel navigieren und unterwegs auf Kurs bleiben. Manche Wissenschaftler sind sogar mit Leichtflugzeugen neben ziehenden Gänsen hergeflogen, um so herauszufinden, wie sie ihre Marathonwanderung bewältigen.

GEGENÜBER Gänse wie diese Kurzschnabelgänse wandern in V-Formation. Die vorausfliegenden Vögel erzeugen Turbulenzen, die den nachfolgenden zusätzlichen Auftrieb geben.

Schneegans

Anser caerulescens

GRÖSSE
Länge: 64–79 cm
Gewicht: 2–4,5 kg
Flügelspannweite: 135–165 cm

AUSSEHEN
Mittelgroß, stämmig, langer Hals, lange Flügel, kurzer rosafarbener Schnabel, rote Füße, Schwimmhäute; Gefieder weiß mit schwarzen Flügelspitzen (weiße Form) oder blaugrau mit weißem Kopf, Hals und Schwanz (blaue Form).

LEBENSWEISE
Ernährung: Gräser, Knollen, bodenständige Pflanzen; Nester offen am Boden; lebenslange Paarbeziehung; Weibchen legt 2–6 Eier.

VERBREITUNG UND WANDERUNG
Brutgebiete in der arktischen und subarktischen Tundra von Westgrönland über Nordkanada bis nach Alaska und in den Nordosten Russlands; Überwinterung weiter südlich in Feuchtgebieten, Küstenebenen und landwirtschaftlich genutzten Gebieten von British Columbia über den Süden der USA bis nach Nordmexiko.

STELLUNG
Nicht gefährdet; Population weltweit nach Schätzungen über 6 Millionen.

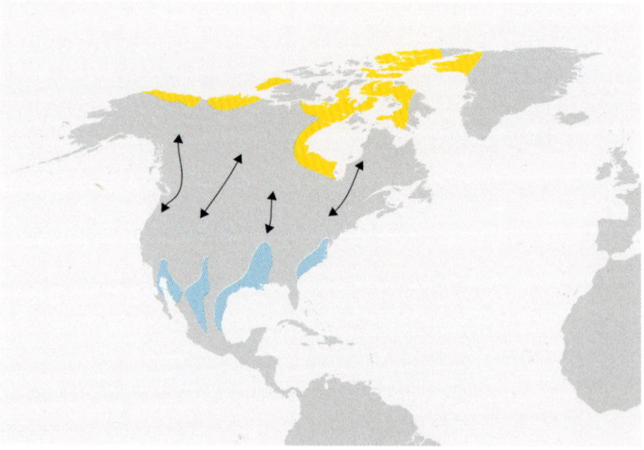

Ein Februarmorgen im Schutzgebiet Bosque del Apache in New Mexico. In der eisigen Kälte vor Tagesanbruch weht ein Murmeln über die Feuchtgebiete. Als es heller wird, schwillt es bis zum Dröhnen eines Düsentriebwerks an. Sobald die Sonne über die Berge lugt, heben die Vögel ab: Zu Zehntausenden streben sie unter ohrenbetäubendem Lärm gen Himmel. Kurze Zeit scheint die Luft fast schwarz zu sein: Ein Wirbel von Flügeln strebt aufwärts, bevor sich die Masse in lang gestreckte Linien aufteilt.

Die alljährliche Wanderung der Schneegänse gehört zu den eindrucksvollsten Naturschauspielen Nordamerikas. Die Gänse brüten im hohen Norden jenseits der Baumgrenze, machen sich aber jeden Herbst nach Süden auf und überwintern in fruchtbaren Landschaften, Feuchtgebieten und Küstenebenen. Manche gelangen bis nach Zentralmexiko. Hier sammeln sie sich in riesigen Schwärmen und fliegen täglich zwischen ihren Übernachtungs- und Futterplätzen hin und her. Im Frühling wandern sie zurück nach Norden, wobei sie unterwegs an traditionellen Rastplätzen Station machen.

Die Schneegans trägt ihren Namen wegen ihres schneeweißen Gefieders, zu dem nur schwarze Flügelspitzen, ein rosafarbener Schnabel sowie rosarote Füße und Beine einen Kontrast bilden. Es gibt aber auch eine andere Färbung: Die „Blaue Gans" ist mattblaugrau, nur Kopf und Schwanz sind weiß. Früher galten die Varianten als eigene Arten, heute weiß man aber, dass sie sich ungehindert kreuzen. Jungvögel paaren sich in der Regel mit Individuen in der Farbe ihrer Eltern, aber wenn sie die Nachkommen eines gemischten Paares sind, können sie Partner mit beiden Farben wählen.

Unabhängig von den Farbunterschieden gibt es zwei Unterarten von Schneegänsen: die Kleine Schneegans (*Anser caerulescens caerulescens*) und die Große Schneegans (*A. c. atlanticus*). Beide gleichen sich in allen Eigenschaften, die Kleine Schneegans ist jedoch zahlreicher. Der wichtigste Unterschied ist geografischer Natur. Das Brutgebiet der Kleinen Schneegans erstreckt sich von der Mitte Nordkanadas nach Westen über die Beringstraße bis nach Nordostsibirien. Ihre herbstliche Wanderung führt sie über den Zentral-, Mississippi- und Pazifik-Flugweg, und die Vögel überwintern in einem breiten Streifen der südlichen USA von Kalifornien bis zur texanischen Golfküste. Manche reisen auch bis nach Nordmexiko. Die Große Schneegans dagegen brütet in Nordostkanada und Nordwestgrönland, ihre Winterquartiere sind die Küstenebenen am Atlantik von New Jersey bis North Carolina.

GEGENÜBER Kleine Schneegänse rasten auf dem Wasser während ihrer langen Reise nach Süden.

LINKS Schneegänse beim Massenstart im Winterquartier. Zu Tausenden pendeln sie zwischen ihren Rastplätzen und benachbarten Feldern, wo sie das übrig gebliebene Getreide von der letzten Ernte fressen.

Schneegänse wandern in Familienverbänden und bilden an den traditionellen Rastplätzen in Feuchtgebieten größere Ansammlungen. Sie legen täglich bis zu 800 km zurück, wobei sie mit ihren charakteristischen Schreien in Kontakt bleiben. Jede Brutpopulation bevorzugt ihre eigenen traditionellen Winterquartiere. Ein Beispiel sind die rund 300.000 Kleinen Schneegänse, die im Skagit und Fraser Valley im US-Bundesstaat Washington überwintern und auf der Wrangel-Insel jenseits der Beringstraße in der russischen Arktis brüten. Ende Februar und im März machen sich die Gänse aus ihren Winterquartieren wieder in nördlicher Richtung auf. Bei diesem Rückflug erreichen die Schwärme ihre maximale Größe: An Rastplätzen wie dem Middle Creek in Pennsylvania verbringen mehr als 200.000 Große Schneegänse rund eine Woche, bevor sie ihren Weg nach Nunavut in der kanadischen Arktis fortsetzen.

In den arktischen Brutgebieten teilen sich die Schwärme zur Paarung auf. Schneegänse gehen vom zweiten Jahr an langfristige Paarbeziehungen ein und paaren sich meist im dritten Jahr. Ende Mai beginnt der Nestbau: Das Paar sucht in der Tundra eine erhöhte Stelle, oftmals nahe am Wasser. Das Nest, eine flache Bodensenke, wird mit Pflanzenmaterial und Daunenfedern ausgelegt und unter Umständen mehrere Jahre lang benutzt. Das Weibchen legt 2–6 Eier, und nach einer Brutdauer von 22–25 Tagen schlüpfen die Jungen. Wie alle Entenvögel verlassen sie nach wenigen Tagen das Nest und folgen den Eltern auf Nahrungssuche. Nach 42–45 Tagen können sie fliegen, aber in der Regel bleiben sie 2–3 Jahre bei ihrer Familie. In den ersten Tagen sind die Küken stark durch Raubtiere wie Polarfüchse und Schmarotzerraubmöwen gefährdet, aber die Eltern verteidigen sie aggressiv. Manchmal nisten Schneegänse in der Nähe von Schnee-Eulen und lassen sich von diesen beeindruckenden Raubvögeln vor Nesträubern schützen.

Im Winterquartier teilen Schneegänse ihre Zeit zwischen der Nahrungssuche und dem Ausruhen auf dem offenen Wasser auf, sodass oft dichte Schwärme die Meeresoberfläche bedecken wie Meereis. Im Morgengrauen machen sie sich zu nahe gelegenen Futterplätzen auf, bei Sonnenuntergang kehren sie zurück. Sie sind gefräßig: Die Nahrungssuche nimmt mehr als 50 % ihrer Zeit in Anspruch. In den Futtergebieten fressen sie vorwiegend Gras, Moose und andere bodenständige Pflanzen, wobei sie mit dem kräftigen Schnabel Wurzeln, Knollen und Rhizome herausreißen. Im Winter haben sich viele Populationen darauf eingestellt, übrig gebliebenes Getreide zu fressen, deshalb haben sie ihre Futterplätze von den Marschen an der Küste auf nahe gelegene landwirtschaftliche Flächen verlegt.

Da die Schneegänse dazu übergegangen sind, neue, von der Landwirtschaft bereitgestellte Nahrungsquellen zu nutzen, ist ihre Zahl drastisch gestiegen. Heute gibt es etwa 6 Millionen Kleine Schneegänse – ein Populationswachstum von mehr als 300 % seit den 1970er-Jahren. Die Folge waren Zerstörungen in den Brutgebieten in der Tundra, insbesondere rund um die Hudson Bay. Das wiederum hatte schädliche Auswirkungen auf andere in der Arktis brütende Arten und auf einige Zwischenstationen des Vogelzuges. Im Jahr 1999 lockerte man mit der Conservation Order for Light Geese die Jagdbeschränkungen, um die Schneeganspopulation auf ein nachhaltiges Niveau zurückzuführen. Bisher wächst der Bestand noch, und der Wirbel weißer Flügel wird von Jahr zu Jahr spektakulärer.

OBEN Wie ein Schneesturm fangen die Schneegänse beim Massenstart das erste Tageslicht ein.

GEGENÜBER Ein Schwarm wandernder Schneegänse besteht meist aus mehreren Familienverbänden.

Streifengans

Anser indicus

GRÖSSE
Länge: 71–76 cm
Gewicht: 1,87–3,2 kg
Flügelspannweite: 140–160 cm

AUSSEHEN
Mittelgroße Gans; blassgrau mit weißem Kopf und Hals, zwei auffällige schwarze Querstreifen oben am Schädel; Nacken und Flugfedern schwarz; Füße, Beine und Schnabel orange.

LEBENSWEISE
Ernährung: kurze Gräser und Getreidepflanzen; Nester offen am Boden; lebenslange Paarbeziehung; Weibchen legt 3–8 Eier.

VERBREITUNG UND WANDERUNG
Brutgebiete auf den Hochebenen Zentralasiens; Winterquartier auf dem indischen Subkontinent; Zugweg überquert den Himalaya.

STELLUNG
Nicht gefährdet; Population weltweit nach Schätzungen 97.000–118.000.

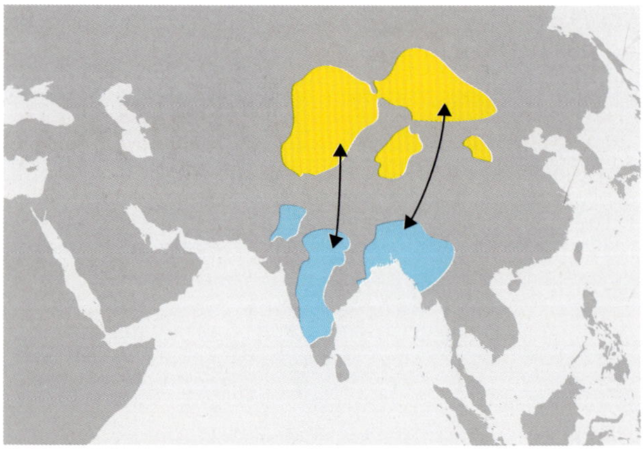

Manche Vogelarten sind für ihre gewaltigen Wanderungsstrecken bekannt, andere wiederum für ihre beeindruckenden Zuggeschwindigkeiten. Die Streifengans ist bemerkenswert, weil sie große Höhen erreicht. Augenzeugen berichteten über einen Schwarm, der den 8481 m hohen Gipfel des Makalu an der Grenze zwischen Tibet und Nepal überflog, des fünfthöchsten Berges der Welt. Einzelne Vögel anderer Arten, so der Sperbergeier, wagten sich gelegentlich noch höher hinaus, aber regelmäßige Wanderungen in größerer Höhe sind von keiner anderen Spezies bekannt.

Die außergewöhnliche Leistung hat einen einfachen Grund: Die Vögel müssen den Himalaya überqueren, um in den hoch gelegenen Seen- und Steppengebieten von Tibet, Kasachstan, der Mongolei und Westchina zu brüten. Den Winter verbringen sie im Süden in den tief gelegenen Feuchtgebieten und Ebenen des indischen Subkontinents. Auf ihrem Weg zwischen beiden Regionen überfliegen sie zweimal im Jahr das höchste Gebirge der Welt.

Exakte Daten darüber, welche Höhe die Vögel erreichen, sind knapp. Berichte über den Überflug von Gipfeln wie Makalu oder sogar Mount Everest betreffen Einzelfälle. Wissenschaftler der University of Bangor in Wales statteten 2012 insgesamt 91 Streifengänse mit Satellitensendern aus, damit wurde bei einem Tier eine maximale Höhe von 7290 m aufgezeichnet. Auch das ist bereits eine beeindruckende Höhe und eine Ausdauerleistung, die den Vogel an seine Grenzen führt.

Solche Höhen werfen für die Vögel beträchtliche Probleme auf. Die Temperatur liegt weit unter dem Gefrierpunkt, und die Luft enthält weniger Sauerstoff als auf Meereshöhe. Das Atmen fällt schwer, und die Vögel können ihre Muskeln nur mit Mühe so antreiben, dass ihnen der Flatterflug in der dünnen Luft genügend Auftrieb schafft. Streifengänse begegnen dieser Herausforderung mit besonderen Anpassungen. Sie haben eine größere Lunge als andere ähnlich große Gänsearten, mehr Kapillaren in der linken Herzkammer und einen höheren Hämoglobingehalt im Blut – alles Gründe, warum sie in sauerstoffarmer Luft effizienter atmen und die Flugmuskeln besser mit Sauerstoff versorgen können. Außerdem haben sie eine größere Flügelfläche als andere Gänse ähnlicher Größe, was ihnen mehr Vor- und Auftrieb verschafft.

Wie man aus der Satellitenortung weiß, können Streifengänse den Himalaya von Meereshöhe mit einem einzigen Nonstopflug in nicht mehr als sieben Stunden überqueren. Ihr Steigflug ist der schnellste ununterbrochene Anstieg, der jemals für einen Vogel gemessen wurde, und heute weiß man, dass sie das Hindernis nicht mithilfe des Rückenwindes überqueren, sondern mit einer Art „Achterbahn"-Zugweg: Sie lassen sich in Täler und zu Pässen hinuntertragen, sodass der Puls sinkt,

GEGENÜBER Streifengänse fliegen so hoch, dass sie sogar den Himalaya überqueren können.

gewinnen dann mit Winden, die an Berghängen aufsteigen, wieder an Höhe und überqueren die höchsten Gipfel. Meist fliegen sie nachts, wenn die Luft kälter und dichter ist, sodass der Auftrieb dem in geringerer Höhe entspricht.

Die Streifengans ist als einzige Spezies der Gattung *Anser* (Graugänse) in Asien heimisch. Ihr Gefieder ist vorwiegend blasssilbergrau mit schwarzen Flugfedern, einer schwarzen Längslinie auf der Rückseite des langen Halses und zwei charakteristischen schwarzen Streifen oben auf dem Kopf. Beine, Füße und Schnabel sind leuchtend orange gefärbt. Wie andere Gänse lebt sie vorwiegend von Gras, das sie mit den gezackten Rändern des kräftigen Schnabels abreißt.

In ihren zentralasiatischen Brutgebieten bilden die Streifengänse manchmal zu Tausenden große, lockere Kolonien. Paare leben monogam und paaren sich ein Leben lang. Das Weibchen legt 3–8 Eier in ein Nest auf dem Erdboden, und das Männchen hilft, natürliche Feinde wie Raben, Krähen und Füchse abzuwehren. Innerhalb der Kolonien gibt es manchmal Brutparasitismus: Weibchen mit niedrigerem Rang legen ihre Eier heimlich in das Nest höhergestellter Geschlechtsgenossinnen. Gebrütet wird stets 28–30 Tage, und die Jungen, die wenige Tage nach dem Schlüpfen das Nest verlassen, können nach 55–60 Tagen fliegen.

Nach der winterlichen Wanderung bleibt ungefähr ein Viertel der Streifenganspopulation auf der Hochebene im Süden Tibets. Die anderen verteilen sich quer über Indien von Assam über Tamil Nadu bis nach Bangladesch auf Feuchtgebiete und niedrig gelegene, landwirtschaftlich genutzte Ebenen. Sie ernähren sich vorwiegend von Getreide, wie Gerste, Reis, Weizen und Mais. An manchen Orten richten sie beträchtliche wirtschaftliche Schäden an.

Die Streifengans wird von der Internationalen Naturschutzunion IUCN als „nicht gefährdet" eingestuft, der Bestand liegt bei schätzungsweise 97.000–118.000 Exemplaren und nimmt vermutlich zu. In der chinesischen Provinz Quinghai wurde die Art regional durch Ausbrüche des Vogelgrippevirus H5N1 dezimiert. Gesunde ausgewachsene Vögel müssen auf ihrem Weg durch das Gebirge manchmal den Angriffen von Steinadlern ausweichen, aber ansonsten haben sie kaum natürliche Feinde. In Gefangenschaft – die Spezies ist auf der ganzen Welt beliebt – können die Vögel bis zu 20 Jahre alt werden.

RECHTS Streifengänse im Winterquartier im Keoladeo-Nationalpark in Rajasthan (Indien).

Pfeifschwan

Cygnus columbianus

GRÖSSE
Länge: 115–150 cm
Gewicht: 3,4–9,6 kg
Flügelspannweite: 140–160 cm

AUSSEHEN
Groß, langer Hals, aber unter allen Schwänen des Nordens der kleinste mit dem kürzesten Hals; Gefieder vollständig weiß, Kopf und Hals oft braunorange vom eisenhaltigen Sumpfwasser; Schnabel schwarz mit unterschiedlichen Gelbanteilen am Ansatz; Beine und Füße schwarz; Jungtiere blassgrau.

LEBENSWEISE
Ernährung: vorwiegend Wasserpflanzen, im Winterquartier auch Getreide; Nester auf offenem, erhöhtem Erdboden am Wasser; lebenslange Paarbeziehung; Weibchen legt 3–5 Eier.

VERBREITUNG UND WANDERUNG
Verbreitung rund um den Nordpol, Brutgebiete in der arktischen Tundra; Winterquartiere in Überflutungsgebieten an weiter südlich gelegenen Küsten; zwei Unterarten: Pfeifschwan in Nordamerika, Zwergschwan in Eurasien.

STELLUNG
Nicht gefährdet; Population weltweit nach Schätzungen 317.000–336.000.

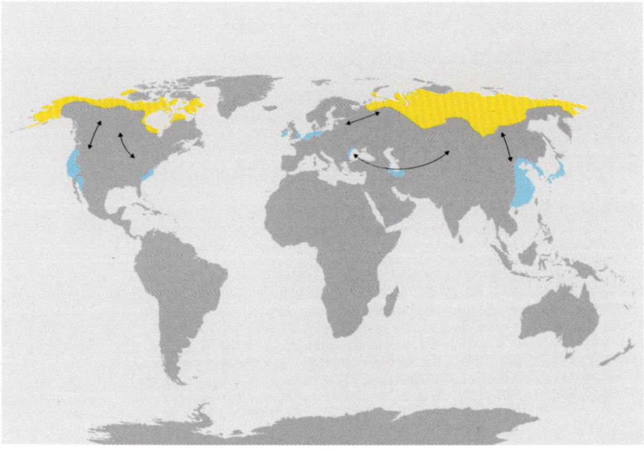

Man schrieb das Jahr 1963, als der gefeierte Künstler und Naturschützer Sir Peter Scott den ersten Pinselstrich für eine Untersuchung machte, die die längste Studie über eine Zugvogelart werden sollte. Als er die Zwergschwäne beobachtete, die jeden Oktober in den Feuchtgebieten im Südwesten Englands haltmachten, fiel ihm auf, dass man jedes Individuum an dem schwarz-gelben Muster auf dem Schnabel erkennen konnte – die Zeichnung war so einzigartig wie ein Fingerabdruck. Er hielt sie in einer Reihe von Gemälden fest und konnte dieselben Individuen von Jahr zu Jahr wiedererkennen.

Scotts Gemälde sind heute kostbare Kunstwerke. Sie lieferten unentbehrliche erste Erkenntnisse über die Wanderung der Zwergschwäne, die jedes Jahr aus ihren gefrorenen arktischen Brutgebieten aufbrechen und den Winter in Westeuropa verbringen. Dabei legen sie mehr als 3200 km zurück. Mit der Weiterentwicklung der Technik – von Beinringen über Farbmarkierungen bis zu den Geolokatoren – haben wir immer mehr über die Reisen dieser bemerkenswerten Vögel erfahren.

Der Zwergschwan (*C. c. bewickii*) erhielt seinen wissenschaftlichen Namen nach dem berühmten Künstler Thomas Bewick, der im 18. Jahrhundert lebte. Heute wird er als eine von zwei Unterarten des Pfeifschwans betrachtet. Die andere, der eigentliche Pfeifschwan, ist in Nordamerika zu Hause. Er ist größer als der Zwergschwan und hat weniger Gelbanteile im Schnabel. Beide Unterarten brüten in der arktischen und subarktischen Tundra ihrer jeweiligen Kontinente. Im Herbst wandern sie zu ihren Winterquartieren in küstennahen Gras- und Marschlandschaften.

Der Zwergschwan brütet in den Küstenniederungen der russischen Arktis, wo er Mitte Mai ankommt und Ende September wieder abfliegt. Schwäne, die westlich der Taimyr-Halbinsel brüten, ziehen über das Weiße Meer, die Ostsee und die Elbmündung und überwintern in Dänemark, den Niederlanden und Großbritannien. Weiter östlich brütende Vögel fliegen nach Südosten und gelangen über die Mongolei und Nordchina in ihre Winterquartiere in Korea, Japan und Südchina. Eine kleinere Population überwintert am Kaspischen Meer im Iran.

Der nordamerikanische Pfeifschwan bildet ebenfalls mehrere Populationen. Schwäne, die in Westalaska brüten, überwintern weiter südlich an der Pazifikküste, manche ziehen auch landeinwärts ins kalifornische Central Valley. Gruppen, die weiter östlich im arktischen Kanada brüten, fliegen über die Großen Seen und überwintern an der US-Atlantikküste von

GEGENÜBER Der Zwergschwan, die europäische Form des Pfeifschwans, ist der kleinste Schwan des Nordens und hat den kürzesten Hals.

OBEN Der Zwergschwan spreizt vor der Landung auf dem Wasser die Schwimmhäute der Füße und erzeugt so zusätzlichen Luftwiderstand.

Maryland bis nach South Carolina. Alle verlassen Mitte März ihre Winterquartiere und treffen Ende Mai in ihren Brutgebieten ein.

Pfeifschwäne haben in allen Verbreitungsgebieten die gleichen ökologischen Eigenschaften. Im sommerlichen Brutrevier bewohnen sie Sumpflandschaften mit einzelnen Teichen und ernähren sich vorwiegend von Wasserpflanzen wie Wasserschraube und Laichkraut. Zur Nahrungssuche tauchen sie mit dem langen Hals unter die Oberfläche. Im Winterquartier greifen sie zunehmend auf Getreide und Kartoffeln zurück. Dabei sammeln sie auf den Feldern die Überbleibsel und wechseln im weiteren Verlauf des Winters zu natürlichen Gräsern.

Die Paarung findet ab Ende Mai statt. Paare bilden eine monogame, lebenslange Beziehung, bis ein Partner stirbt. Danach paart sich der Überlebende jahrelang nicht mehr. Das Weibchen legt 3–5 Eier, die es 29–30 Tage (Zwergschwan) oder 30–33 Tage (Pfeifschwan) bebrütet, während das Männchen Wache hält. Das Männchen vertreibt auch kleinere Raubtiere wie Polarfüchse oder Kolkraben und versucht sogar größere Raubtiere bis hin zu Braunbären einzuschüchtern, indem es ihnen mit ausgebreiteten Flügeln entgegenläuft. Die Jungschwäne verlassen das Nest schon früh und begeben sich mit ihren Eltern in flaches Wasser, wenn Gefahr droht. Flügge werden sie nach 40–45 Tagen (Zwergschwan) oder 60–75 Tagen (Pfeifschwan). Die nächsten 1–2 Jahre bleiben sie bei ihren Eltern, die Geschlechtsreife ist erst nach 3–4 Jahren erreicht. Einzelfallberichte sprechen von Individuen, die bis zu 24 Jahre alt wurden.

Der nordamerikanische Pfeifschwan ist mit schätzungsweise 170.000 Individuen die zahlreichere der beiden Unterarten. Die Population des Zwergschwans dagegen ist im Rückgang begriffen: Seine Überwinterungspopulation in Nordwesteuropa ist seit Mitte der 1990er-Jahre um rund 40 % zurückgegangen. Heute wird diese westliche Population auf 16.000-17.000 Individuen geschätzt, weitere 20.000 überwintern in Ostasien und 1000 im Iran. Bedroht sind sie durch illegale Jagd, denn die Schwäne werden bei schwachem Licht manchmal mit Gänsen verwechselt. Eine weitere Gefahr sind verschluckte Schrotkugeln aus Blei sowie Kollisionen mit Windrädern und Hochspannungsleitungen. Die grundsätzliche Gefahr geht von der Zerstörung der Feuchtgebiete aus: Wenn Wasserpflanzen verschwinden, sind die Vögel zunehmend auf Nutzpflanzen wie Kartoffeln und verschüttetes Getreide angewiesen.

Die Wanderung der Pfeifschwäne wird weiter erforscht: In Großbritannien findet alle fünf Jahre eine Zählung statt, und einzelne Vögel werden mit solarbetriebenen Aufzeichnungsgeräten per Satellit verfolgt. Sacha Dench begleitete Zwergschwäne 2014 mit einem Leichtflugzeug auf ihrer alljährlichen Herbstwanderung von Russland nach Großbritannien und landete überall dort, wo auch die Vögel zu Boden gingen. Ihre Reise führte sie über knapp 7000 km und durch elf Länder. Dabei beobachtete sie nicht nur, welchen Bedingungen die Vögel unterwegs ausgesetzt sind, sondern sie führte auch Menschengruppen zusammen und zeigte, wie wir grenzüberschreitend zum Schutz von Zugvögeln beitragen können.

OBEN Fliegende Pfeifschwäne über der kanadischen Provinz British Columbia.

Kurzschnabelgans

Anser brachyrhynchus

GRÖSSE
Länge: 60–75 cm
Gewicht: 1,8–3,4 kg
Flügelspannweite: 135–170 cm

AUSSEHEN
Mittelgroße Gans; Körpermitte graubraun, Kopf und Hals dunkler braun; Flügel grau mit schwarzen Flugfedern, Bürzel und Schwanz weiß mit schwarzen Spitzen; Füße und Beine rosa; Schnabel kurz und rosa, Ansatz und Spitze schwarz.

LEBENSWEISE
Ernährung: in den Brutgebieten Tundrapflanzen, im Winterquartier vorwiegend Getreide; Nester auf Klippen und steinigem Untergrund; lebenslange Paarbeziehung; Weibchen legt 3–6 Eier.

VERBREITUNG UND WANDERUNG
Zwei Populationen: Die größere brütet in Ostgrönland und Island und überwintert in Großbritannien; die kleinere brütet in Spitzbergen und überwintert in Belgien, den Niederlanden und Norddeutschland.

STELLUNG
Nicht gefährdet; Population weltweit 375.000–400.000 Individuen.

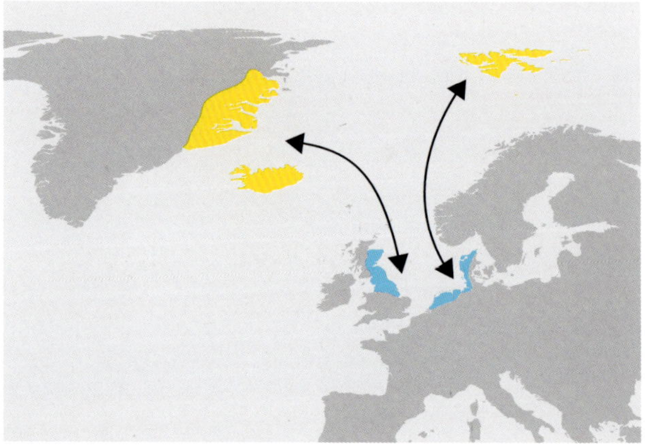

Ein Novemberabend an der Küste von Norfolk im Osten Englands. Der dämmerige Himmel füllt sich mit Vogelgeschrei. Schwarm für Schwarm treffen die Kurzschnabelgänse von den landeinwärts gelegenen Feldern im Watt ein. Zuerst ziehen sie bei Sonnenuntergang in langen Wellenlinien über den Himmel, bald aber bilden sie eine einzige wirbelnde Masse. Der Chor der schrillen Rufe vermischt sich mit einem überwältigenden Rauschen, während die Vögel zu Tausenden auf die Wattflächen herabstoßen. Wenig später hat sich der Himmel wieder geleert, und während die Vögel sich an ihren Ruheplätzen niederlassen, ist der Lärm zu einem leisen Gemurmel herabgesunken.

Noch in den 1970er-Jahren waren die Kurzschnabelgänse in Norfolk so gut wie unbekannt. Heute kommen mehr als 150.000 von ihnen jedes Jahr aus den Brutgebieten in Island und Ostgrönland, und ihre lautstarke Gegenwart kündigt an diesem sumpfigen Abschnitt der englischen Küste den Winter an. Weitere Schwärme steuern andere Winkel der britischen Inseln an: Einige suchen sich Lancashire im Nordwesten Englands aus, andere die schottische Ostküste. Ihre Gesamtzahl von 375.000 Vögeln in Großbritannien entspricht 90 % des weltweiten Bestandes dieser Spezies.

Eine kleinere Population von ungefähr 40.000 Vögeln brütet auf der norwegischen Inselgruppe Spitzbergen weit nördlich des Polarkreises. Diese Vögel schlagen einen anderen Zugweg ein: Sie fliegen über Norwegen und Dänemark nach Süden und verbringen den Winter an den Küsten Belgiens, der Niederlande und Norddeutschlands. An wiedergefundenen Ringen konnte man jedoch ablesen, dass Kurzschnabelgänse aus Großbritannien und Island hin und wieder auch in Spitzbergen auftauchen und für einen geringfügigen, aber stetigen genetischen Austausch zwischen den Populationen sorgen.

Alle Kurzschnabelgänse sind mittelgroße Vögel mit relativ kurzem Hals. Von anderen europäischen „Graugänsen“ unterscheiden sie sich durch die rosafarbenen Beine und Füße, den kurzen, rosafarbenen Schnabel mit schwarzer Spitze und den Kontrast zwischen dunkelbraunem Kopf und Hals und hellbraunem oder grauem Körpergefieder. Im Flug lassen sie ein weißes Hinterende und einen weißen Schwanz mit schwarzen Spitzen erkennen.

In ihren Brutgebieten im Norden teilen sich die Kurzschnabelgänse zu Paaren mit jeweils eigenem Revier auf. Sie bauen ihre Nester – oftmals in der Nähe von Seevogelkolonien – auf Klippen, Felsvorsprüngen, an Gletscherrändern und anderen

GEGENÜBER Kurzschnabelgänse über der ostenglischen Küste. Sie sind im Laufe des Oktobers aus ihren Brutgebieten in Grönland eingetroffen.

unzugänglichen Stellen, um Polarfüchsen und anderen Eierdieben zu entgehen. Manchmal wählen sie auch kleine Inseln in Seen. Das Weibchen legt im späten Frühjahr (Mitte Mai in Island, Ende Mai in Spitzbergen) 3–6 Eier, die es 26–27 Tage bebrütet. Die Jungen gehen nach dem Schlüpfen mit ihren Eltern zum nächsten See, wo sie einen gewissen Schutz vor Räubern genießen, bis sie – in der Regel nach 56 Tagen – fliegen können. Dennoch gibt es viele Todesfälle: Nach einer Übersichtsstudie, die 2004–2014 in Island durchgeführt wurde, liegt der Fortpflanzungserfolg nur bei 17–23 %: Jedes Paar zieht im Durchschnitt 1,85 Junge groß, bis sie flügge sind.

In Island beginnen die Kurzschnabelgänse mit den Vorbereitungen für die Reise nach Süden, sobald die Brutzeit vorüber ist. Den August über halten sie sich vorwiegend im Wasser auf, wo sie nach ungefähr 25 Tagen ihre Mauser abschließen. Sobald die Nahrung knapp wird und die Temperatur sinkt, rückt der Zeitpunkt für die Abreise näher – in der Regel Mitte bis Ende September, wenn geeignete Windverhältnisse herrschen. Die Gänse fliegen geradewegs nach Süden über den Nordatlantik und erreichen zunächst die Färöerinseln, wo sie sich einen Tag ausruhen und Nahrung aufnehmen. Dann geht der Flug weiter bis nach Großbritannien. Hier sammeln sie sich zunächst an traditionellen Stellen im Osten Schottlands, so am Loch of Strathbeg und am Motrose Basin. Hier wurden im Oktober 2015 an einem Tag 85.632 Vögel gezählt, ein Viertel der weltweiten Population. Manche von ihnen nutzen diese Stellen als Rastplätze auf dem Weg zu ihren traditionellen Winterquartieren in Norfolk und anderswo in England; andere bleiben den Winter über in Schottland.

Die Population der Kurzschnabelgänse ist in den letzten Jahren explodiert. Die Ursache ist ein verbesserter Schutz in den britischen Winterquartieren: Dort führten verminderte Jagd und bessere Nahrungsversorgung dazu, dass sich ihre Zahl seit den 1950er-Jahren mehr als verzehnfacht hat. In ihren sommerlichen Brutgebieten fressen die Gänse verschiedene Tundrapflanzen zu Land und zu Wasser. Im Winter ernähren sie sich dagegen vorwiegend von landwirtschaftlichen Nutzpflanzen wie Raps, Kartoffeln, Gräsern und Zuckerrüben. Besonders wichtig war offenbar die Ausweitung des Zuckerrübenanbaus in den letzten Jahren: Nach der Rübenernte lassen viele Bauern die Blätter, Stängel und andere Pflanzenteile auf den Feldern zurück, wo sie für die Gänse unwiderstehlich sind. Die Vögel beseitigen diese Überreste und tragen so dazu bei, dass sich Pflanzenkrankheiten nicht von Jahr zu Jahr ausbreiten. Außerdem halten sie die Gänse davon ab, sich an wertvolleren Nutzpflanzen gütlich zu tun.

LINKS Kurzschnabelgänse landen auf einer Wiese an der Küste von Norfolk im Osten Englands. Sie kommen gerade von ihren Ruheplätzen im Watt.

Rotkopfente

Aythya americana

GRÖSSE
Länge: 38 cm
Gewicht: 1,08 kg
Flügelspannweite: 84 cm

AUSSEHEN
Mittelgroße Ente; Kopf und Hals des ausgewachsenen Männchens kastanienrot; Brust und Schwanz schwarz, Rücken und Flanken silbergrau, Augen gelb, Schnabel blau mit schwarzer Spitze; Weibchen und Männchen im Ruhekleid sind braun ohne roten Kopf.

LEBENSWEISE
Ernährung: Wasserpflanzen und -tiere, durch Tauchen gesammelt; Brutgebiete an Süßwasserseen, Winterquartier an geschützten Küstengewässern; Paare finden sich in jeder Brutsaison neu zusammen; das Weibchen legt 5–7 Eier.

VERBREITUNG UND WANDERUNG
Brutgebiete im Norden und Westen Nordamerikas bis nach Nordkanada; Winterquartier weiter südlich an der Pazifik- und Atlantikküste sowie am Golf von Mexiko.

STELLUNG
Nicht gefährdet; Population weltweit nach Schätzungen 1,4 Millionen.

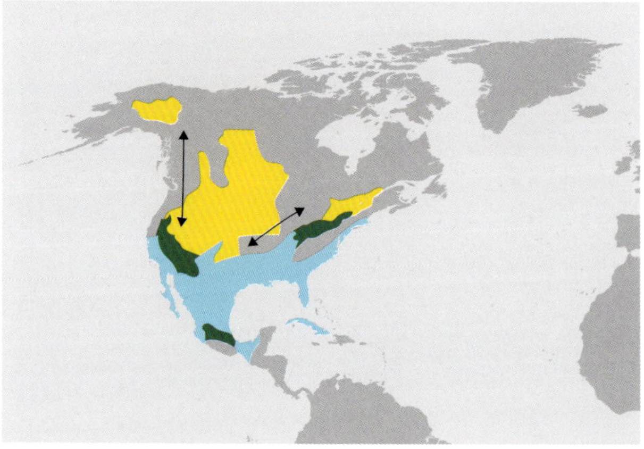

Die schmale Laguna Madre im Süden von Texas ist eines der salzigsten Gewässer der Welt. Sie ist fast 209 km lang, hat aber nur eine durchschnittliche Tiefe von 1 m. Im Winter ist sie die Heimat von mehr als einer Million Rotkopfenten – rund 75 % der weltweiten Population drängen sich auf diesem geschützten Raum. Die Rotkopfente ist eine kleine, rundliche, tauchende Ente und mit der europäischen Tafelente (*A. ferina*) verwandt. Benannt ist sie nach dem leuchtend kupferroten Kopf der paarungsbereiten Männchen. Sie taucht zur Nahrungssuche ins Wasser; die Beine setzen weit hinten am Körper an, sodass sie an Land unbeholfen ist.

Rotkopfenten brüten in Süßwasser-Marschlandschaften und an Teichen der Prärien im Westen Nordamerikas und bis in den Norden Kanadas. Ihre Winterquartiere verlassen sie ab Ende Januar und kehren zurück, wenn die steigenden Temperaturen ihre Brutgebiete auftauen lassen. Viele haben sich dann zu Paaren zusammengetan und wandern gemeinsam nach Norden. Wenn sie noch keinen Partner haben, wandern sie in kleinen Gruppen.

An ihren Bruttümpeln bauen die Rotkopfenten aus Pflanzenmaterial runde Nester. Die Weibchen bringen nach einer Brutzeit von 23–29 Tagen 5–7 Junge hervor. Rotkopfenten sind manchmal Brutparasiten: Weibchen legen ihre Eier in die Nester anderer Paare oder eng verwandter Arten wie der Riesentafelente (*A. valisineria*). Die Jungen sind nach 60–65 Tagen flügge, eine Woche vorher verlässt das Weibchen den Nachwuchs.

Nach der Brutsaison fliegen ausgewachsene Rotkopfenten zunächst nach Norden zu großen Seen, wo sie fast einen Monat nicht fliegen können, weil sie die Mauser abschließen müssen. Im September machen sie sich dann wieder nach Süden in ihr Winterquartier auf.

Im Winter stellen die Rotkopfenten ihre Ernährung von wirbellosen Wassertieren auf Seegras und andere Pflanzen um. Wegen des Salzgehalts ihrer winterlichen Lebensräume müssen sie regelmäßig Süßwasserteiche aufsuchen und dort überschüssiges Salz über Drüsen an der Nase abgeben. Zu diesem Zweck sammeln sich häufig viele Tausend Vögel im Morgengrauen zu einem atemberaubenden Flug.

Die Zahl der Rotkopfenten ist in letzter Zeit gestiegen, aber wie man aus Studien am Golf von Mexiko weiß, haben die Vögel eine Abneigung gegen Windräder und wechseln häufig ihre Futterstellen, um sie zu meiden. Wissenschaftler fürchten, sie könnten deshalb über den Winter an Kondition verlieren und damit die Fortpflanzungschancen schmälern.

GEGENÜBER Ungefähr 80 % der amerikanischen Rotkopfenten-population überwintern an der Laguna Madre im Golf von Mexiko.

Prachteiderente

Somateria spectabilis

GRÖSSE
Länge: 50–70 cm
Gewicht: 1,56–1,66 kg
Flügelspannweite: 86–102 cm

AUSSEHEN
Große, stämmige Ente; Männchen im Prachtkleid mit schwarzem Körper, rosafarbener Brust, blassblaugrünem Kopf und rotem Schnabel mit leuchtend gelbem Höcker; Weibchen kräftig braun mit hellerem Kopf.

LEBENSWEISE
Ernährung: durch Tauchen gefangene Weichtiere, Krebse und andere Bewohner des Meeresbodens; Nester in der offenen Tundra; Weibchen legt 4–7 Eier.

VERBREITUNG UND WANDERUNG
Brutgebiete in der arktischen Tundra von Westgrönland über Nordkanada bis in den Norden Alaskas und den Nordosten Russlands; Überwinterung am Meer südlich der Grenze des Meereises; Wanderungen entlang der Küste.

STELLUNG
Nicht gefährdet; Population weltweit nach Schätzungen 790.000–930.000.

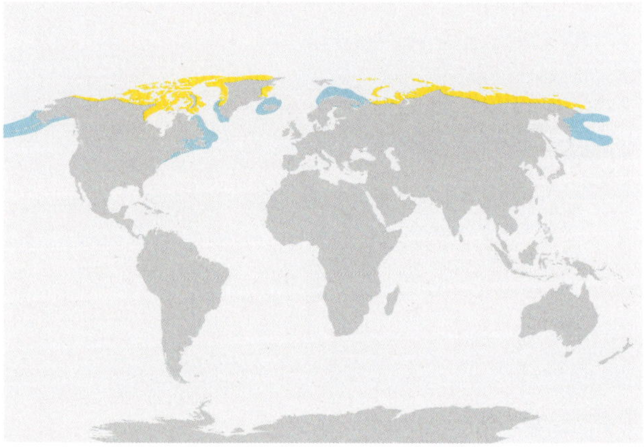

Es ist Mitte April am Point Barrow in Alaska, dem nördlichsten Vorposten des nordamerikanischen Festlandes. Das Frühjahr scheint weit entfernt zu sein: Noch erstreckt sich eine weiße Kruste aus Meereis von der kargen Küste über die Tschuktschensee, aber schon strömen die Vögel vorüber. Ununterbrochen und mit schnellem Flügelschlag folgen sie zu Tausenden in niedrig fliegenden V-Formationen der Küste nach Osten. Eine Stunde vergeht, und immer noch kommen neue Vögel.

Sie wirken robust, fliegen kraftvoll und zielstrebig. Es handelt sich um Prachteiderenten, die größte Meerentenart der Nordhalbkugel und weltweit eine der am weitesten nördlich brütenden Vogelarten. Den Winter haben sie an der Beringsee verbracht, wo sie sich bis zur Südgrenze des Meereises verteilt haben. Jetzt sind sie auf den Rückweg entlang der Küste zu ihren Brutgebieten im hohen Norden Kanadas. Viele haben sich unterwegs zu Paaren zusammengefunden, andere werden es nach ihrer Ankunft tun. Mit Verbeugungen des Kopfes und tiefem Krächzen wollen die farbenprächtigen Männchen die eher nüchtern aussehenden Weibchen beeindrucken. Anfang Mai sind sie im Landesinneren an ihren Nistplätzen zwischen den Hügeln der Tundra angekommen, und jedes Weibchen sitzt auf seinem Gelege. Das flach ausgehöhlte Nest ist mit den leichten weichen Daunenfedern gepolstert, denen alle Eiderenten ihren Ruhm verdanken.

Prachteiderenten sind rund um den Nordpol verbreitet. Sie brüten an den arktischen Küsten Nordosteuropas, Asiens und Nordamerikas. In ihrem Lebensraum in der Tundra suchen sie sich im Allgemeinen tief liegende Marschgebiete entlang der Küste oder an Seen aus. Ihre Brutgebiete bewohnen sie aber nur von Mai bis Juli, die meiste übrige Zeit verbringen sie auf dem Meer. Sie überwintern in arktischen und subarktischen Meeresregionen, insbesondere in der Beringsee, an der Westküste Grönlands, in Nordostkanada und in Nordnorwegen.

Die Wanderungen zwischen diesen Gebieten können insbesondere während der Rückkehr im Frühjahr spektakuläre Ausmaße erreichen: Dann fliegen die Vögel stundenlang ununterbrochen vorüber. Den größten Vorüberflug – mehrere Hunderttausend Vögel – kann man am Point Barrow, auch Nuvuk genannt, beobachten. Die Eiderenten gehören zu den ersten Arktisvögeln, die in ihre Brutgebiete zurückkehren. Sie wandern nicht über Land, sondern folgen der Küstenlinie, überfliegen vorwiegend das gefrorene Meer und ruhen sich häufig auf Eisschollen aus.

GEGENÜBER Prachteiderenten an der nordnorwegischen Küste im Januar. Die Männchen bekommen gerade ihr Prachtkleid.

Der Gattungsname *Somateria* geht auf das altgriechische Wort für „Wollkörper" zurück und spielt auf die außerordentlich weiche Isolierschicht aus Daunenfedern an. Der Artname *spectabilis* bedeutet „sehenswert", und das trifft auf männliche Prachteiderenten im Paarungsgefieder tatsächlich zu: Der Körper ist schwarz, weiß und hellorange, der Kopf hellblau und grün, der Schnabel rot und mit einem großen gelben Höcker gekrönt. Wie bei den meisten Enten fehlt den Weibchen die Färbung der Männchen; ihr sanftes Braun ist eine Anpassung und dient der Tarnung im Nest. Sie sind ein wenig kleiner als die Männchen und können während des Brütens beträchtlich abnehmen, weil sie oft tagelang nichts fressen.

Die Brutsaison beginnt Anfang Juni. Das Weibchen bebrütet seine 4–7 Eier 22–24 Tage. Dabei zeigt es außerordentliches Engagement. So presst es sich flach an den Boden, damit Räuber wie Polarfüchse oder Schmarotzerraubmöwen das Nest nicht entdecken. Selbst wenn ein Mensch das Weibchen berührt, bleibt es unter Umständen sitzen. Die Jungen schließen sich den Nachkommen anderer Paare an und werden von den Weibchen gemeinsam in einer „Kinderkrippe" großgezogen. Wann sie flügge werden, ist nicht genau bekannt, wahrscheinlich unternehmen die kleinen Enten nach rund 50 Tagen ihren ersten Flug. Im ersten Herbst legen die Jungen mit der Mauser ihr gschecktes schwarz-weißes Jugendgefieder an. Das erste Jahr verbringen sie auf dem Meer, die Geschlechtsreife ist erst nach drei Jahren erreicht. Der Altersrekord der Spezies wurde bei einem in Alaska markierten Weibchen mit 22 Jahren verzeichnet.

In den Brutgebieten suchen Prachteiderenten unter der Oberfläche von Süßwasserseen und Teichen nach kleinen wirbellosen Tieren. Auf dem Meer dagegen beziehen sie ihre Nahrung größtenteils vom Meeresboden: Auf der Suche nach Weichtieren, Krebsen und Stachelhäutern – Seeigel, Seesterne und Seeanemonen – tauchen sie bis zu 24 m tief.

Außerhalb der Brutsaison konzentrieren sich die Wanderungen der Prachteiderenten auf einige der abgelegensten Regionen der Arktis. Deshalb ist es nicht verwunderlich, dass die Spezies für die Wissenschaft lange ein Rätsel war. Heute hat die Satellitenortung gezeigt, dass die Vögel auf der Beringstraße überwintern – weiter draußen als andere Entenvögel – und dass sie in dieser Zeit lange Strecken zurücklegen. Deshalb sind sie besonders durch Einflüsse auf ihren Lebensraum gefährdet, so durch die globale Erwärmung, die das Meereis Jahr für Jahr schrumpfen lässt, und durch die Erschließung von Öl- und Gasfeldern. Dennoch wird die Spezies derzeit von der IUCN als „nicht gefährdet" eingestuft: Der Bestand liegt bei rund 790.000–930.000 Individuen.

RECHTS Prachteiderenten (und dahinter einige gewöhnliche Eiderenten) beim Abflug an der Küste der Barentssee in der norwegischen Arktis.

Brandgans

Tadorna tadorna

GRÖSSE
Länge: 58–64 cm
Gewicht: 0,8–1,4 kg
Flügelspannweite: 110–130 cm

AUSSEHEN
Große, gänseähnliche Ente; vorwiegend weiß, mit schwarzen und braunen Flecken an Körper und Flügeln; Kopf dunkelgrün, Schnabel rot.

LEBENSWEISE
Lebensraum in Flussmündungsgebieten; Ernährung: Pflanzen und Tiere aus dem Gezeitenschlick; brütet zwischen Sanddünen oft in alten Kaninchenbauten; das Weibchen legt 8–10 Eier; die Jungen werden von ausgewachsenen Vögeln, die sich nicht paaren, in „Kinderkrippen" großgezogen.

VERBREITUNG UND WANDERUNG
Brutgebiete in Mitteleuropa und einzelnen Regionen Zentralasiens; ausgewachsene Vögel vollziehen nach der Brutphase eine Mauserwanderung an traditionelle Rückzugsorte wie das deutsche Wattenmeer; Winterquartiere allgemein südlich der Brutgebiete.

STELLUNG
Nicht gefährdet; Population weltweit nach Schätzungen 3,9–4,2 Millionen.

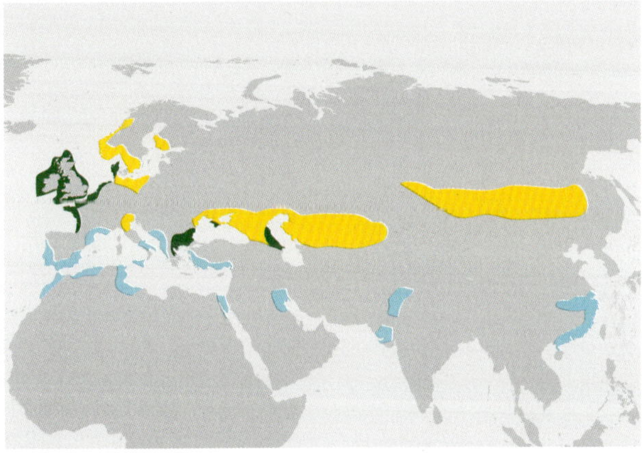

Jedes Jahr im Juli ist im Wattenmeer vor der deutschen Nordseeküste ein eigenartiges Schauspiel zu sehen: Große, gänseähnliche Vögel versammeln sich zu Tausenden, watscheln über den feuchten Sand und stürzen sich bei Flut ins Wasser. Es sind Brandgänse, die um diese Jahreszeit nicht fliegen können.

Im Gegensatz zu vielen anderen Vögeln legen Entenvögel während der Mauser nach der Brutperiode ihre primären Flugfedern nicht nacheinander ab, sondern gleichzeitig, deshalb sind sie ungefähr einen Monat lang nicht flugfähig. Um natürlichen Feinden zu entgehen, verbergen sich manche im dichten Pflanzenwuchs, oder sie bleiben im offenen Wasser. Brandgänse haben eine andere Lösung gefunden: Sie wandern.

Die Brandgänse im Wattenmeer kommen aus ganz Nordeuropa. Sie paaren sich im Mai. Jedes Weibchen legt 8–10 Eier in einen verlassenen Kaninchenbau oder zwischen Baumwurzeln und brütet 29–31 Tage. Wenige Tage nachdem die Jungen geschlüpft sind, werden sie von den Eltern in eine Kinderstube – beispielsweise einen versteckten Tümpel – gebracht und dort alleingelassen. Dann machen sich die Eltern, oft über Nacht, zum Wattenmeer auf den Weg.

Die Mauserwanderung der Brandgänse setzt sich bis zum September fort. Das flache Wattenmeer ist ein ausgezeichnetes Rückzugsgebiet für bis zu 180.000 von ihnen: Die Gezeitenebenen sind für natürliche Feinde weitgehend unzugänglich, dafür voll von winzigen Meerestieren – ausreichend Nahrung, damit den Brandgänsen neue Federn wachsen. In den Kinderstuben tun sich die verlassenen kleinen Enten zu Gruppen zusammen, die von wenigen ungepaarten ausgewachsenen Tieren beaufsichtigt werden, bis sie nach 45–50 Tagen flügge werden.

Nach der Mauser wandern britische Brandgänse in ihre Winterquartiere in Großbritannien, andere Populationen machen sich an die Mittelmeerküsten Südeuropas und Nordafrikas auf, wo die Paarbildung beginnt. Im Frühjahr kehren sie zurück in ihre Brutgebiete, und die Männchen fechten lebhafte Revierkämpfe aus.

Die Brandgans ist in Mitteleuropa weit verbreitet, weitere Populationen gibt es in Zentralasien. Die Vögel erkennt man an ihrem hübschen schwarz-weiß-braun gefärbten Gefieder; das Männchen trägt auf dem leuchtend roten Schnabel während der Brutsaison einen Höcker. In der Wissenschaft kennt man die Mauserwanderung zum Wattenmeer erst seit 1949. Seither hat man auch einige weitere Regionen entdeckt, die dem gleichen Zweck dienen, darunter die Bridgewater Bay im Südwesten Englands, wo sich jeden Sommer rund 5000 Vögel sammeln.

GEGENÜBER Eine Brandgans mit ihrem kürzlich geschlüpften Jungen. Wenn die Eltern sich auf die Mauserwanderung zum Wattenmeer machen, lassen sie die Jungen in der Obhut einiger ausgewachsener Vögel, die sich nicht gepaart haben.

OBEN Die Luftaufnahme des Wattenmeers zeigt auf den Gezeitenflächen Tausende von Brandgänsen in der Mauser.

Schwarzhalstaucher

Podiceps nigricollis

GRÖSSE
Länge: 28–34 cm
Gewicht: 265–450 g
Flügelspannweite: 56–60 cm

AUSSEHEN
Klein, rundlich, scheinbar ohne Schwanz; langer Hals, kurzer Schnabel, rote Augen; Prachtkleid: Flanken hellbraun, Rücken braun, Kopf und Hals schwarz, goldfarbene Büschel an den Ohren; Ruhekleid: schwarze Kappe, oben dunkelgrau/braun, unten blassweißgrau.

LEBENSWEISE
Ernährung: Insekten, Fische, Kaulquappen und andere kleine Wassertiere, gefangen an der Oberfläche oder durch Tauchen; Brutkolonien an Süßwasserseen; Weibchen legt 3–4 Eier.

VERBREITUNG UND WANDERUNG
Brutgebiete auf der Nordhalbkugel in Europa, Asien und Nordamerika, außerdem im östlichen und südlichen Afrika; winterliche Wanderung in Küstenregionen, meist südlich der Brutgebiete.

STELLUNG
Nicht gefährdet; Population weltweit nach Schätzungen 3,9–4,2 Millionen.

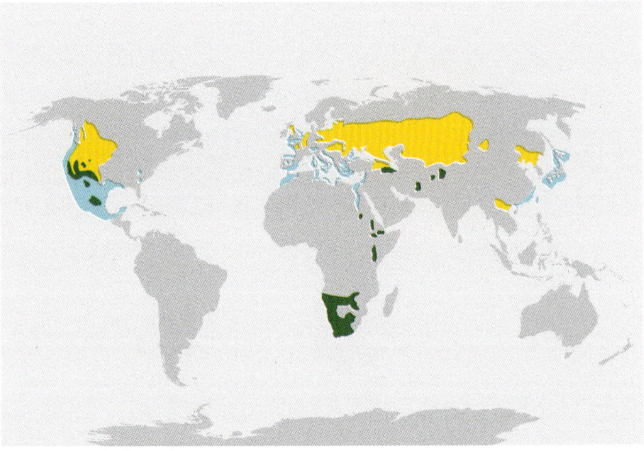

Die Lappentaucher, zu denen auch der Schwarzhalstaucher gehört, sind fürs Schwimmen gebaut: Die weit hinten am Körper ansetzenden Füße sorgen im Wasser für Vortrieb, sind aber an Land so gut wie nutzlos. Die Vögel bauen sogar schwimmende Nester, sodass sie nicht an Land klettern müssen. Außerdem können sie nur schlecht fliegen und erheben sich manchmal monatelang nicht in die Luft. Daher mag es verwundern, dass der Schwarzhalstaucher alljährlich eine Wanderung über Tausende von Kilometern unternimmt, wobei er sogar Wüsten überquert, um sein Mauser- und Winterquartier zu erreichen.

Die Spezies ist die am weitesten verbreitete der weltweit 22 Arten von Lappentauchern. Im Prachtkleid erkennt man sie am besten an den üppig rostroten Flanken und den goldfarbenen „Ohrbüscheln" hinter den auffallend roten Augen. Sie paaren sich auf Süßwasserseen der Nordhalbkugel und in einigen Regionen Süd- und Ostafrikas, wo die großen Brutkolonien häufig denen anderer Wasservögel benachbart sind. Jedes Paar baut aus Wasserpflanzen ein schwimmendes Nest, das an einer solchen Pflanze verankert wird.

Wenn die Jungen nach 21 Tagen geschlüpft sind, verlassen die Eltern das Nest und machen sich getrennt auf den Weg, wobei sie die Nachkommen unter sich aufteilen. Nur wenige Tage später lassen sie die Kleinen allein, sodass diese für sich selbst sorgen müssen.

Nach der Brutzeit suchen sich die Schwarzhalstaucher einen sicheren Platz für die Mauser, beispielsweise einen Salzsee. Hier leben sie nicht mehr von Insekten, kleinen Fischen und anderen Süßwasserbewohnern, sondern fressen nur noch eine Art winziger Krebse: Salzkrebschen. An solchen Stellen sammeln sich die Vögel in großer Zahl: Am Mono Lake in Zentralkalifornien wurden Ende Oktober 750.000 Schwarzhalstaucher gezählt. Die Vögel können bis zum Ende der Mauser mindestens zwei Monate nicht fliegen, aber sie können hier die Fettreserven für den Weiterflug an die Küste anlegen. Dort überwintern sie in der Regel südlich der Brutgebiete: Vögel, die in Mitteleuropa brüten, überwintern am Mittelmeer, solche aus der Mitte der USA fliegen zur Baja California und an den Golf von Mexiko.

Die Wanderung kann für die Schwarzhalstaucher gefährlich werden: Ist das Wetter für die Jahreszeit zu schlecht, stürzen sie unter Umständen ab. Tausende sterben, wenn ein früher Schneesturm einsetzt. Im Winterquartier sind die Vögel auch durch Ölpest und andere Gefahren aus dem Meer bedroht. Dennoch sind die Bestände groß, und die IUCN bezeichnet den Schwarzhalstaucher als „nicht gefährdet".

GEGENÜBER Im Winter legt der Schwarzhalstaucher sein Prachtgewand ab und tauscht die ruhigen Teiche seiner Brutgebiete gegen bewegte Küstengewässer.

Eistaucher

Gavia immer

GRÖSSE
Länge: 66–91 cm
Gewicht: 2,2–7,6 kg
Flügelspannweite: 127–147 cm

AUSSEHEN
Großer Wasservogel mit dickem Hals, kräftigem Schnabel und ohne sichtbaren Schwanz; liegt tief im Wasser; Prachtkleid: blauschwarzer Kopf und Hals mit weißem „Halsband", obere Körperteile schwarz mit weißen Flecken; Ruhekleid oben graubraun, unten hell.

LEBENSWEISE
Taucht tief ins Wasser und fängt verschiedene Fische und andere Wasserbewohner; besetzt an Waldseen ein individuelles Revier und zieht jedes Jahr 1–2 Junge groß.

VERBREITUNG UND WANDERUNG
Brutgebiete an Süßwasserseen im gesamten Norden Nordamerikas, in Grönland, Island und Spitzbergen; im Winter Wanderung nach Süden zu Küsten und eisfreien Seen.

STELLUNG
Nicht gefährdet; Population weltweit nach Schätzungen 612.000–640.000.

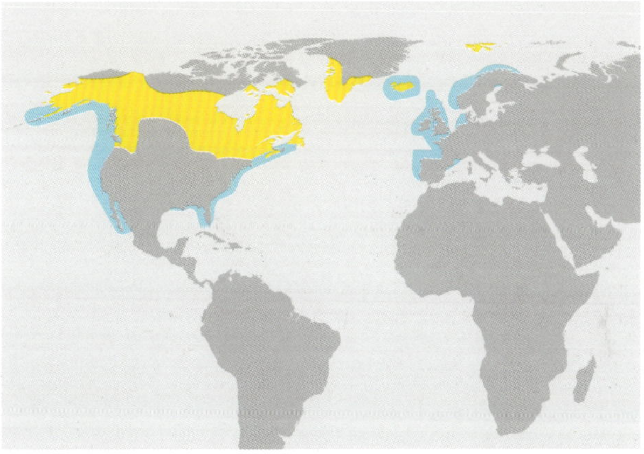

Der Eistaucher ist ein hervorragendes Beispiel für die „gespaltene Persönlichkeit" eines Zugvogels. Während der Paarungssaison verkörpert er die Seen des Nordens, und seine eindringlichen Rufe sind Gegenstand der volkstümlichen Überlieferung. Im Winter wird er still, legt sein prachtvolles Gewand ab und wandert zu den kalten, grauen Ozeanküsten – einer von vielen anonymen Reisenden, bis das Frühjahr wiederkehrt.

Eistaucher bewegen sich an Land unbeholfen: Ihre Füße setzen am Körper so weit hinten an, dass sie schlecht gehen können. Im Wasser jedoch können sie tief tauchen und mit ihrem dolchartigen Schnabel die schnellsten Fische fangen. Der Eistaucher ist eine der fünf Arten von Seetauchern. Im Sommer trägt er ein hübsches Muster mit weißen Flecken und einem „Halsband" an den blauschwarzen oberen Körperteilen. Im Winter ist er oben unauffällig graubraun und unten hell.

Die Brutgebiete der Eistaucher umfassen den Norden der USA und Kanadas bis zum Polarkreis und erstrecken sich auch auf Südgrönland, Island und Spitzbergen. Der bevorzugte Lebensraum besteht aus waldumsäumten Süßwasserseen, an denen genügend Platz für den Anlauf zum Abheben ist – unentbehrlich für den schweren Vogel. Ein Männchen beansprucht häufig einen ganzen See als Brutrevier und stößt nachts weithin hörbare Rufe aus, um sein Anrecht unmissverständlich zu unterstreichen und mit seiner Partnerin in Verbindung zu bleiben. Das Weibchen legt 2 Eier und brütet 28 Tage. Die Jungvögel können wenige Tage nach dem Schlüpfen bereits tauchen, lernen aber erst nach 7–8 Wochen das Fliegen.

Kurz nach der Brutzeit fliegen die ausgewachsenen Vögel nach Süden, die Jungvögel folgen einige Wochen später. Ihre Winterquartiere befinden sich an Küsten, Buchten und eisfreien Binnengewässern. Etwa 4000 Vögel überwintern vor der britischen Küste. Sie wandern tagsüber allein oder in kleinen Gruppen, erreichen Höhen bis zu 2700 m und bleiben damit oberhalb der turbulenten Luft. Mit Geschwindigkeiten bis zu 120 km/h legen sie beeindruckende Strecken zurück. Berichtet wurde über Wanderungen von Wisconsin bis nach Florida. Die Paare verbringen den Winter getrennt, finden aber im darauffolgenden Frühjahr wieder zusammen.

Ausgewachsene Eistaucher sind in ihren Brutgebieten kaum Gefahren ausgesetzt und können mehr als 29 Jahre alt werden. Während der Wanderung stürzen sie manchmal auf nassen Landebahnen oder Parkplätzen ab, die sie fälschlich für Wasser halten. Auch die Ölpest fordert ihren Tribut. Derzeit ist die Spezies als „nicht gefährdet" eingestuft.

GEGENÜBER Ein ausgewachsener Eistaucher in seinem Prachtgewand.

Spaltfußgans

Anseranas semipalmata

GRÖSSE
Länge: 71–89 cm
Gewicht: 2–3 kg
Flügelspannweite: 125–165 cm
AUSSEHEN
Groß, langer Hals; Kopf und Hals schwarz; Körper schwarz-weiß; Beine hellorange; Schnabel rosa-orange mit Stirnhöcker.
LEBENSWEISE
Paarung während der Regenzeit in tropischen Feuchtgebieten; Ernährung: Samen von Wassergräsern; wandert in der Trockenzeit zu ganzjährigen Gewässern, ernährt sich von Wasserpflanzenkolben; polygame Paarung; jedes Weibchen legt durchschnittlich 8 Eier.
VERBREITUNG UND WANDERUNG
Nordaustralien und südliches Neuguinea; während der Trockenzeit Wanderung von den Brutgebieten zu ganzjährigen Wasserstellen.
STELLUNG
Nicht gefährdet; Population weltweit nach Schätzungen 1 Million.

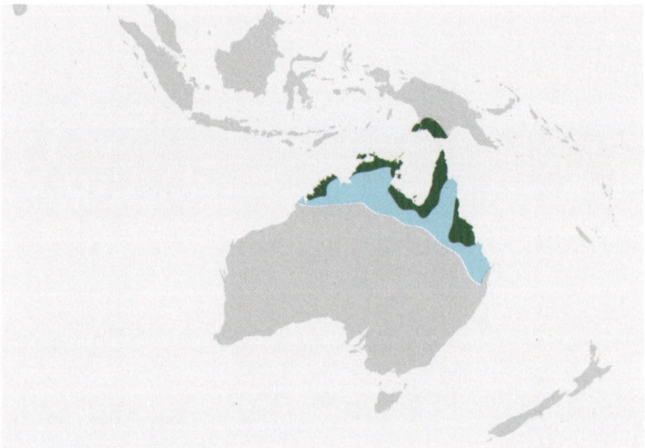

Ein Juliabend im Kakadu-Nationalpark in Australien. Ketten von Gänsen ziehen bei Sonnenuntergang über den Himmel. Die staubige Luft und der Rauch der Buschfeuer verstärken die lebhaften Farben und das Kreischen der Vögel, das langsam zu einem Dröhnen anschwillt, als sich die Ketten zu einem einzigen Schwarm vereinigen. Sie kreisen über dem Wasserloch, an dem sie übernachten werden.

Wenn wir an ziehende Wildgänse denken, stellen wir uns meist eine Wanderung über die Breitengrade vor: Die Vögel flüchten vor den eisigen Landschaften des Nordens in das mildere Klima des Südens und kehren im Frühjahr zurück, wenn ihre Brutgebiete aufgetaut sind. Im tropischen Klima des australischen Northern Territory jedoch löst nicht die Temperatur, sondern der wechselnde Niederschlag die Massenwanderung der Spaltfußgänse aus. Dabei können sie jede Richtung einschlagen.

Der Juli ist im Kakadu-Park der Höhepunkt der Trockenzeit – beim indigenen Volk der Kunwinjku heißt sie *wurrgeng*. Jetzt sind die üppigen Feuchtgebiete ausgetrocknet, in denen die Gänse während des Regens brüten. Das Gras ist verdorrt, die Gewässer sind geschrumpft. Mit ihren Jungen im Schlepptau wandern die Gänse nun zu den wenigen ganzjährigen Wasserstellen der Region. In großer Zahl bevölkern sie zusammen mit Reihern, Ibissen und anderen Wasservögeln die verbleibenden Tümpel. Auf Wildreis und andere Gräser, von denen sie in der Regenzeit gelebt haben, müssen sie verzichten. Jetzt graben sie mit ihrem spitzen, hakenförmigen Schnabel im Schlamm nach den nahrhaften Knollen von Wasserkastanien, Seerosen und anderen Pflanzen.

Im Sommer, hier *gudjewg* genannt, sieht das Leben ganz anders aus. Überall sprießt üppiges Grün, Wasser fließt, und am Himmel ziehen regelmäßig Gewitter auf. Im November sind die Gänse wieder in ihren Brutkolonien in den üppigen Feuchtgebieten. Die Männchen paaren sich jeweils mit mehreren Partnerinnen – Spaltfußgänse sind polygam – und bauen ihre Nester auf schwimmenden Plattformen im hohen Strandgras. Jedes Weibchen legt ungefähr 8 Eier, aber da zwei Vögel beteiligt sind, liegen bis zu 15 Eier in einem Nest. Gebrütet wird gemeinsam, und das Männchen übernimmt die Führung bei der Versorgung der Jungen.

Spaltfußgänse sind ungewöhnliche Vögel, und das nicht nur wegen ihres Paarungsverhaltens. Mit der Form ihres Schnabels und ihrem allgemeinen Körperbau gehören sie eindeutig zu den Gänsevögeln (Anseriformes), der Ordnung, die Enten, Gänse und Schwäne umfasst. Von anderen Gänsevögeln unterscheidet

GEGENÜBER Eine weibliche Spaltfußgans mit ihren kürzlich geschlüpften Jungen in einem tropischen Feuchtgebiet des australischen Northern Territory.

sie sich aber in mehrfacher Hinsicht: Die Füße haben kräftige Klauen und keine vollständigen Schwimmhäute (daher der Name), und im Gegensatz zu Enten und anderen Gänsen findet die Mauser allmählich statt, sodass die Vögel nie die Flugfähigkeit verlieren. Wie man von Fossilien weiß, ist die Spaltfußgans der letzte lebende Vertreter einer älteren Abstammungslinie, die sich vor den heutigen Enten, Gänsen und Schwänen von einer Vorläuferform abspaltete. Deshalb ordnen die Systematiker sie einer eigenen Familie zu: den Anseranatidae.

Unabhängig von der systematischen Stellung sind die Spaltfußgänse und ihre Wanderungen für die Ökologie der tropischen Feuchtgebiete im Norden Australiens unentbehrlich – und auch für die uralte Kultur ihrer Menschen. Die Vögel, von den Kunwinjku *manimunak* genannt, sind seit jeher wichtige jahreszeitliche Proteinlieferanten. Wenn die Schwärme sich in der Trockenzeit an den Wasserstellen sammeln und von den Wasserkastanien Fett ansetzen, werden sie zu wichtigen Zielen für die einheimischen Jäger mit ihren traditionellen Jagdmethoden: Sie verwenden Wurfstöcke oder fangen die Vögel sogar unter Wasser, wobei sie hohle Schilfrohre als Schnorchel verwenden (heute erfüllt eine Schrotflinte den gleichen Zweck). In der sommerlichen Brutsaison sammeln die Jäger auch die Eier der Vögel – allerdings nicht in so großer Menge, dass die Population dezimiert würde.

Früher waren die Spaltfußgänse in Australien weit verbreitet, so auch in den anderen Feuchtgebieten im Süden des Landes. Durch die Jagd wurden sie aber in vielen Regionen ausgerottet, und den gleichen Effekt hatte auch die Trockenlegung ihres Lebensraumes. Heute findet man sie nur noch im Norden des Kontinents vom Fitzroy River im Westen bis nach Rockhampton in Queensland. Außerdem kommen sie im Süden Neuguineas vor. Die größte Population lebt im Kakadu-Nationalpark, wo Spitzenwerte bis zu 500.000 Vögeln gezählt werden. Den Einheimischen ist die traditionelle Jagd nach wie vor gestattet, eine größere Gefahr für die Spezies liegt aber in dem steigenden Zustrom von Meerwasser in einigen von ihnen bewohnten Überschwemmungsebenen und in invasiven Arten wie dem Gras *Brachiaria mutica* und der Mimose *Mimosa pigra*.

GEGENÜBER UND OBEN Nach dem Brüten sammeln sich die Spaltfußgänse in großen Schwärmen und ziehen von den austrocknenden Feuchtgebieten zu ganzjährigen Wasserstellen.

02 SEEVÖGEL

Rund 71 % der Erdoberfläche sind von Ozeanen bedeckt. Da ist es kaum verwunderlich, dass sich viele Vogelarten ans Leben auf dem Meer angepasst haben. Manche, wie die Möwen, sind vorwiegend Küstenvögel. Andere, wie die Albatrosse, sind echte Meeresbewohner: Sie brüten auf abgelegenen Inseln, wandern aber sonst weitab vom Land über die Wellen.

Viele Seevögel sind genau wie Landvögel jahreszeitliche Wanderer. Im Gegensatz zu ihren landlebenden Vettern haben sie sich aber so angepasst, dass sie im Meer ihre Nahrung finden. Die Küstenseeschwalbe muss sich vor dem Abflug vom Brutgebiet nicht mit Nährstoffen versorgen, sondern zieht langsam nach Süden und fängt unterwegs Fische. Solche Vögel legen wahrhaft außergewöhnliche Entfernungen zurück – für keinen gilt das mehr als für diese Spezies, die alljährlich zwischen Arktis und Antarktis mehr als 80.000 km zurücklegt.

Die Meeresoberfläche ist nicht einheitlich: Jahreszeitliche Strömungen bestimmen über die Nahrungsverteilung, und viele Zugwege orientieren sich am Nahrungsangebot. Der Kurzschwanz-Sturmtaucher unternimmt zwischen seinen Brutgebieten in Neuseeland und dem Winterquartier in Alaska eine riesige Rundreise, um unterwegs die produktivsten Regionen des Pazifiks zur besten Jahreszeit zu nutzen.

Sturmvögel, Albatrosse und andere Meeresvögel sind auf einzigartige Weise an Wanderungen über die Ozeane angepasst: Mit ihren langen, schmalen Flügeln können sie Aufwinde über den Wellen nutzen und große Entfernungen im Gleitflug zurücklegen. Drüsen am Schnabel scheiden überschüssiges Salz aus, und mit ihrem guten Geruchssinn nehmen sie schwimmende Nahrung schon aus der Ferne wahr. Diese Vögel gehören zur Ordnung der Röhrennasen (Procellariiformes), die lange leben und langsam geschlechtsreif werden. Manche Arten paaren sich erst mit zwölf Jahren, wenn sie das Südpolarmeer bereits viele Male umrundet haben. Und manche von ihnen sind riesig: Der Wanderalbatros erreicht mit 3,30 m die größte Flügelspannweite aller Vögel. Kleinere Vertreter wie die winzige Buntfuß-Sturmschwalbe sind ebenso widerstandsfähig. Diese spatzengroßen Seevögel wandern über mehr als zwei Drittel der Weltmeere und kehren doch jedes Jahr zum Brüten auf eine Reihe winziger Inseln am südlichen Polarkreis zurück.

Nicht alle Seevögel wandern fliegend. Die Jungen der Papageitaucher und vieler anderer Alkenvögel (Familie Alcidae) verlassen das Nest flugunfähig, schwimmen von ihren Brutkolonien weg und verbringen den ersten Winter auf dem Meer. Pinguine – die besten Schwimmer unter den Vögeln – wandern von ihren Brutkolonien Tausende von Kilometern zu den winterlichen Futterstellen; für Kaiserpinguine beginnt es mit einem Treck über die antarktische Eiskappe: Sie gehen zu Fuß und rodeln auf dem Bauch bis ans offene Meer.

Auch in den Tropen gibt es Langstrecken-Zugvögel. Die leicht gebauten Bindenfregattvögel lassen sich monatelang treiben: Ein Vogel flog ununterbrochen 185 Tage und legte dabei in einer großen Schleife um den Äquator 54.700 km zurück. Rußseeschwalben wandern manchmal jahrelang durch die Äquatorregion, ohne auch nur einmal auf dem Land niederzugehen. Keine dieser Arten hat ein wasserdichtes Gefieder: Sie picken sich ihre Nahrung aus den Wellen.

Seit den 1990er-Jahren hat die Satellitentechnik neue Erkenntnisse über die Wanderungen der Seevögel geliefert, beispielsweise welche Strecken viele Arten zurücklegen und wie kompliziert ihre Routen sind. Datenrekorder ermitteln die Position von Vögeln, indem sie die Koordinaten anhand der aufgezeichneten Lichtmengen berechnen. Dabei stellte sich kürzlich heraus, dass die britischen Populationen des Odinshühnchens quer über den Atlantik wandern und an der mittelamerikanischen Pazifikküste überwintern, während man früher angenommen hatte, sie würden sich anderen Populationen im Indischen Ozean anschließen.

Solche Entdeckungen sind unentbehrlich für den Schutz der Seevögel. Die gefiederten Wanderer wurden von der Evolution dazu ausgestattet, einige der schwierigsten Bedingungen auf unserem Planeten zu meistern. Seit Jahrtausenden nutzen Seeleute ihre Bewegungen, um schlechtes Wetter zu umgehen oder Land zu finden. Die Evolution hat die Vögel aber nicht auf die von Menschen gemachten Schäden ihrer Umwelt vorbereitet, von der Langleinenfischerei und schwimmendem Plastikmüll bis zur Dezimierung der kostbaren Fischbestände. So sind heute alle 22 Albatrosarten von der IUCN als mehr oder weniger „gefährdet“ eingestuft, und drei sind vom Aussterben bedroht.

GEGENÜBER Weißgesicht-Sturmschwalben machen es wie viele ihrer Verwandten: Sie plätschern mit den Füßen an der Meeresoberfläche, um Plankton und andere Nahrung aufzuwühlen.

Wanderalbatros

Diomedea exulans

GRÖSSE
Länge: 107–135 cm
Gewicht: 5,9–12,7 kg
Flügelspannweite: 250–350 cm

AUSSEHEN
Riesengroß; am Boden ähnlich einer Möwe mit gewaltigem rosa Schnabel; im Flug lange, schmale Flügel mit der größten Spannweite aller Vögel; ausgewachsen weiß mit schwarzen Markierungen an den Flügelrändern; Jungtier schokoladenbraun mit weißen Markierungen, mit fortschreitendem Alter immer mehr Weiß.

LEBENSWEISE
Ernährung: Tintenfische, kleine Fische und essbare Abfälle an der Meeresoberfläche oder unmittelbar darunter; Brutplätze auf ozeanischen Inseln; Weibchen legt alle zwei Jahre ein Ei; Jungtiere werden nach 11–15 Jahren geschlechtsreif; viele Albatrosse leben 60 Jahre und länger.

VERBREITUNG UND WANDERUNG
Brutgebiete in Südgeorgien und anderen abgelegenen Orten der südlichen Ozeane; außerhalb der Brutzeit Verbreitung rund um den Südpol bei 28–60 Grad südlicher Breite.

STELLUNG
Gefährdet; Brutpopulation weltweit 26.000 Paare.

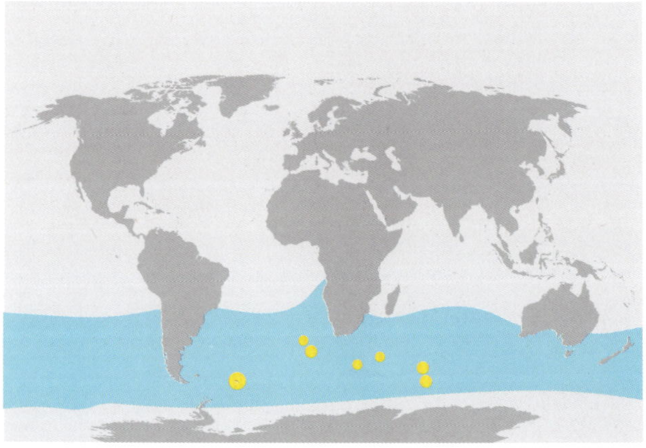

Kaum ein anderer Zugvogel trägt einen so zutreffenden Namen wie der Wanderalbatros. Jedes Schiff, das durch die Weiten des Südlichen Ozeans pflügt, wird früher oder später auf diesen riesigen Nomaden treffen. Mühelos kreist er auf seinen langen, schmalen Schwingen, gleitet fast ohne einen Flügelschlag tief über den Wellen, lässt sich bis zum Horizont treiben oder zeigt aus der Nähe seine gewaltige Größe. Er erinnert mehr an einen Gleitflieger als an einen Vogel: Seine durchschnittliche Flügelspannweite von mehr als 3 m ist die größte aller Flugtiere.

Schwieriger ist festzustellen, wie ein Albatros wandert. Es ist keine einfache Hin- und Rückreise zwischen zwei Orten. In seinen Brutquartieren – einige Inseln im Südlichen Ozean – hält er sich nur vorübergehend auf. Sein restliches Leben verbringt der Vogel über dem Meer, seiner eigentlichen Heimat: Immer folgt er Wind und Strömungen zu den üppigsten Futterplätzen. Er paart sich nur alle zwei Jahre, legt dazwischen ein „Sabbatjahr“ ein, und Jungvögel kehren frühestens nach sechs Jahren an den Ort zurück, an dem sie geschlüpft sind. In seinem Nomadenleben legt der Wanderalbatros erstaunliche Entfernungen zurück: Einzelne Vögel umrunden den Südlichen Ozean dreimal im Jahr, eine Strecke von 120.000 km. Bei einer durchschnittlichen Fluggeschwindigkeit von 40 km/h bringen sie es pro Tag auf 950 km.

Wie kommt es zu derart außergewöhnlichen Leistungen? Wie alle Albatrosse und andere, kleinere Seevögel aus der Ordnung der Röhrennasen (Procellariiformes) pflegt der Wanderalbatros den „dynamischen Gleitflug“. Mit seinen langen, schmalen Flügeln nutzt er den Auftrieb über brechenden Wellen, indem er sich schräg in den Wind stellt und dann diagonal in Richtung der nächsten Welle gleitet. Auf diese Weise kann er im Zickzack unzählige Kilometer über den Ozean fliegen und stundenlang ohne einen einzigen Flügelschlag in der Luft bleiben. Die Sehnen am Flügelansatz sind so angepasst, dass die Flügel ohne Belastung der Muskeln ausgebreitet bleiben. Ein Albatros verbraucht beim Fliegen weniger Energie als in seinem Nest.

Der Wanderalbatros ist die größte von sechs sehr ähnlichen Arten „großer“ Albatrosse (Gattung *Diomedea*). Er brütet nur an Außenposten auf der Südhalbkugel: Südgeorgien, Crozet-Inseln, Kerguelen, Prinz-Edward-Inseln und Macquarie-Insel. Im Winter führt ihn seine Wanderung aber über den gesamten Südlichen Ozean zwischen dem 28. und 60. Breitengrad. Damit hat er außerhalb der Brutzeit ein Verbreitungsgebiet von

GEGENÜBER Mit den längsten Flügeln aller Vögel – ihre Spannweite kann mehr als 3,50 m betragen – unternimmt der Wanderalbatros gewaltige Reisen.

OBEN Ein Wanderalbatros vor den Eisbergen der Antarktis.

65 Millionen km², mehr als das 34.000-Fache seines Brutgebietes von 1890 km².

Der Wanderalbatros ernährt sich von Tintenfischen, kleinen Fischen und Krebsen, die er – meist nachts – an der Meeresoberfläche einsammelt. Ein wichtiger Nahrungsbestandteil sind Abfälle und Beifang der Schiffe, denen die Albatrosse folgen. Ein Vogel kann auf einmal bis zu 2,7 kg verschlingen, ein Viertel seines Körpergewichts. Eine derart große Mahlzeit hindert ihn oft am Abflug, sodass der Albatros erbrechen muss, bevor er sich in die Luft erhebt.

Zu den Anpassungen, die den Albatrossen das Leben über dem Meer erleichtern, gehören die röhrenförmigen Nasenöffnungen: Sie sorgen für einen besseren Geruchssinn als bei den meisten anderen Vögeln und schaffen die Möglichkeit, schwimmendes Aas schon aus großer Entfernung wahrzunehmen. Außerdem sorgt die starke Magensäure für den Abbau solcher Nahrung im Darm. Wie bei den meisten Hochseevögeln nehmen Drüsen am Schnabelansatz überschüssiges Salz aus dem Körper auf und lassen die Salzlösung in regelmäßigen Tropfen vom Schnabel abfließen.

Wanderalbatrosse bilden lebenslange Paarbeziehungen, paaren sich aber nur alle zwei Jahre. Das Werben beginnt in der Kolonie Anfang November mit lautstarkem Schnabelklappern, Kopfbewegungen, dem Ausbreiten der Flügel und Gekreische. Das Paar baut aus Schlamm und Pflanzen einen konischen Nisthügel auf einem Felsvorsprung, wo der Wind das Abfliegen unterstützt. Das Weibchen legt Mitte bis Ende Dezember ein einziges Ei und brütet mindestens elf Wochen. Ist das Junge geschlüpft, wechseln die Eltern einander ab: Einer geht auf Nahrungssuche und füttert seine Angehörigen mit hochgewürgtem Mageninhalt. Das Junge bleibt länger als jeder andere Jungvogel im Nest und wird erst nach einem Jahr flügge, danach wandert es hinaus aufs Meer.

Die Vögel wachsen langsam, kehren erst nach sechs Jahren an ihren Geburtsort zurück und paaren sich erst nach 11–15 Jahren. Bei einer Lebensdauer von bis zu 60 Jahren läuft ihr Leben ganz ähnlich ab wie unseres. Mit GPS-Sendern hat man festgestellt, dass verschiedene Populationen außerhalb der Brutzeiten unterschiedliche Jagdreviere haben und dass die vorherrschende Windrichtung für Wanderungsrouten und Strategie entscheidend ist. So kehren Vögel von den Crozet-Inseln, die vor der Küste Neuseelands überwintern, über den Pazifik zurück und folgen dabei den starken westlichen Zirkumpolarwinden. Nach einem Hinweg von 8000 km wird der Rückweg damit 21.000 km lang – ein „Umweg" von 13.000 km.

Der wissenschaftliche Artname *exulans* stammt von dem lateinischen Wort für „Exil" ab. Angesichts der langen Wanderungen und der Ausdauer über den unwirtlichen Meeren der Welt ist es nicht verwunderlich, dass der Albatros für Seeleute lange ein Sinnbild war. In manchen Kulturkreisen galt sein Tod als schlechtes Omen, wie Coleridge es in der *Ballade vom alten Seemann* schildert. Natürliche Gefahren gibt es für ausgewachsene Albatrosse kaum. In jüngster Zeit sind sie aber vielfach vom Menschen bedroht, so durch die Langleinenfischerei – die Vögel ertrinken, wenn sie von den Ködern am Haken gefangen werden – oder durch verschluckten Plastikmüll. Heute ist die Art mit 26.000 Brutpaaren als „gefährdet" eingestuft und steht wie alle Albatrosse im Mittelpunkt vieler Naturschutzprogramme.

OBEN Ein Wanderalbatros mit Kap- und Riesensturmvögeln auf Nahrungssuche bei Kaikoura, Neuseeland.

GEGENÜBER Ein Wanderalbatrospaar bei der Partnerwerbung vor der Gebirgskulisse von Südgeorgien.

Graukopfalbatros

Thalassarche chrysostoma

GRÖSSE
Länge: 81 cm
Gewicht: 2,8–4,4 kg
Flügelspannweite: 220 cm

AUSSEHEN
Groß; Kopf, Kehle und oberer Hals aschgrau mit hellem Halbmond hinter den Augen; Flügeloberseite, Rucken und Schwanz schmutzig braun; Bauch und Hinterende weiß; Schnabel schwarz mit leuchtend gelben Ober- und Unterkanten; im Flug erkennt man an den langen, schmalen Flügeln die weiße Unterseite mit dunkler Umrandung.

LEBENSWEISE
Ernährung: Tintenfische, Krebse, kleine Fische und andere Nahrung von der Meeresoberfläche; Brutplätze auf ozeanischen Inseln; Weibchen legt alle zwei Jahre ein Ei; bis zu zehn Jahre dauert es, bis die Jungtiere geschlechtsreif werden.

VERBREITUNG UND WANDERUNG
Brutgebiete auf ozeanischen Inseln der Südhalbkugel, insbesondere in Südgeorgien; außerhalb der Brutzeit Verbreitung auf allen südlichen Ozeanen.

STELLUNG
Gefährdet; Population weltweit 250.000, stark zurückgehend.

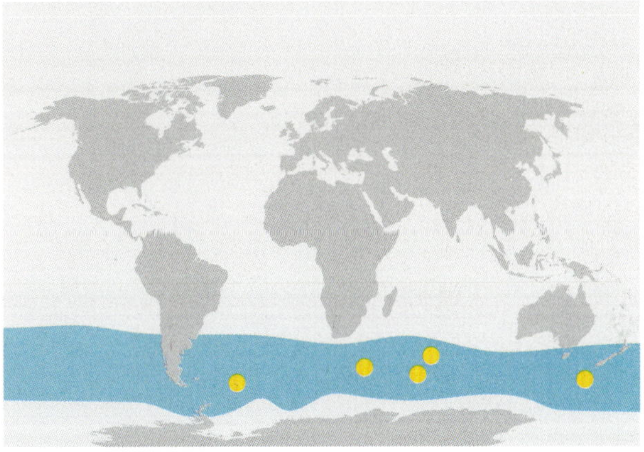

Dieser weitverbreitete Albatros gehört zur Gattung *Thalassarche*, deren Mitglieder kleiner als der Wanderalbatros (siehe Seite 64ff.) und andere Arten der Gattung *Diomedea* sind. Er ist aber nicht weniger auf das Wandern spezialisiert. Studien zeigen, dass die Wanderungsbewegungen der Spezies ebenso eindrucksvoll sind wie die ihrer riesengroßen Vettern.

Der Vogel hat zwar für einen Albatros eine bescheidene Größe, übertrifft aber mit seiner Flügelspannweite einen Steinadler und ist damit immer noch sehr groß. Der wissenschaftliche Artname *chrysostoma* bedeutet „mit goldenem Mund" und spielt auf die leuchtend gelben Schnabelkanten an. Ansonsten erkennt man ihn an dem zartblaugrauen Kopf und Hals sowie an dem weißen Hinterende, das einen Kontrast zu den dunklen Flügeloberseiten und dem Schwanz bildet. Wie bei allen Albatrossen verstärken röhrenförmige Strukturen am Schnabel den Geruchssinn – was bei der Nahrungssuche an der Meeresoberfläche wichtig ist –, und Salzdrüsen scheiden überschüssiges Salz aus. Ein wichtiger Bestandteil der Ernährung für heranwachsende und ausgewachsene wandernde Vögel sind die Magensekrete, die auch zur Selbstverteidigung erbrochen werden können, wenn Riesensturmvögel und andere Räuber die Jungvögel angreifen.

Graukopfalbatrosse brüten nur auf wenigen verstreuten Inseln und verbringen die übrige Zeit auf Nahrungssuche im Flug über den südlichen Ozeanen. In den 16 Monaten zwischen den Brutzeiten legt ein Vogel bis zu 240.000 km zurück und wandert weiter nach Süden als alle anderen Arten dieser Gattung. Dabei erreicht er unter Umständen hohe Geschwindigkeiten: 2004 wurde in einer Studie dokumentiert, dass ein Individuum bei der Rückkehr von der Nahrungssuche zum Nest acht Stunden lang eine Durchschnittsgeschwindigkeit von 127 km/h erreichte, was der Spezies einen Eintrag im *Guinness-Buch der Rekorde* als schnellster Vogel im waagerechten Flug sicherte.

Die größten Nistkolonien befinden sich in Südgeorgien. Kleinere Populationen brüten auch auf den Diego-Ramiréz-Inseln, den Kerguelen, den Crozet-Inseln, den Prinz-Edward-Inseln und den Campbell-Inseln. Ein Paar nistet alle zwei Jahre, wenn der erste Paarungsversuch erfolgreich war. Das Weibchen legt sein einziges Ei Mitte Oktober. Es wird vorwiegend vom Männchen 70–72 Tage bebrütet, bis Mitte Dezember das Junge schlüpft. Danach füttert das Paar sein gefräßiges Jungtier mit bis zu 616 g Nahrung pro Tag. Nach viereinhalb Monaten ist der Jungvogel flügge und begibt sich – in der Regel Mitte Mai – selbst auf Wanderschaft über die Ozeane. Auf die Insel, auf

GEGENÜBER Ein Graukopfalbatros mit seinem heranwachsenden Jungen in einer Brutkolonie an den windumtosten Hängen von Südgeorgien.

der er großgezogen wurde, kehrt er frühestens nach sechs oder sieben Jahren zurück, paart sich dort aber erst einige Jahre später.

Heute wird der Graukopfalbatros von der IUCN als „gefährdet" eingestuft: Der Bestand ist in den letzten 90 Jahren um 40 % zurückgegangen. Am stärksten wurden die Kolonien in Südgeorgien dezimiert, die ungefähr die Hälfte der Brutpopulation ausmachen. Wissenschaftler haben sich des Problems angenommen und die Wanderungsbewegungen der Spezies außerhalb der Brutsaison eingehend erforscht. In einer 2018 erschienenen Studie befestigten sie auf Bird Island bei Südgeorgien winzige Positionssender an den Beinen von 16 gerade flügge gewordenen Vögeln. Die so gewonnenen Daten zeigten, dass die meisten Vögel sich geradewegs zu japanischen Fischereigewässern aufmachten, wo sie häufig als Beifang ums Leben kommen. Das bestätigte den Verdacht, dass Graukopfalbatrosse besonders stark durch die Langleinenfischerei gefährdet sind: Wegen ihres Appetits auf Tintenfische, Krebse, Neunaugen und andere Nahrung an der Meeresoberfläche bleiben sie an den unzähligen Haken hängen, die Fischereischiffe an kilometerlangen Leinen hinter sich herziehen.

In anderen Studien zeigte sich, dass sich männliche Graukopfalbatrosse häufig weiter nach Süden vorwagen als Weibchen, vielleicht weil sie mit der raueren See in solchen Breiten besser zurechtkommen. Außerdem stellte sich heraus, dass Vögel von den Kolonien im südlichen Indischen Ozean an den Fischgründen im Südatlantik vorüberfliegen, um der Konkurrenz mit Vögeln aus den Brutkolonien in diesem Bereich aus dem Weg zu gehen. Mit wachsenden Kenntnissen über die Wanderungen der Vögel gelingt es den Naturschützern besser, in Zusammenarbeit mit Fischereiflotten und Regierungen neue Strategien gegen die unabsichtliche Tötung von Albatrossen zu entwickeln. Dazu gehören neue technische Mittel, mit denen man Haken und Fangleinen sichert.

In den Brutkolonien stehen die Vögel noch vor anderen Problemen. So schafften es sieben der 2018 markierten Jungvögel nicht, die Insel zu verlassen: Sie fielen Riesensturmvögeln und Skuas zum Opfer, bevor sie kräftig genug für den Abflug waren. Dezimierte Brutkolonien sind durch solche Opportunisten stärker gefährdet und können sich weniger gut kollektiv verteidigen. Wenn die Vögel auf ihren Wanderungen besser geschützt sind, werden sie auch eher in der Lage sein, ihre Brutkolonien wieder vollständig aufzubauen, sodass die Dezimierung dieser Wanderer über den Meeren zum Stillstand kommt.

RECHTS Der Graukopfalbatros legt zwischen den Brutphasen bis zu 240.000 km zurück.

Küstenseeschwalbe

Sterna paradisaea

GRÖSSE
Länge: 33–36 cm
Gewicht: 86–127 g
Flügelspannweite: 76–85 cm

AUSSEHEN
Klein, elegant, mit langen Flügeln und langem, gegabeltem Schwanz; blassgrau, fast weiß, weiße Wangen, Kontrast durch schwarze Krone und schwarzen Nacken; sieht im Flug weiß aus; dünner, roter Schnabel und kurze rote Beine.

LEBENSWEISE
Ernährung: kleine Fische und wirbellose Meeresbewohner an der Oberfläche oder knapp darunter, gefangen häufig durch Herabstoßen und Tauchen; große Brutkolonien an der Küste; Weibchen legt 1–3 (durchschnittlich 2) Eier in flaches Nest am Boden.

VERBREITUNG UND WANDERUNG
Brutgebiete am Nordpolarkreis in Europa, Asien und Nordamerika; Winterquartier am Südpolarkreis; Zugwege über den Atlantik und nach Osten bis zu Rastplätzen im Indischen Ozean.

STELLUNG
Nicht gefährdet; Population weltweit über 2 Millionen.

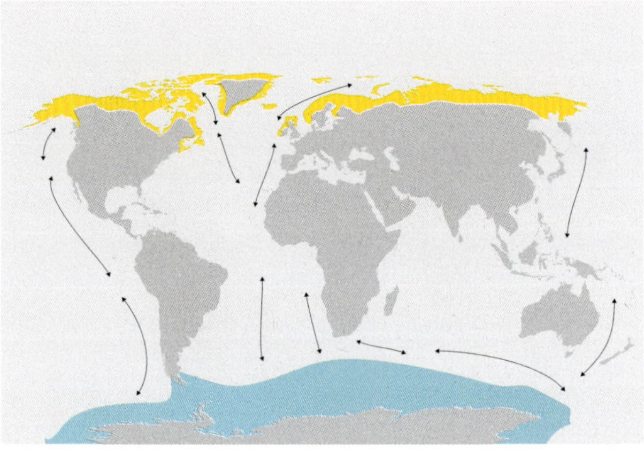

Die Küstenseeschwalbe ist vor allem berühmt wegen der Länge ihrer Reisen: Ein Vogel fliegt während seines Lebens dreimal die Entfernung zum Mond und zurück. Die Spezies ist ein wahrer Rekordhalter: Andere Seevögel spulen während ihrer alljährlichen Wanderungen vielleicht ebenso viele Kilometer ab, aber keine andere Spezies legt zwischen ihren Sommer- und Winterquartieren größere Strecken zurück.

Diese jahreszeitlichen Aufenthaltsorte liegen an den entgegengesetzten Enden der Welt. Der Vogel brütet am Nordpolarkreis. Sein Verbreitungsgebiet erstreckt sich entlang der Nordküsten Nordamerikas, Europas und Asiens, reicht aber auch bis nach Nordfrankreich und Massachusetts. Er überwintert am südlichen Polarkreis mit wichtigen Zentren wie dem Weddell-Meer. Da die Küstenseeschwalben im nördlichen Sommer brüten und im südlichen Sommer überwintern, erleben sie nie einen Winter.

Im Vergleich zu den riesigen Albatrossen wirkt die Küstenseeschwalbe wie ein Zwerg. Lange, schlanke Flügel treiben ihren Schwebeflug an und versetzen sie in die Lage, tagelang in der Luft zu bleiben, wobei sie lange Strecken im Gleitflug zurücklegen und sogar ein kurzes Nickerchen machen kann. Mit ihren Fähigkeiten als Fischer – sie stößt von oben ins Wasser und fängt kleine Fische oder wirbellose Tiere unmittelbar unter der Oberfläche – mangelt es ihr nie an Wegzehrung.

Dass Küstenseeschwalben riesige Entfernungen zurücklegen, weiß man schon lange. Ein Exemplar, das im Juli 1928 im kanadischen Labrador markiert worden war, wurde nur vier Monate später in Südafrika geborgen. Mit moderner Satellitentechnik und leichten, an den Füßen der Vögel befestigten Geolokatoren konnte man in jüngster Zeit nachweisen, dass frühere Schätzungen viel zu niedrig lagen. Eine Gruppe von Küstenseeschwalben, die man 2013 in den Niederlanden markiert hatte, legte den Messungen zufolge in einem einzigen Jahr eine durchschnittliche Strecke von 90.000 km zurück.

Durch die Geolokatoren zeigte sich auch, dass die Vögel keine so geradlinigen Routen wählen, wie man bei einem Blick auf die Landkarte glauben könnte. In der niederländischen Studie zogen die Vögel zunächst an der Westküste Europas und Afrikas nach Süden, flogen aber nicht geradewegs zur Antarktis weiter, sondern umrundeten das Kap der Guten Hoffnung, machten einen Umweg nach Osten bis fast nach Australien, nahmen Kurs auf das Wilkesland im Nordosten der Antarktis und traten den Rückweg nach Westen rund um den antarktischen Kontinent an.

GEGENÜBER Ein Küstenseeschwalbenpaar bei seinem eleganten Hochzeitsritual. Die beiden sind nach einer Mammutwanderung kürzlich aus der Antarktis auf den schottischen Shetlandinseln eingetroffen.

LINKS Auch Zugvögel müssen Pausen einlegen: Eine Küstenseeschwalbe findet auf schwimmendem Meereis vor Spitzbergen einen vorübergehenden Ruheplatz.

Nicht alle Vögel aus einer Brutkolonie nehmen die gleiche Route. Im Jahr 2007 stattete das Greenland Institute of Natural Resources zehn Vögel im Nordosten Grönlands mit Geolokatoren aus. Alle verließen die Kolonie Ende Juli und verbrachten den ersten Monat auf dem Nordatlantik, der vermutlich eine gute Nahrungsquelle war. Im September nahmen alle Kurs nach Süden und überquerten den Äquator, aber dann flogen einige im Osten an der afrikanischen Westküste weiter, während andere sich nach Westen wandten, den Atlantik überquerten und an der Ostküste Südamerikas nach Süden flogen. Im November trafen sich alle am Weddell-Meer in der Antarktis wieder und verbrachten dort den Winter. Nach ihrem Abflug im April wählten sie einen s-förmigen Rückweg: zuerst nach Afrika, dann über den Atlantik, im Mai über den Äquator und schließlich zurück über den Nordatlantik, bis sie am Ende des Monats in Grönland eintrafen. Da sie ihre Brutreviere wieder mit Beschlag belegen mussten, wurde der Rückweg viel schneller absolviert als der Hinweg.

Solche Beobachtungen bestätigen, dass die Küstenseeschwalbe wie die meisten wandernden Seevögel nicht einfach dem kürzesten Zugweg folgt, sondern bei der Wahl ihrer Route auch Variablen wie Wind und Nahrungsangebot berücksichtigt. Wie sich 2015 durch weitere Studien an der Kolonie auf den Farne-Inseln herausstellte, verbrachten die Vögel nach der Umrundung des Kaps der Guten Hoffnung den Oktober in einer Rastregion im Süden des Indischen Ozeans und den November an einem zweiten Rastplatz in der östlichen Antarktis. Am Weddell-Meer trafen sie erst im Februar 2016 ein. Als sie im Mai zu ihren Brutgebieten zurückkehrten, hatten manche von ihnen 96.000 km zurückgelegt, mehr als das Doppelte des Erdumfanges. Solche Studien werfen nicht nur Licht auf das Leben der Küstenseeschwalben, sondern liefern auch wichtige allgemeine Erkenntnisse über die Ökologie der Meere. Sie zeigen zum Beispiel saisonale Hotspots, von denen ebenso andere Arten bei der Nahrungsversorgung abhängig sind.

In ihren Brutgebieten bilden die Küstenseeschwalben im offenen Gelände nahe der Küste große Kolonien. Jedes Paar erneuert seine Bindung mit einem raffinierten Balzritual, zu dem auch Fischgeschenke gehören. Das Nest ist eine einfache, in den Boden gekratzte Vertiefung, die mit ein wenig Pflanzenmaterial ausgepolstert wird. Hier legt das Weibchen durchschnittlich 2 Eier. Die Brutzeit dauert 22–29 Tage, und die Jungen werden 21–24 Tage nach dem Schlüpfen flügge. Die Eltern verteidigen ihr Nest höchst aggressiv und stürzen sich im Sturzflug auf natürliche Feinde wie Füchse, Skuas und sogar Menschen – sie greifen bereitwillig jeden an, der ihnen zu nahe kommt, und verursachen mit ihrem spitzen Schnabel blutige Wunden. Manchmal steigt eine ganze Kolonie auf, erfüllt die Luft mit schrillem Geschrei und vertreibt so einen Eindringling.

Wenn die jungen Küstenseeschwalben flügge sind, machen sie sich mit ihren Eltern auf die lange Reise nach Süden. Sie können 30 Jahre oder länger leben. Die Spezies wird von der IUCN als „nicht gefährdet" eingestuft: Der Bestand liegt bei mehr als 2 Millionen Exemplaren. In manchen weiter südlich gelegenen Nistgebieten nehmen die Brutpopulationen aber ab. Die Ursachen könnten zum Teil in den Auswirkungen der globalen Erwärmung auf die Fischbestände liegen.

LINKS Eine junge Küstenseeschwalbe späht durch die Handschwingen ihrer Eltern. Wenn sie das erste Jahr überlebt, wird sie vielleicht die dreifache Entfernung zum Mond und zurück hinter sich bringen.

Odinshühnchen

Phalaropus lobatus

GRÖSSE
Länge: 17–20 cm
Gewicht: 35 g
Flügelspannweite: 38 cm

AUSSEHEN
Kleiner Watvogel mit breiten Zehen und nadelspitzem Schnabel; schwimmt wie ein Wasservogel; im Prachtkleid grauer Körper, Hals und Brust rostrot, Gesicht schwarz, Kehle weiß; Weibchen größer und farbenfroher als Männchen; Ruhekleid von unten weiß und von oben grau mit dunkler Gesichtsmaske.

LEBENSWEISE
Ernährung: wirbellose Meeresbewohner aus Süß- und Salzwasser, gefangen an der Oberfläche beim Schwimmen; Brutgebiet neben Teichen in der Tundra; polyandrisch: Weibchen produziert mit mehreren Männchen ungefähr 4 Eier; Männchen brüten die Eier aus und ziehen die Jungen groß.

VERBREITUNG UND WANDERUNG
Brutgebiete am Nordpolarkreis in Europa, Asien und Nordamerika; Winterquartiere in tropischen Meeren wie dem Südostpazifik, dem Arabischen Meer und dem östlichen Indischen Ozean.

STELLUNG
Nicht gefährdet; Population weltweit nach Schätzungen 3,6–4,5 Millionen.

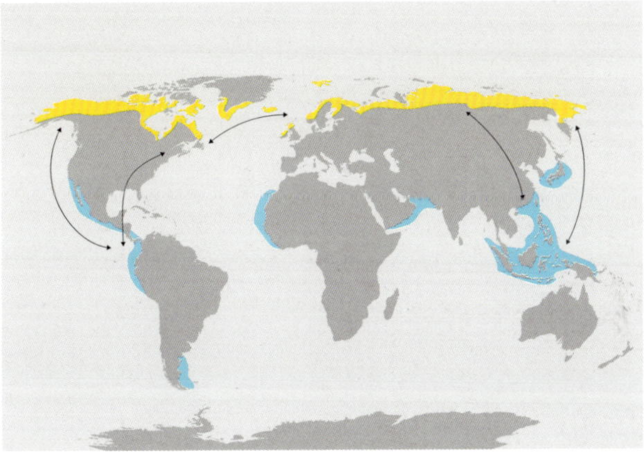

„Als ich die E-Mail bekam, hat sie mich beinahe vom Stuhl gehauen", erinnert sich Malcolm Smith von der britischen Gesellschaft für Vogelschutz. „Wir wussten, dass der Südostpazifik für die nordamerikanischen Odinshühnchen ein wichtiges Winterquartier ist, aber dass unsere Vögel zu ihnen stoßen, hatten wir nicht erwartet."

Was Smith so überraschte, waren die Ergebnisse einer 2012/13 durchgeführten Studie auf den Shetlandinseln, die alte Annahmen über die Wanderungsbewegungen des Odinshühnchens, eines kleinen Watvogels, über den Haufen geworfen hatten. Ein Männchen war im Sommer 2012 in seinem Brutgebiet mit einem 6 g schweren Geolokator ausgestattet worden und am 19. Juni 2013 zurückgekehrt. Zur Verblüffung der Wissenschaftler zeigten die in dem Gerät gespeicherten Daten, dass der Vogel von seinem Brutrevier aus zunächst quer über den Atlantik zur nordamerikanischen Ostküste und anschließend südlich zum Golf von Mexiko geflogen war. Mitte September hatte er Mittelamerika überquert und war von der Pazifikküste Costa Ricas schließlich bis Mitte Oktober zu seinem Winterquartier vor der Küste von Ecuador gelangt. Dort war er bis zum April geblieben und hatte dann die Rückreise angetreten. Jetzt, mitten im Sommer, war er wieder auf den Shetlandinseln.

Erstaunlich war daran neben den Entfernungen noch etwas anderes: Zuvor hatte man geglaubt, alle europäischen Odinshühnchen würden nach dem Brüten in südöstlicher Richtung wandern, Europa und den Nahen Osten überqueren und am Arabischen Meer überwintern. Wenn dieser Vogel von den Shetlandinseln für seine Population typisch war, hatten die Wissenschaftler sich offensichtlich geirrt.

Odinshühnchen aus Skandinavien und dem Westen Russlands ziehen tatsächlich über Land zum Arabischen Meer. Die Studie zeigte aber, dass Vögel aus Großbritannien ebenso wie jene aus Island einen anderen, viel längeren Zugweg nutzen, den Atlantik überqueren und sich auf ihrem Weg zum tropischen Pazifik den Vögeln aus Nordamerika anschließen – eine Reise, die im Durchschnitt etwa 4000 km länger ist.

Seither hat sich in weiteren Studien gezeigt, dass die Zweiteilung der Wanderungsrouten europäischer Odinshühnchen sich auch in anderen biologischen Eigenschaften widerspiegelt. Vögel, die nach Westen fliegen, haben zur Bewältigung des längeren Fluges im Vergleich längere Flügel als solche, die nach Osten ziehen. Um Nahrung für die längere Reise aufzunehmen, machen sie außerdem im Herbst öfter Zwischenstation, so an der Fundybay in Westkanada, wo sich Vögel aus der kanadischen

GEGENÜBER Das Odinshühnchen gehört zur Familie der Schnepfenvögel, ist aber an das Schwimmen angepasst und überwintert in Schwärmen am Meer.

OBEN Odinshühnchen verteilen sich vor der Halbinsel Baja California rund um einen Buckelwal, dessen Schwanzfluke durch die Oberfläche bricht.

Arktis sammeln, bevor sie sich nach Süden aufmachen. Im Frühjahr kehren sie auch schneller zurück. Im Pazifikraum bleiben die Vögel anscheinend während des ganzen Winters in einem kleinen Gebiet, am Arabischen Meer sind sie dagegen auf der Suche nach Nahrungsquellen ständig in Bewegung.

Diese beiden Zugwege sind nicht die einzigen, die von Odinshühnchen genutzt werden. Die Brutgebiete der Spezies verteilen sich wie die vieler Küstenvögel in den hohen Breiten der Arktis und Subarktis rund um den Pol (die winzige schottische Population ist einer der südlichsten Außenposten). Dabei wandern Vögel aus Westkanada entlang der amerikanischen Westküste zu denselben Winterquartieren im Pazifik, und Vögel aus dem Osten Russlands wandern über den westlichen Pazifik nach Japan, Südostasien und weiter bis nach Indonesien und sogar in den Norden Neuguineas. Weitere Überwinterungsgebiete kennt man aus Westafrika und Argentinien.

Manch einer fragt sich vielleicht, warum ein Küstenvogel den Winter am Meer verbringt. Tatsächlich sind die Odinshühnchen keine typischen Watvögel: Sie tragen lappenförmige Schwimmhäute an den Zehen – daher der wissenschaftliche Artname *lobatus* –, sind an das Leben im Wasser angepasst, schwimmen ebenso geschickt wie Enten oder Lappentaucher und suchen Nahrung nicht an der Küste, sondern an der Wasseroberfläche. Sie fressen kleine wirbellose Wassertiere – von Insekten auf ihren Süßwasser-Brutteichen bis zu Krebsen und kleinen Fischen auf dem Meer –, die sie mit ihrem nadeldünnen Schnabel von der Oberfläche picken. Auf flachen Teichen haben sie die charakteristische Gewohnheit, sich zu drehen und so einen kleinen Wirbel zu erzeugen, der winzige Nahrungsbrocken vom Boden aufwirbelt. Auf dem Meer sammeln sie sich in großen Schwärmen insbesondere da, wo zusammenfließende Strömungen das nahrungshaltige Wasser aufwallen lassen.

Als wollten die Odinshühnchen beweisen, dass sie alles anders machen, sind sie auch polyandrisch. In der sumpfigen Tundra, wo die Spezies brütet, ergreifen die Weibchen, die größer und kräftiger gefärbt sind als die Männchen, bei der Paarung die Initiative und wehren andere Weibchen ab, während sie geeigneten Männchen nachstellen. Nachdem das Weibchen sich mit einem Männchen gepaart und seine Eier in einer mit Gras ausgepolsterten Senke abgelegt hat, begibt es sich schnell zum nächsten und danach wieder zu einem anderen Männchen, wobei das Weibchen es dem Partner überlässt, das Gelege auszubrüten und die Jungen großzuziehen. Das Brüten dauert 20 Tage, und nach weiteren 20 Tagen sind die Jungvögel flügge. Zu diesem Zeitpunkt ist das Weibchen längst auf dem Zugweg seiner Population wieder unterwegs nach Süden.

LINKS Zwei Odinshühnchen erheben sich vor den Shetlandinseln in die Luft. Eines trägt einen Ring. Kürzlich konnte man nachweisen, dass diese Population vor der südamerikanischen Pazifikküste überwintert.

Papageitaucher

Fratercula arctica

GRÖSSE
Länge: 28–30 cm
Gewicht: 400–650 g
Flügelspannweite: 47–63 cm

AUSSEHEN
Taubengroß, mit papageienähnlichem, großem Schnabel; an Land aufrechte Körperhaltung; Prachtkleid oben schwarz und unten weiß, blassgraues Gesicht, rosa Beine, leuchtend rot-gelb-blaugrauer Schnabel; Ruhekleid oben dunkel und unten weiß, Gesicht dunkler und kleiner, Schnabel dunkler.

LEBENSWEISE
Ernährung: kleine Fische, gefangen bei Tauchgängen unter der Oberfläche; Bruthöhlen in großen Kolonien an Klippen; Weibchen legt ein Ei, beide Eltern ziehen das einzige Junge groß.

VERBREITUNG UND WANDERUNG
Brutgebiete rund um den Nordatlantik, nördlich bis zum arktischen Ozean: in Europa von Nordfrankreich bis nach Spitzbergen, in Nordamerika von Maine bis Labrador. Überwinterungsgebiete im Nordatlantik und arktischen Ozean, nach Süden bis zum Mittelmeer.

STELLUNG
Gefährdet; Population weltweit nach Schätzungen 12–14 Millionen geschlechtsreife Individuen, aber abnehmend.

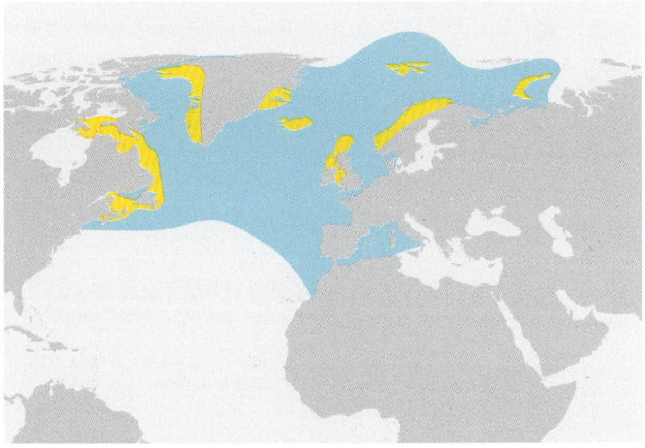

Ein taubengroßer Vogel tanzt auf den kalten Wellen des Nordatlantiks. Er ist allein und Hunderte Kilometer vom Land entfernt. Als er kurz auf dem Wellenkamm sitzt, erkennt man seine dunkle Oberseite, die dunkle Unterseite und ein graues Gesicht – nichts davon ist besonders auffällig. Er putzt sich geschickt mit dem dicken schwarzen Schnabel und bemüht sich, das isolierende Gefieder mit wasserabweisendem Öl aus eigenen Drüsen zu schützen.

Der unauffällige Vogel ist ein Papageitaucher. Er ähnelt vielleicht nicht der eleganten Gestalt mit buntem Clowngesicht und schickem Smoking, die man oft auf Bildern sieht. Denn jetzt ist Winter. Der bunte Schnabel, das elegante Gefieder und der komische Gesichtsausdruck kehren im Frühjahr zurück, wenn er sich zu Hause in der Brutkolonie mit seiner Partnerin paart. Jetzt ist der Vogel damit beschäftigt, genug zu fressen zu finden und die Winterstürme auszusitzen. Papageitaucher verbringen nur vier Monate in ihren Brutgebieten und die restliche Zeit auf dem Meer.

In seinen Brutgebieten bilden die unverkennbaren Vögel an verschiedenen Stellen rund um den Nordatlantik auf Inseln und Meeresklippen lebhafte, lautstarke Kolonien. Die meisten befinden sich auf der europäischen Seite von Nordwestfrankreich über Großbritannien und Irland bis nach Island, die Färöerinseln, Norwegen und Spitzbergen. Eine kleinere Population lebt auf der anderen Seite des Atlantiks von Maine über den St.-Lorenz-Golf und Neufundland bis nach Labrador und Westgrönland.

Viel weniger wissen wir über das Leben der Papageitaucher auf dem Meer. Bekannt ist, dass manche Vögel weit im Norden des arktischen Ozeans, der Nordsee und des Nordatlantiks bleiben, während andere weiter nach Süden ziehen und das zentrale Mittelmeer, die Kanarischen Inseln sowie an der US-Küste auch North Carolina erreichen. Ebenso ist bekannt, dass sie sich weit verteilen und im Wesentlichen allein leben – deshalb ist es so schwierig, sie zu finden, von Beobachtung ganz zu schweigen. Erst seit es die Geolokatoren gibt, kann man mehr über ihre Wanderungen in Erfahrung bringen.

Der Papageitaucher ist die kleinste der drei Arten von Lunden (Gattung *Fratercula* – das Wort stammt von dem mittellateinischen Begriff für „Bruder"). Die Gattung gehört zur Familie der Alkenvögel (Alcidae). Sie alle sind Seevögel und an das Leben auf dem Meer angepasst. Mit kurzen Beinen und Schwimmhäuten kommen sie im Wasser gut voran, und die Flügel, die einen schnellen Schwirrflug ermöglichen, eignen

GEGENÜBER Sandaale nehmen auf dem Speisezettel der Papageitaucher einen wichtigen Platz ein. Diese und andere schwarmbildende Kleinfische sind unentbehrlich für den Fortpflanzungserfolg und die Wanderungen der Vögel.

sich ebenso gut als Paddel: Mit ihnen können die Vögel unter Wasser Fische so schnell und wendig verfolgen wie Pinguine. Der ungewöhnliche Schnabel fällt während der Partnerwerbung zwar ins Auge, er dient aber vor allem dazu, kleine Fische zu fangen, die dem Vogel als Nahrung dienen. Er kann Dutzende von Fischen gleichzeitig tragen; dabei hält er sie mit seiner muskulösen, gefurchten Zunge fest, während er weitere Beute verfolgt.

Papageitaucher treffen im April – weiter nördlich im Mai oder Juni – in ihren Brutgebieten ein. Sie bilden Kolonien auf Grasabhängen und nisten in Bauten, die sie graben oder von Kaninchen übernehmen. Paare gehen eine lebenslange Beziehung ein und kehren jedes Jahr zu demselben Bau zurück. In frischem Paarungsgefieder und mit buntem Schnabel vollziehen sie zunächst die Partnerwerbung. Nach einem Frühjahrsputz im Bau legt das Weibchen dann ein einziges großes Ei ab. Dieses wird 39–45 Tage bebrütet, wobei die Eltern einander abwechseln. Ist das Junge geschlüpft, versorgen sie es gemeinsam, wobei sie täglich zu den bis zu 80 km vor der Küste gelegenen Fischgründen pendeln.

Das Junge verlässt nach 38–45 Tagen allein den Bau. Es kann noch nicht richtig fliegen und ist den Angriffen von Möwen oder Skuas ausgesetzt, deshalb bricht es nachts auf, wobei es flatternd, gehend und stolpernd den Weg zum Meer zurücklegt. Sobald es die Wellen erreicht hat, schwimmt es von der Küste weg und ist bei Tagesanbruch schon 1–2 km entfernt. Jetzt beginnt sein Leben auf dem Meer, die Geschlechtsreife tritt erst nach 4–5 Jahren ein. Die meiste Zeit wird es von ausgewachsenen Vögeln begleitet, die sich nicht paaren und während der Mauser bis zu zwei Monate lang nicht fliegen können. Auf Nahrungssuche gehen die Vögel meist allein, sie versammeln sich erst im Frühjahr vor der Küste ihrer Brutgebiete und besetzen dann wieder ihre Bauten.

Neue Studien haben weiteres Licht auf die Wanderungen der Papageitaucher außerhalb der Paarungssaison geworfen. 75 % der Vögel, die 2010 auf der schottischen Isle of May mit Geolokatoren ausgestattet wurden, wanderten von der Nordsee nach Westen auf den Nordatlantik. In einer 2016 erschienenen Studie aus Maine in den USA flogen markierte Papageitaucher zunächst nördlich zum St.-Lorenz-Golf und dann südlich ins Winterquartier vor dem Cape Cod, wo unterseeische Berge und Schluchten ihnen reichlich Nahrung lieferten. Eines ist klar: Wie bei allen Seevögeln werden die Wanderungsbewegungen von Nahrungsangebot und Wetter bestimmt.

Ausgewachsene Papageitaucher fallen manchmal Raubtieren wie Mantelmöwen oder Robben zum Opfer. Insgesamt sind sie aber widerstandsfähig und können bis zu 29 Jahre alt werden. Die größte Gefahr für sie geht heute vom Menschen aus, unter anderem durch Ölpest. Die stärkste Auswirkung hat aber der Klimawandel: Durch die Meereserwärmung verschiebt sich die Verteilung des Planktons, der kleinen Beutefische und damit des gesamten Nahrungsangebots. Die europäische Population der Papageitaucher macht heute 90 % des Gesamtbestandes aus und wird auf 4,7–5,7 Millionen Paare geschätzt, von denen mehr als die Hälfte in Island lebt. In jüngerer Zeit hat der starke Rückgang vieler Brutkolonien die IUCN veranlasst, die Gefährdungsstufe der Spezies von „nicht gefährdet" auf „gefährdet" heraufzustufen.

VORHERGEHENDE SEITE Ein Papageitaucher vor seinem Bau auf den Shetlandinseln in Schottland.

RECHTS Papageitaucher verteilen sich über dem offenen Meer. In diesem Lebensraum verbringen sie drei Viertel ihres Lebens.

OBEN Kurzschwanz-Sturmtaucher finden sich in ihren Winterquartieren auf dem Nordpazifik zu riesigen Schwärmen zusammen.

Kurzschwanz-Sturmtaucher

Ardenna tenuirostris

GRÖSSE
Länge: 40–43 cm
Gewicht: 500 g
Flügelspannweite: 91–100 cm

AUSSEHEN
Dunkelbrauner Seevogel mit langen Flügeln und der Größe einer mittelgroßen Möwe; einheitlich dunkelbraun, erscheint aus der Ferne schwarz; Flügelunterseite heller.

LEBENSWEISE
Ernährung: kleine Fische und Meereskrebse, gefangen durch Tauchen an der Oberfläche; große Kolonien mit Bruthöhlen an der Küste; Weibchen legt ein Ei, das Küken wird von beiden Eltern großgezogen.

VERBREITUNG UND WANDERUNG
Brutgebiete rund um Tasmanien und die Bass-Straße sowie Südostaustralien; Überwinterung auf dem Meer im Nordpazifik bis zur Beringsee.

STELLUNG
Nicht gefährdet; Population nach Schätzungen 23 Millionen.

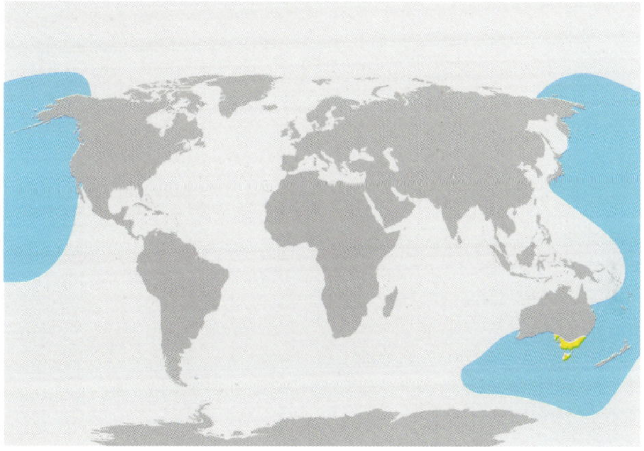

Ende August in der Beringsee vor dem Nordosten Russlands. Ein Buckelwal bricht durch die Oberfläche, um seinen gewaltigen Körper flattert ein Schwarm schwarzer Vögel. Sie ordnen sich neu und sammeln sich zu Tausenden um den fressenden Riesen. Reihenweise lassen sie sich ins Wasser fallen, während andere schnell und in niedriger Höhe kreisen.

Die Vögel sind Kurzschwanz-Sturmtaucher. Aus der Nähe sehen sie schmutzig braun aus, und wie alle Sturmtaucher gleiten sie auf steifen, schmalen Flügeln dahin, wobei sie den Auftrieb von den Wellen nutzen. Sie jagen kleine Fische und Meereskrebse, indem sie abwärts stoßen und ihre Beute unter der Oberfläche fangen. Die Wale haben sie auf reichliche Nahrung aufmerksam gemacht.

Das Leben der Kurzschwanz-Sturmtaucher beginnt aber nicht in diesen nördlichen Gewässern. Die Spezies brütet im südlichen Sommer am anderen Ende des Pazifiks in Australien – ihre Kolonien liegen in Tasmanien und auf den Inseln der Bass-Straße. Die größte davon, Babel Island, ist die Heimat von rund 2,8 Millionen Brutpaaren. Nach dem Brüten ziehen die Vögel nach Norden und verbringen den Sommer in den üppigen Jagdgründen des Nordpazifiks von Japan bis zur Beringsee. Die Wanderung verläuft spiegelbildlich zu jener der Küstenseeschwalbe (siehe Seite 74ff.) über dem Atlantik. Ein Vogel legt jedes Jahr bis zu 60.000 km zurück.

Die Brutpaare der Kurzschwanz-Sturmtaucher treffen jeden Oktober in ihren Brutkolonien ein und besetzen denselben Bau. Das einzige Ei wird im November abgelegt, das Junge schlüpft Ende Januar nach 53 Tagen des Brütens. Zu seiner Versorgung unternehmen die Eltern lange Flüge von bis zu einer Woche und suchen Nahrung. Das Junge nimmt schnell an Gewicht zu, und wenn es den Bau verlässt, ist es schwerer als seine Eltern. Ende April sind die Eltern fort, und das Junge muss allein seine Flugfähigkeit vervollkommnen.

In Australien und Neuseeland sind Kurzschwanz-Sturmtaucher mit schätzungsweise 23 Millionen Paaren die zahlreichsten Seevögel. Die Jungen wurden früher zu Tausenden gefangen und lieferten Fleisch, Fett und Federn. Heute praktizieren die traditionellen Gemeinschaften der Aborigines und Maori in geringem Umfang eine nachhaltige Jagd, die größere Gefahr geht aber von Mikroplastik und größeren Plastikgegenständen aus, die von den Vögeln gefressen werden, insbesondere da ihre Nahrungsvorräte durch den Klimawandel bedroht sind. Vorerst wird die Spezies aber von der IUCN als „nicht gefährdet“ eingestuft.

Rußseeschwalbe

Onychoprion fuscatus

GRÖSSE
Länge: 33–36 cm
Gewicht: 120–240 g
Flügelspannweite: 82–94 cm

AUSSEHEN
Eleganter, mittelgroßer Seevogel mit langen Flügeln und gegabeltem Schwanz; Oberseite dunkelbraun, Unterseite weiß; schwarze Kappe mit weißer Stirn; Jungtiere einheitlich graubraun gescheckt.

LEBENSWEISE
Ernährung: kleine Fische und Meereskrebse, gefangen beim Tauchen an der Oberfläche; Brutgebiete auf tropischen Inseln und Atollen; beide Eltern ziehen das einzige Junge nach langer Brutzeit groß; Junge kehren frühestens nach fünf Jahren an Land zurück.

VERBREITUNG UND WANDERUNG
Brutgebiete auf tropischen Inseln im Atlantik, Pazifik und Indischen Ozean; Wanderung in die Nahrungsgebiete auf sämtlichen tropischen Ozeanen.

STELLUNG
Nicht gefährdet; Population weltweit 60–80 Millionen.

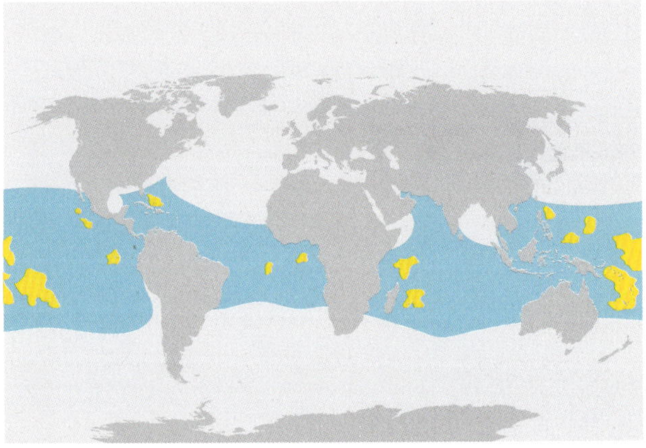

Kein anderer Seevogel bleibt so lange in der Luft wie die Rußseeschwalbe. Nachdem der junge Vogel das Nest verlassen hat, kehrt er frühestens nach fünf Jahren in die Brutkolonie zurück. In dieser Zeit landet er nie auf festem Boden. Der Vogel kann auch nicht schwimmen und könnte vom Wasser durchweicht werden. Deshalb berührt er auch das Wasser möglichst nicht, sondern setzt sich auf Treibgut oder den Rücken schlafender Schildkröten. Er hält im Flug kurze Nickerchen von wenigen Sekunden. Die Rußseeschwalbe, der am weitesten verbreitete tropische Seevogel, ist auf dem Meer die Entsprechung zum Mauersegler (siehe Seite 250ff.).

Die Spezies bewohnt die äquatorialen Zonen von Atlantik, Pazifik und Indischem Ozean, brütet in Kolonien von bis zu einer Million Vögel auf Felsen- oder Koralleninseln und wandert ansonsten zur Nahrungssuche über das offene Meer.

Die Rußseeschwalbe hat die gleichen langen Flügel, den gegabelten Schwanz und den Gleitflug wie ihre Vettern und ist an der schmutzig braunen Oberseite leicht zu erkennen. Sie pickt kleine Fische und Krebse von der Wasseroberfläche und fängt Fische sogar in der Luft, wenn sie über die Wellen springen. Tausende Vögel suchen gemeinsam Nahrung, und zwar oft da, wo Wale die Beute zur Oberfläche treiben.

Wie man aus umfangreichen Studien an einer großen Brutkolonie auf Bird Island (Seychellen) weiß, kommen die Paare im April hierher und erneuern durch Partnerwerbung ihre dauerhafte Bindung. Dann fliegen sie für einen Monat zum Fressen nach Süden und kehren im Juni und Juli zur Paarung zurück. Das Nest ist meist eine kleine Vertiefung im Fels. Ein Weibchen legt bis zu 3 Eier, aber nur ein einziges Junges schlüpft. Die Eltern wechseln sich einen Monat beim Brüten ab und füttern das Junge zwei Monate, bis es flügge wird. Auf ihren Fischereiausflügen legen sie bis zu 480 km zurück. Das Junge fliegt dann aufs Meer und kehrt erst 5–6 Jahre später zurück, wenn es geschlechtsreif ist.

Mit der langsamen Geschlechtsreife, der niedrigen Produktivität, der langen Zeit bis zum Schlüpfen und Flüggewerden und den Jagdausflügen vor der Paarung hat die Rußseeschwalbe mit den Sturmvögeln mehr Gemeinsamkeiten als mit anderen Möwen und Seeschwalben. Gleiches gilt für die Lebensdauer: Hier wurden schon 30 Jahre und mehr gemessen.

Auf den Marquesas-Inseln und anderswo sind ihre Eier ein wichtiges Lebensmittel. Trotz Wirbelstürmen, Ratten und Menschen ist die Spezies mit einer globalen Population von schätzungsweise 60–80 Millionen weit verbreitet.

GEGENÜBER In ihren Brutkolonien am Indischen Ozean machen Tausende von Rußseeschwalben ununterbrochen ungeheuren Lärm. Die Einheimischen auf den Inseln nennen sie deshalb auch „Hellwach-Vögel".

Bindenfregattvogel

Fregata minor

GRÖSSE
Länge: 85–105 cm
Gewicht: Männchen 1–1,4 kg, Weibchen 1,2–1,6 kg
Flügelspannweite: 200–230 cm

AUSSEHEN
Großer Seevogel mit langen, kantigen Flügeln und gegabeltem Schwanz; schwarz mit roter Kehle (Männchen) oder weißer Kehle (Weibchen); langsamer, wendiger Flug.

LEBENSWEISE
Ernährung: Fische und Tintenfische, die im Flug von der Wasseroberfläche gepickt werden; Nahrungsdiebstahl bei anderen Seevögeln; Brutkolonien an der Küste; Nestbau auf Plattformen in niedrigen Bäumen (meist Mangroven); Weibchen legt ein Ei; Jungvogel bleibt bis zu 18 Monate unter elterlicher Aufsicht.

VERBREITUNG UND WANDERUNG
Brutgebiete auf ozeanischen Inseln und an Küsten von Indischem Ozean, Pazifik und kleinen Gebieten des Südatlantik; wandert außerhalb der Brutzeit zu Nahrungsgebieten in tropischen Breiten.

STELLUNG
Nicht bedroht; Population weltweit nach Schätzungen 500.000–1 Million.

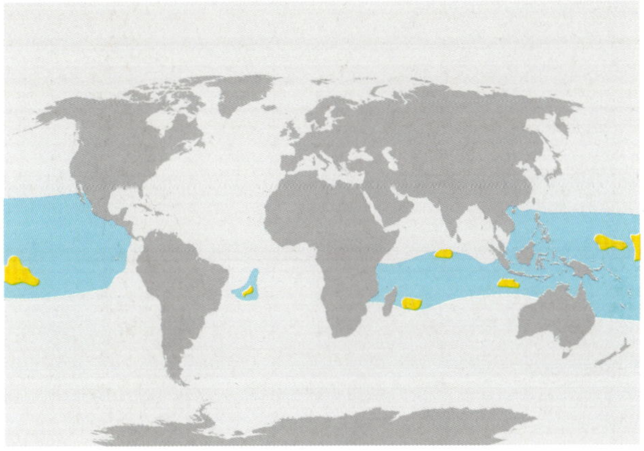

Einen Fregattvogel kann man nicht verwechseln. Die elegante Silhouette mit ihrer Flügelspannweite von 2,10 m schwebt über dem Ozean wie ein düsterer Kinderdrachen, der an einer unsichtbaren Schnur befestigt ist. Tatsächlich hängt kein Vogel so gut in der Luft wie ein Fregattvogel. Die Flügelspannweite ist im Verhältnis zum Gewicht größer als bei jedem anderen Vogel, das Gefieder wiegt mehr als das Skelett – kein Wunder, dass diese tropischen Seevögel vor allem in der Luft agieren und bei ihren Wanderschaften mit geringer Anstrengung Tausende von Kilometern zurücklegen können.

Der Bindenfregattvogel ist eine von fünf Arten in der Familie Fregatidae, die mit Tölpeln und Pelikanen verwandt sind und die Ordnung der Ruderfüßer (Pelecaniformes) bilden – zu erkennen am großen, hakenförmigen Schnabel. Wie seine Vettern hat der Bindenfregattvogel lange, kantige Flügel, einen gegabelten Schwanz und ein vorwiegend schwarzes Gefieder. Weibchen wiegen 10–20 % mehr als Männchen und haben eine weiße Brust. Männchen glänzen grünlich und besitzen an der Kehle einen nackten roten Hautabschnitt, der in der Paarungssaison von Bedeutung ist.

Fregattvögel brüten an tropischen Küsten und auf Inseln. Ihr Brutgebiet liegt zwischen dem 25. nördlichen und südlichen Breitengrad. Kolonien gibt es auf den Galapagosinseln und auf Hawaii im Pazifik, außerdem auf den Seychellen, Aldabra, der Weihnachtsinsel und Mauritius im Indischen Ozean. Außerhalb der Paarungssaison zerstreuen sich die Vögel und suchen im Gefolge von Wetter und Strömungen nach den reichhaltigsten Nahrungsgründen. Gelegentlich gehen sie auf Inseln und Atollen nieder.

Für sein Nomadenleben braucht der Bindenfregattvogel kaum Land – am Boden bewegt er sich schwerfällig. Ebenso schlecht ist er für die Landung auf dem Wasser ausgestattet: Das Gefieder ist nicht wasserabweisend und würde sich schnell vollsaugen. Deshalb frisst er ausschließlich im Flug, wobei er sich die Nahrung – vorwiegend Fische, Tintenfische und andere Meeresbewohner – mit dem langen Schnabel von der Wasseroberfläche holt und häufig auch fliegende Fische bei ihrem Sprung aus dem Wasser fängt. Mitunter bestehlen Fregattvögel auch Tölpel und andere Seevögel: Diese werden so lange gepiesackt, bis sie ihren Fang loslassen. Studien zufolge beschaffen sich Bindenfregattvögel aber höchstens 5 % ihrer Nahrung auf diesem Weg.

Bekannt sind die Fregattvögel auch für ihre Partnerwerbung. Zu Beginn der Paarungssaison präsentieren sich die Männchen

GEGENÜBER Der Bindenfregattvogel bläst seinen Kehlsack zu einem roten Ballon auf und präsentiert ihn im Rahmen der dramatischen Partnerwerbung.

in der Kolonie und blasen den roten Kehlsack auf wie einen Ballon; gleichzeitig richten sie den Schnabel zum Himmel. Taucht dort ein Weibchen auf, zittern sie mit den Flügeln und lassen den Schnabel an dem Ballon vibrieren, sodass ein charakteristisches Trommelgeräusch entsteht.

Während der Brutsaison sind die Paare monogam. Gemeinsam bauen sie in einem niedrigen Baum eine große Nestplattform. Das einzige Ei auszubrüten dauert mit 55 Tagen ungewöhnlich lange. Die Eltern wechseln sich alle 3–6 Tage ab und verlieren dabei 20–30 % ihres Körpergewichts. In den ersten drei Monaten füttern beide Eltern das Junge, danach fliegt das Männchen davon, und das Weibchen setzt die Fütterung noch acht Monate fort. Wenn das Junge flügge ist, bleibt es noch 150–248 Tage unter der Aufsicht seiner Mutter, was die längste Brutpflegeperiode unter allen Vögeln darstellt, ihre Länge hängt vom Nahrungsangebot ab.

Weibliche Bindenfregattvögel werden nach rund acht Jahren geschlechtsreif. Männchen können sich erst nach über zehn Jahren paaren, bis es so weit ist, wandern sie über die Ozeane. In Studien mit solarbetriebenen Geolokatoren stellte sich heraus, dass die einzelnen Populationen unterschiedliche Wege einschlagen. Vögel, die auf der Europa-Insel vor Mosambik markiert wurden, wanderten über den Indischen Ozean zu den Seychellen. Ein Individuum flog 185 Tage nonstop in großen Schleifen um den Äquator und legte dabei 54.700 km zurück. Die Jungen aus dieser Kolonie flogen nach den ausgewachsenen Vögeln ab. Wie sich herausstellte, nutzen Jungvögel sowie ausgewachsene Exemplare, die sich paaren oder nicht paaren, jeweils unterschiedliche Fressgebiete. In Neukaledonien markierte Vögel unternahmen kürzere Wanderungen zu Winterquartieren im südwestlichen Pazifik, und Vögel von den Galapagosinseln blieben das ganze Jahr über dort. Solche geografischen Abweichungen sind wahrscheinlich zum Teil durch die verschiedenen Inseln bedingt, die als Winterquartier verfügbar sind.

Während Fregattvögel wandern und sich nicht paaren, brauchen sie Land nur, um gelegentlich auf einem Felsen oder Atoll im Ozean zu landen. Mit ihrem leichten Körperbau haben sie unter allen Vögeln die geringste Windbelastung und nutzen mit ihrer Anatomie die Wetterbedingungen über dem Ozean aus. Warme Luftströmungen, die am Äquator von der Meeresoberfläche aufsteigen, verschaffen ihnen Auftrieb. Bekanntermaßen können sie auf Cumuluswolken bis zu 1600 m hoch aufsteigen. Aus dieser Höhe legen sie im Gleitflug bis zu 64 km ohne einen Flügelschlag zurück, bevor sie sich von der nächsten warmen Luftströmung wieder in die Höhe tragen lassen. Mit ihrer Fähigkeit, nahende Wetterfronten zu nutzen, warnen die Vögel schon seit Langem Seeleute vor wechselnden Witterungsverhältnissen.

Bindenfregattvögel leben lange. 10 von 35 markierten Vögeln, die 2002 auf Hawaii eingefangen wurden, waren mehr als 37 Jahre alt, einer brachte es auf 44 Jahre. In freier Wildbahn droht ihnen kaum Gefahr. Die Brutkolonien wurden aber von Menschen geschädigt – so wurden Ratten und andere Raubtiere eingeschleppt, was zur Folge hatte, dass die Vögel auf der Insel St. Helena verschwunden sind. Insgesamt sind die Populationen aber gesund, und die IUCN stuft die Spezies als „nicht gefährdet“ ein.

RECHTS Bindenfregattvögel halten sich bei der Nahrungssuche auch an andere Meeresräuber. Hier schweben sie über der Wasseroberfläche und warten auf flüchtende Beutefische, die von einem räuberischen Speerfisch gejagt werden.

Buntfuß-Sturmschwalbe

Oceanites oceanicus

GRÖSSE
Länge: 16–18,5 cm
Gewicht: 40 g
Flügelspannweite: 38–42 cm

AUSSEHEN
Winziger Seevogel mit charakteristisch niedrigem Flatterflug; schmutzig braun mit weißem Hinterende und Bauch; kurzer Schnabel, eckiger Schwanz und vergleichsweise lange Beine, die bei der Nahrungssuche über dem Meer herabhängen und beim Flug über das Schwanzende hinausragen.

LEBENSWEISE
Ernährung: Plankton, kleine Fische und Krebse, die im Tiefflug von der Wasseroberfläche gepickt werden; Bruthöhlen in Kolonien, Rückkehr zum Nest nach Einbruch der Dunkelheit; Weibchen legt ein Ei.

VERBREITUNG UND WANDERUNG
Brutgebiete auf abgelegenen Inseln der Südhalbkugel von Feuerland bis zum Rand der Antarktis; außerhalb der Brutzeit rund um den Südpol, in den Tropen und auf der Nordhalbkugel.

STELLUNG
Nicht gefährdet; Population weltweit nach Schätzungen bis zu 20 Millionen.

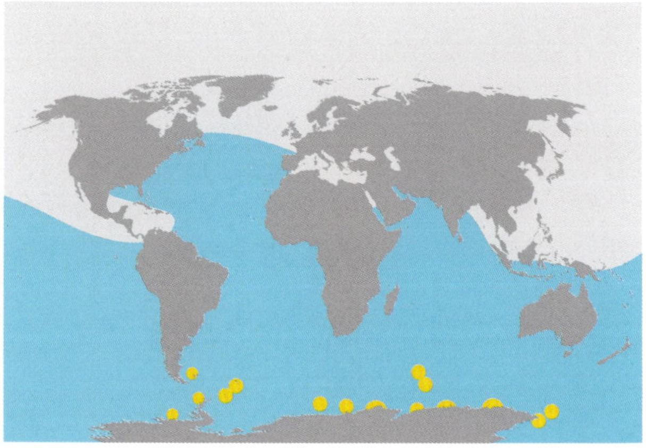

Die Buntfuß-Sturmschwalbe ist so etwas wie ein Paradox. Diese Spezies ist die zahlreichste und am weitesten verbreitete unter den 25 Sturmschwalbenarten, und doch hat außer Ornithologen kaum jemand schon einmal von ihr gehört oder gar eine gesehen. Die Erklärung liegt in ihrer Lebensweise und vielleicht auch in ihrer Größe. Wie alle Sturmschwalben ist sie ein echter Meeresbewohner: Sie nistet in hohen südlichen Breiten und wandert die übrige Zeit über die Weltmeere. Außerdem ist sie winzig – nicht größer als ein Spatz – und deshalb auf dem Meer viel schwerer auszumachen als Albatrosse und ihresgleichen.

Der Gattungsname *Oceanites* erinnert an die Okeaniden, die mythischen 3000 Töchter der griechischen Göttin Tethys. Der Vogel ist schmutzig braun mit weißem Hinterende und Bauch sowie einem hellen Band an der Flügeloberseite.

Buntfuß-Sturmschwalben brüten auf abgelegenen Inseln der Südhalbkugel von den südchilenischen Fjorden bis zu den Südlichen Shetlandinseln. Sie sind die kleinsten Warmblüter, die jenseits des südlichen Polarkreises brüten. Nachdem sie Mitte November in ihren Brutkolonien angekommen sind, setzen die Weibchen für zehn Tage Fett an und kehren in der ersten Dezemberwoche zurück, um ihr einziges Ei in einem kleinen Bau abzulegen. Dieses wird 44–48,5 Tage bebrütet. Beide Eltern füttern das einzige Junge, wobei sie das Nest im Dunkeln aufsuchen, um Raubtieren zu entgehen. Flügge werden die Jungvögel nach 48 Tagen in den südlichsten Brutkolonien und nach 78 Tagen in den nördlichsten – eine Differenz, die die unterschiedlichen Tageslängen widerpiegelt.

Ende April, nach der Brutsaison, fliegen die Vögel hinaus auf die Weltmeere. Im Nordatlantik kommen sie sogar bis in die Arktis und verbringen dort den Sommer, während der südliche Winter ihre Brutgebiete im Griff hat. Andere begeben sich in die Tropen vom Persischen Golf bis nach Indonesien, im Pazifik sind sie aber weniger zahlreich. Wie die meisten Seevögel folgen auch sie der Nahrung, dem Wetter und anderen Faktoren.

Für Buntfuß-Sturmschwalben wurde ein Alter von bis zu zehn Jahren nachgewiesen, Markierungsexperimente mit anderen Sturmschwalben lassen aber auf eine längere Lebensdauer schließen. Die größten Gefahren drohen in den Brutgebieten: Dort können Möwen, Scheidenschnäbel und andere Raubvögel die Jungen und die heimkehrenden Eltern angreifen; Brutkolonien rund um die Antarktis werden auch manchmal unter Schnee begraben. Mit einer Population von ungefähr 20 Millionen Exemplaren wird diese Art von der IUCN als „nicht gefährdet“ eingestuft.

OBEN Die Buntfuß-Sturmschwalbe nutzt die von Wellen ausgehenden Aufwinde und flattert unmittelbar über der Meeresoberfläche, wo sie Plankton und andere kleine Beuteorganismen aus dem Wasser fischt.

Kaiserpinguin

Aptenodytes forsteri

GRÖSSE
Länge: 120 cm
Gewicht: 22–45 kg

AUSSEHEN
Größter Pinguin, kräftig gebaut und 1,20 m groß; schwarze Ober- und weiße Unterseite, blassgelbe Brust, leuchtend gelber Ohrfleck; Schnabel oben schwarz, unten orangerosa.

LEBENSWEISE
Flugunfähig; Ernährung: Fische und Tintenfische, Tauchgänge bis in Tiefen von 500 m zum Beutefang; Brutkolonien während des antarktischen Winters auf dem Packeis; Männchen bebrütet das einzige Ei auf den Füßen, während das Weibchen im Ozean Nahrung sucht; Männchen und Weibchen koordinieren die Brutfürsorge.

VERBREITUNG UND WANDERUNG
Brutgebiete ausschließlich in der Antarktis; Fußwanderung über das Eis zur Brutkolonie; außerhalb der Brutsaison Wanderungen zu den Fischgründen im Südlichen Ozean.

STELLUNG
Potenziell gefährdet; Population rund 450.000 ausgewachsene Individuen, derzeit abnehmend.

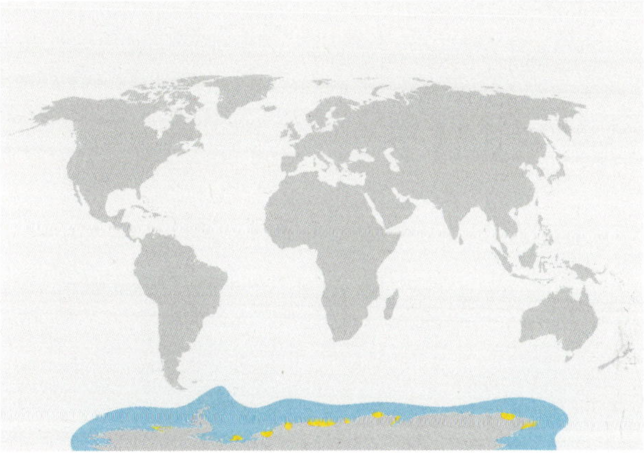

„Ich glaube, niemand auf der Welt hat es schlechter als ein Kaiserpinguin“, schrieb der legendäre Antarktisforscher Apsley Cherry-Garrard (1886–1959). Er hatte nicht ganz unrecht. Dieser Vogel lebt nicht nur in der kältesten Region der Erde, sondern sucht sich auch den dunklen, eisigen Winter als Brutsaison aus und hungert drei Monate lang, bis die Aufgabe erfüllt ist. Und um diese unwirtlichen Brutreviere zu erreichen, muss er mehr als 120 km zu Fuß gehen.

Dies ist der größte Pinguin und der fünftschwerste Vogel der Welt – das Gewicht der größeren Männchen geht allerdings während des langen Winters fast auf die Hälfte zurück. Er brütet ausschließlich in der Antarktis bei 66–77 Grad südlicher Breite und bildet auf dem Packeis nahe der Küste große Kolonien. Außerhalb der Brutsaison verlässt er die Kolonie und schwimmt im Südlichen Ozean weit hinaus. Abgetriebene Kaiserpinguine wurden schon in Neuseeland und Südgeorgien gesichtet.

Kaum ein Vogel zeigt so extreme Anpassungen an das Überleben wie der Kaiserpinguin. Wie alle Pinguine kann er nicht fliegen, aber sein stromlinienförmiger Körper gleitet wendig durch das Wasser und wird von den steifen, paddelartigen Flügeln angetrieben. Beim Jagen taucht er häufig unter die Beute – vorwiegend Fische, aber auch Krill und Tintenfische –, macht sie unter dem Oberflächeneis aus, beschleunigt und ergreift sie mit dem scharfen Schnabel und der hakenbesetzten Zunge. Er frisst auch am Meeresboden, kann über 500 m tief tauchen und 18 Minuten unter Wasser bleiben. Seine kräftigen Knochen widerstehen dem Druck, und das Blut ist auf den Sauerstofftransport bei niedrigen Konzentrationen eingestellt. Gleichzeitig werden entbehrliche Stoffwechselfunktionen heruntergefahren, und der Puls sinkt auf 15 Schläge.

Außerhalb des Wassers herrschen schwierige Bedingungen. Die Temperatur sinkt in der Antarktis im Winter regelmäßig auf −50 °C, und der Wind fegt mit 150 km/h über das eisige Gelände. Dennoch halten die Pinguine eine Körpertemperatur von 39 °C aufrecht. Die winzigen blattförmigen äußeren Federn stehen dichter zusammen als bei jedem anderen Vogel und können in aufrechter Stellung eine isolierende Luftschicht in dem weichen Untergefieder festhalten. Für weitere Isolierung sorgt eine dicke Fettschicht unter der Haut.

Kaiserpinguine werden im dritten Lebensjahr geschlechtsreif. Als einzige Vogelart brüten sie im antarktischen Winter. Im März, wenn es eiskalt wird und die Tage kürzer werden, wandern die ausgewachsenen Vögel vom Ozean ungefähr 50–120 km über das Packeis zu ihren Kolonien, wobei sie auf dem Bauch

GEGENÜBER Ein Kaiserpinguinpaar kümmert sich auf dem antarktischen Meereis um sein heranwachsendes Junges.

OBEN Eine kleine Kolonne von Kaiserpinguinen bei der Wanderung durch die antarktische Wildnis zwischen der Brutkolonie und dem offenen Meer.

rodeln, wenn das Gefälle es zulässt. Männchen locken mit einem „Ekstaseverhalten" eine Partnerin an, bevor beide mit Verbeugungen und Herumstolzieren für die Saison zum Paar werden. Das Weibchen legt ein einziges Ei; es ist mit 2,3 % seines Körpergewichts im Verhältnis das kleinste aller Vögel. Das Weibchen legt es vorsichtig auf die Füße des Männchens – wird es fallen gelassen, überlebt es den Kontakt mit dem gefrorenen Untergrund nicht. Das Männchen schiebt es sofort in seinen Brutbeutel, eine dicke Falte der warmen Bauchhaut.

Das Weibchen ist nun von der Eiablage erschöpft, begibt sich zum Fressen ins Meer und lässt das Männchen zum Brüten zurück. Das Männchen bleibt zwei Monate auf seinem Posten. Es verliert nie das Ei, während es die schlimmsten klimatischen Unbilden übersteht. Das alles schafft es ohne Nahrung: Wenn das Junge schlüpft, hat es seit mehr als drei Monaten nichts gefressen. Hilfreich ist warme Gesellschaft: Kaiserpinguine drängen sich in ihren Kolonien eng zusammen und schützen sich so gegenseitig vor Kälte. Die dichte Masse aus Vögeln ist in einer ständigen langsamen Kreisbewegung, sodass Individuen von der Windseite in den Windschatten gelangen und schließlich den Weg in die Mitte finden. So kommt jeder einmal in den Genuss der Wärme.

Das Junge schlüpft Mitte Juli bis Anfang August, gerade wenn die Weibchen zurückkehren. Diese finden ihre Männchen anhand der Rufe. Die Mutter füttert das Junge mit hochgewürgter Nahrung aus ihrem Magen, während sich das Männchen zum Fressen ins Meer begibt. Wenn es nach drei Wochen zurückkehrt, versorgen beide Eltern gemeinsam das heranwachsende Jungtier. Die Kleinen sind mit silbergrauen Daunen bedeckt und haben ein schwarzes Gesicht mit weißer Maske. Mit sieben Wochen drängen sie sich in Kindergruppen zusammen und wärmen sich, aber die Eltern füttern sie weiterhin. Zu Beginn des antarktischen Sommers (Dezember bis Januar) wandern Eltern und Junge in Massen zum Meer. Dieses Mal ist die Wanderung kürzer, weil das Meer durch das schmelzende Packeis näher herangerückt ist.

Mittlerweile weiß man mehr darüber, wohin die Kaiserpinguine wandern, wenn sie die Brutkolonie verlassen haben. Australische Wissenschaftler brachten 2006 auf dem Rücken von zehn flügge gewordenen Jungtieren Satellitensender an. Die Vögel machten sich sofort zum Südpolarmeer auf, überquerten 250 km Packeis und entfernten sich auf dem Meer bis zu 2300 km von der Kolonie. In den sechs Monaten, bevor die Batterien erschöpft waren, war ein Individuum 700 km weit gewandert.

Kaiserpinguine können mindestens 20 Jahre alt werden, aber nur 19 % überleben das erste Jahr. Riesensturmvögel fressen die Jungen, und am Rand des Eises lauern Seeleoparden und Orcas, um die kleinen Pinguine zu erlegen, wenn sie ins Wasser gehen. Heute verteilen sich etwa 400.000–450.000 Kaiserpinguine auf 40 Kolonien. In den letzten Jahrzehnten ist der Bestand jedoch zurückgegangen, und einige wichtige Kolonien sind verschwunden. In der Kolonie an der Halley Bay zum Beispiel starben seit 2015 in drei Jahren Tausende von Jungvögeln. Wissenschaftler halten den Klimawandel für eine ernsthafte Bedrohung: Durch ihn geht das Meereis verloren, auf das die Spezies angewiesen ist, und wichtige Nahrungslieferanten verschwinden. Nach Ansicht mancher Fachleute könnte die Spezies bis 2100 ausgestorben sein. Die IUCN stufte den Kaiserpinguin 2012 als „potenziell gefährdet" ein.

LINKS Die Kaiserpinguine gehören zu den wenigen Vögeln, die sich zu Fuß fortbewegen – oder auch auf dem Bauch, wenn sie auf dem Eis rodeln können.

03 KÜSTEN- UND WATVÖGEL

Die Feuchtgebiete der Nordhalbkugel sind im Sommer die Heimat zahlreicher langbeiniger Watvögel. Kraniche und Störche schreiten auf Futtersuche durch Gras- und Marschlandschaften. Kleinere Arten wie die Schnepfenvögel picken in Sümpfen und Teichen. Der Sommer bietet für sie oftmals nur eine kurze Paarungszeit. Wenn der nördliche Winter einsetzt, machen sie sich zu den wärmeren Küsten und Gewässern des Südens auf, wo Nahrung einfacher zu finden ist.

Einer der bekanntesten europäischen Zugvögel ist der Weißstorch: Er wurde lange als Vorbote des Frühlings und nach alten Mythen auch als Überbringer von Babys gefeiert. Erste Beweise über seine Zielgebiete fand man 1822, als in der deutschen Ortschaft Klütz ein Storch mit einem afrikanischen Pfeil im Hals auftauchte. Seither ist die Spezies, die in der Nähe von Menschen nistet – Paare kehren jedes Jahr zu demselben Nest auf einem Kirchturm oder einer Burgmauer zurück –, zu einem der bestuntersuchten Zugvögel geworden.

Störche fliegen in V-Formation auf altbewährten Zugwegen. Die schweren Vögel mit ihren breiten Flügeln lassen sich von warmen Luftströmungen, die vom Erdboden aufsteigen, in die Höhe tragen. Für das Flattern auf langen Meeresüberquerungen haben sie nicht die Kraft. Daher sammeln sie sich in großer Zahl an Meerengen wie Gibraltar, schrauben sich dort hoch in den Himmel und gleiten abwärts zum anderen Ufer.

Der Formationsflug ist auch die Strategie der Kraniche. Sie sind sowohl für ihre lautstarken Flüge als auch für die überschwänglichen Balztänze auf dem Rückweg zu den Brutgebieten berühmt. In Nordamerika suchen die Kanadakraniche – ebenso wie die Graukraniche in Europa – während ihrer Reisen in großer Zahl Rastplätze in Feuchtgebieten auf. In Asien finden die Jungfernkraniche nach dem Flug über den Himalaya freundliche Aufnahme im nordindischen Rajasthan, wo die Einheimischen sie mit Getreidegeschenken erwarten. An vielen ihrer Zugwege spielen die Kraniche in der örtlichen Kultur eine wichtige Rolle.

Die meisten wandernden Watvögel brüten weit im Norden in der sumpfigen arktischen Tundra. Während der kurzen sommerlichen Brutzeit ernähren sie sich vorwiegend von wirbellosen Wasserbewohnern. Danach ziehen sie an die Küste und von dort nach Süden. Ihr Ziel sind vielfach Flussmündungsgebiete, Mangroven und andere Gezeitenzonen: Dort sammeln sie sich in großer Zahl, suchen im Schlamm nach Würmern und Weichtieren und bilden auf dem Weg zu ihren hoch gelegenen Sitzplätzen dichte Schwärme. Einige Arten legen beeindruckende Strecken zurück: Ein Knutt bringt es während seines Lebens auf 643.000 km, wobei er jedes Jahr vor dem Abflug in der Arktis sein Gewicht verdoppelt. Einen besonderen Platz in den Rekordlisten nimmt die langschnäbelige Pfuhlschnepfe ein: Ein solcher Vogel flog in neun Tagen nonstop über den Pazifik von Alaska nach Neuseeland – soweit man weiß, die längste Reise eines Tieres ohne Fresspause.

Nicht alle Küstenvögel ziehen ans Meer. Der Flussuferläufer überwintert meist im Landesinneren und schwärmt über die Feuchtgebiete im tropischen Afrika und Südasien aus, um geeignete Teiche und Wasserstellen zu finden. Die Waldschnepfe interessiert sich nicht für Feuchtgebiete: Dieser ungewöhnliche Watvogel stochert nicht im Schlamm an der Küste, sondern im trockenen Laub der Wälder nach Nahrung. Er ist ein Teilzieher: Populationen aus östlichen Regionen machen sich in das gemäßigte Klima im Südwesten auf, wenn ihre heimischen Wälder verschneit sind.

Die meisten wandernden Watvögel brüten im Norden, eine tropische Ausnahme ist der afrikanische Zwergflamingo. Er ist auf Sodaseen spezialisiert und brütet in einer wahrhaft ätzenden Umwelt, in der kaum ein anderes Tier überlebt. Der bizarre Vogel wandert außerhalb der Brutsaison zu anderen Seen im Osten und Süden Afrikas, wobei seine riesigen Schwärme das Seeufer rosa färben.

Wandernde Watvögel sind auf die traditionellen Rastgebiete angewiesen, wo sie sich in großer Zahl sammeln und ihre „Batterien aufladen", bevor sie die Reise fortsetzen. Kanadakraniche rasten in tief gelegenen Feuchtgebieten wie dem Platte Valley in Nebraska. Küstenvögel nutzen in der Regel große Gezeitenflächen wie das Gelbe Meer in China. Heute bemühen sich Naturschützer auf der ganzen Welt, diese lebenswichtigen Rückzugsgebiete vor den Gefahren durch Erschließung und Zerstörung zu schützen. Das Leben von Millionen Vögeln hängt davon ab.

GEGENÜBER Ein Schwarm Goldregenpfeifer vor dem zunehmenden Mond. Die meisten Watvögel wandern nachts.

Kanadakranich

Antigone canadensis

GRÖSSE
Länge: 80–136 cm
Gewicht: 2,7–6,7 kg
Flügelspannweite: 165–230 cm

AUSSEHEN
Groß, langer Hals, lange Beine, spitzer Schnabel; im Flug erkennt man breite Flügel; Gefieder grau mit roter Stirn und weißen Wangen; Oberseite mit Ockerton.

LEBENSWEISE
Lebensräume: Graslandschaften, Wiesen und seichte Feuchtgebiete; Ernährung: pflanzliches Material aus dem Boden, Getreidekörner, Insekten und kleine Wirbeltiere; lebenslange Paarbeziehung, komplizierte Paarungsrituale; Weibchen legt 2 Eier in ein Nest auf einer Bodenerhöhung; Jungtiere bleiben 10–12 Monate bei den Eltern.

VERBREITUNG UND WANDERUNG
Brutgebiete der wandernden Population im Norden der USA, in Kanada, Alaska und dem fernen Osten Sibiriens; Winterquartiere im Süden der USA und in Nordmexiko; isolierte, nicht wandernde Populationen in Florida, Mississippi und auf Kuba.

STELLUNG
Nicht gefährdet; Population nach Schätzungen etwa 650.000.

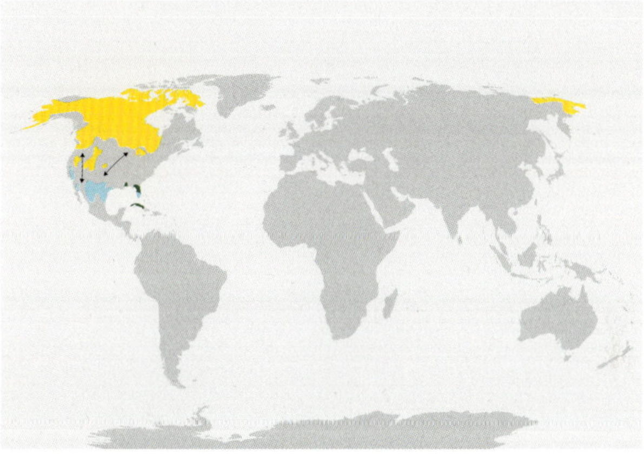

Im Dämmerlicht eines Februarmorgens drängen sich die Vögel zu Tausenden auf einer breiten Sandbank in einem seichten Fluss. Die langen Hälse unter das Gefieder gesteckt, die runden Umrisse überglänzt vom Nachtfrost, sehen sie eher wie Steine denn wie Vögel aus. Hinter der nächsten Flussbiegung ist eine weitere Sandbank ebenfalls mit Tausenden besetzt. Und so geht es weiter. Insgesamt haben sich im Platte Valley auf nur 120 km mehr als eine halbe Million Kanadakraniche versammelt – drei Viertel der weltweiten Population.

Jetzt rührt sich der erste Vogel, lange Hälse tauchen auf, vereinzeltes Rufen erhebt sich in die eisige Luft. Wenig später ist das Gemurmel zum Chor angeschwollen. Die Vögel sind wach und schieben sich unruhig auf der Sandbank hin und her. Einer erhebt sich in die Luft, und wie auf einen Startschuss folgen andere. Hunderte, Tausende steigen in Wellen auf, bis es am Himmel von ihren Flügeln wimmelt und das Geschrei ohrenbetäubend ist.

Der Platte River windet sich in Nebraska ostwärts durch die nordamerikanischen Great Plains. Er ist für die Kraniche weder Brutgebiet noch Winterquartier, sondern eine Zwischenstation: Jeden Februar sammeln sie sich für einige Wochen in diesem kostbaren Lebensraum. Sie kommen aus ihren Winterquartieren in Texas, New Mexiko und dem Norden Mexikos. Jetzt setzen sie Fett an, bevor sie die letzte Etappe zu ihren Brutgebieten im Norden der USA, in Kanada, Alaska und Ostsibirien in Angriff nehmen. Die Vögel kommen in Wellen zwischen Mitte Februar und Mitte April. Sie gehören zu unterschiedlichen Überwinterungsgruppen und bleiben jeweils 4–5 Wochen im Tal. Während ihres Aufenthalts nehmen sie mindestens um 10% zu.

Die Kanadakraniche bieten weltweit eines der größten Vogelzug-Schauspiele. Jeden Morgen strömen sie in Massen von ihren Sitzplätzen aus dem Tal auf die umgebenden Felder. Dort fressen sie vor allem Getreidereste von der Ernte des letzten Jahres. Das Futter picken sie mit ihrem langen, spitzen Schnabel vom Erdboden. Und jeden Abend kehren sie zu den gleichen baumbestandenen Kanälen entlang des Flusses zurück, um auf den Sandbänken bis zum Morgen zu verweilen.

Die Vögel reisen im Familienverband nach Norden: Jedes Paar wird von seinen flügge gewordenen Jungen aus dem letzten Jahr begleitet. Sie fliegen in lockerer Formation und bleiben durch Rufe in Kontakt. Bei warmem Wetter können sie mit den breiten Flügeln die Thermik nutzen: Sie gewinnen mit möglichst wenig Flatterflug an Höhe und gleiten in Richtung ihres

GEGENÜBER Kanadakraniche am frühen Morgen in ihrem Winterquartier, dem Schutzgebiet Bosque del Apache in New Mexico.

Wie alle Kraniche wandert auch der Kanadakranich im Familienverband. Während des Fluges bleiben die Vögel mit ständigen Rufen in Kontakt.

Ziels. Auf diese Weise können sie 640 km pro Tag zurücklegen. Die Partnerwerbung ist dabei bereits im Gang, und wenn sie das Brutgebiet erreichen, steigert sie sich wie bei allen Kranichen mit eleganten Sprüngen und Verbeugungen. Begleitet ist das Ganze von lauten „Unisono-Rufen“: Das Paar schreit im synchronisierten Duett, wobei die Rufe durch die lange Luftröhre verstärkt werden.

Von allen anderen amerikanischen Watvögeln unterscheidet sich der Kanadakranich durch sein einheitlich graubraunes Gefieder und die auffällige rote Stirn. Er ist eine der ältesten Vogelarten – Fossilien reichen 2,5 Millionen Jahre weit zurück. Man kennt mehrere Unterarten mit beträchtlichen Größenschwankungen: Vögel aus den nördlichsten Brutgebieten sind bis zu 50 % schwerer als solche aus weiter südlich gelegenen Regionen.

Kanadakraniche bilden lebenslange Beziehungen. Wenn das Paar Anfang Mai im Brutgebiet eingetroffen ist, baut es gemeinsam aus Pflanzenteilen einen Nisthügel, der sich über das umgebende Gelände erhebt. Das Weibchen legt durchschnittlich 2 Eier, und beide Eltern teilen sich 33 Tage lang das Brüten. Die flaumigen Jungen verlassen nach wenigen Tagen das Nest und können sich schnell selbst ernähren, sie werden aber noch drei Wochen von ihren Eltern versorgt und aggressiv verteidigt: Mit Tritten und Schnabelhieben vertreiben die Altvögel natürliche Feinde wie Rotfüchse und Waschbären.

Wenn junge Kraniche flügge sind, bleiben sie noch lange bei den Eltern, fliegen mit ihnen im Herbst nach Süden und werden erst unmittelbar vor der Brutsaison des nächsten Jahres unabhängig. Dann tun sie sich mit anderen Jungvögeln zu Schwärmen zusammen. Die Geschlechtsreife erreichen sie nach zwei Jahren, aber sie paaren sich frühestens nach fünf Jahren. Die Spezies ist erstaunlich langlebig: Ein Individuum, das man 1973 in Wyoming markiert hatte, wurde 2010 in New Mexico wiedergefunden und war demnach mindestens 36 Jahre alt.

Im Schutzgebiet Bosque del Apache in New Mexico wird im November beim Eintreffen der Vögel jedes Jahr ein Kranichfestival abgehalten. In solchen Überwinterungsgebieten und auch an den Zwischenstationen der Wanderung treffen die Kraniche auf zahlreiche andere überwinternde Vögel, darunter Schneegänse (siehe Seite 26ff.), die wie die Kraniche auf den umgebenden Feldern übrig gebliebenes Getreide fressen und deren Population deshalb gewachsen ist.

Einen Gegensatz zu den langen Wanderungen der meisten Kanadakraniche bilden einige kleinere Brutpopulationen im Süden, insbesondere in Florida, aber in geringerer Zahl auch in Kuba und Mississippi. Diese Vögel wandern nicht, sondern besiedeln das ganze Jahr über die wärmeren Feuchtgebiete und ergänzen ihre pflanzliche Nahrung dort mit mehr Tieren – Insekten, Schnecken, kleine Reptilien und Säugetiere – als ihre Vettern im Norden.

Der Kanadakranich ist mit rund 650.000 Individuen die zahlreichste Kranichart der Welt, die IUCN stuft sie als „nicht gefährdet“ ein.

OBEN Im Frühjahr sammeln sich am frühen Abend Tausende von Kanadakranichen auf den Sandbänken am Platte River und bereiten sich auf die letzte Etappe des Fluges nach Norden vor.

GEGENÜBER Den lauten Trompetenruf der Kanadakraniche hört man noch aus über 1 km Entfernung.

Jungfernkranich

Anthropoides virgo (Grus virgo)

GRÖSSE
Länge: 85–100 cm
Gewicht: 2–3 kg
Flügelspannweite: 155–180 cm

AUSSEHEN
Kleinste Kranichart; Oberseite hellblaugrau; Hals und Brust schwarz mit langem Gefieder; weißer Streifen vom Auge bis zum Gefieder an der Kopfrückseite.

LEBENSWEISE
Ernährung: Pflanzenreste, Getreidekörner, Insekten und kleine Wirbeltiere, gesammelt auf offenen Ebenen und Steppen; lebenslange Paarbeziehung mit recht raffiniertem Werbungsverhalten; Nest auf der nackten Erde, Weibchen legt 2 Eier.

VERBREITUNG UND WANDERUNG
Brutgebiete in Zentralasien vom Schwarzen Meer bis in die Mongolei und nach Nordostchina sowie ganz im Osten Europas; Winterquartiere auf dem indischen Subkontinent und im mittleren Afrika; einzelne sesshafte Populationen in der Türkei und im nordafrikanischen Atlasgebirge.

STELLUNG
Nicht gefährdet; Population weltweit nach Schätzungen 230.000–261.000.

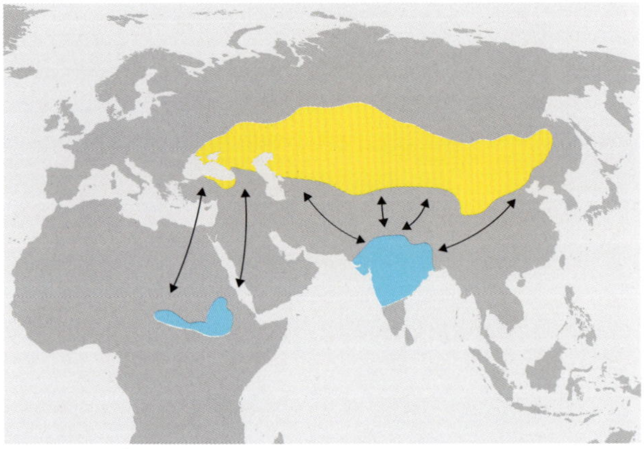

Der Legende zufolge geht der Name des Jungfernkranichs auf Marie Antoinette zurück: Angeblich sah sie einen gefangenen Vogel aus Russland und war entzückt über seine mädchenhafte Eleganz. Doch das Aussehen kann täuschen. Die Art sieht vielleicht zart aus, unternimmt aber zweimal im Jahr eine der anspruchsvollsten Wanderungen unter allen Vögeln. Von Ende August bis Anfang September sammeln sich die Schwärme in den zentralasiatischen Brutgebieten und bereiten sich auf den Flug nach Indien vor. Zwischen ihnen und ihrem Ziel liegt der Himalaya, das höchste Gebirge der Welt.

Die Vögel unternehmen die Reise in Schwärmen von bis zu 400 Individuen. Diese bestehen wie bei allen Kranichen aus kleineren Familienverbänden – Paare wandern mit ihren flügge gewordenen Jungen. Die Vögel haben im Flug eine charakteristische Haltung: Kopf und Hals sind nach vorn gestreckt, Füße und Beine nach hinten. Mit ihren breiten Flügeln nutzen sie die Thermik und steigen auf Höhen von 4900–7900 m. So können sie das Hochgebirge überfliegen, wobei sie möglichst Gebirgspässe nutzen und die Gipfel umgehen. In solchen Höhen müssen sie nicht nur mit der kalten, sauerstoffarmen Luft zurechtkommen, sondern auch den Angriffen von Steinadlern entgehen – für diese sind die Kraniche mit ihrer alljährlichen Wanderung eine wichtige Nahrungsquelle. Die großen Räuber haben es auf die jüngsten und schwächsten Vögel abgesehen und stellen ihnen in abenteuerlichem Sturzflug nach.

Eine beträchtliche Anzahl der Jungfernkraniche überwintert im nordindischen Rajasthan am Rand der Wüste Thar. Hier wurde die Spezies zum Gegenstand einer bemerkenswerten Naturschutzgeschichte. In der Nähe des kleinen Dorfes Khichan, rund 140 km westlich der „blauen Stadt" Jodhpur, landen die Vögel in großer Zahl und bedienen sich an den Getreidesäcken, die ihnen die lokale Gemeinde aufstellt. Dabei ist ihre Zahl von weniger als 100 vor rund 50 Jahren heute bis auf mehr als 9000 gestiegen. Die Sitte geht auf Ratanlal Maloo zurück, einen Bauern, der es als gläubiger Jaina für seine Pflicht hielt, den Vögeln, die in der örtlichen Folklore verehrt wurden, zu helfen. Das Wissen über die zuverlässige Nahrungsquelle verbreitete sich in der Kranichpopulation der Gegend, und nun fällt sie jedes Jahr zwischen Oktober und März in dem Dorf ein.

Jeden Morgen kommen die Vögel zum Fressen in die Region rund um Khichan und versammeln sich dann auf den Sanddünen, um in beeindruckenden Formationen wieder abzuheben. Das Schauspiel ist zu einer Touristenattraktion geworden. Die Vögel verzehren jeden Tag bis zu 5000 kg Vogelfutter. Die

GEGENÜBER Jungfernkraniche ziehen in dichter Formation und bleiben während der ganzen Reise zusammen.

Kosten tragen sich durch die Einnahmen aus dem Tourismus. Außerdem werden die Vögel so davon abgehalten, die Getreidefelder der Gegend zu verwüsten, sodass Konflikte mit den Bauern vermieden werden können.

In Indien ist der Jungfernkranich ein fester Bestandteil der Kultur. Der Name *koonj*, wie er in Rajasthan heißt, leitet sich von dem Sanskritwort *kraunch* ab. Valmiki, Autor des hinduistischen Epos *Ramayana*, wurde zum ersten Vers seines Mythos angeblich durch den Anblick eines Jägers angeregt, der das Männchen eines Paares balzender Jungfernkraniche erschoss. Als er beobachtete, wie das verliebte Weibchen bekümmert im Kreis lief und schrie, verfluchte der Dichter den Jäger in seinen Versen – seine Worte sind eines der ersten Beispiele für Metrik in der Dichtung. Die Flugformation wandernder Kraniche wurde im antiken Indien wahrscheinlich zum Vorbild für Infanterieformationen, eine Tatsache, die das religiöse Epos *Mahabharata* erwähnt.

Im März und April machen sich die Kraniche auf die lange Rückreise nach Zentralasien. Ihre Brutgebiete erstrecken sich vom Schwarzen Meer bis in die Mongolei und nach Nordostchina. Kleine sesshafte Populationen von weniger als 100 Vögeln gibt es auch in der Türkei und im nordafrikanischen Atlasgebirge. In den Brutgebieten angekommen, beginnen sie mit den leidenschaftlichen Paarungsritualen: Die Paare umkreisen einander mit lautstarken Schreien in einer Art Ballett mit Verbeugungen, Sprungen und in die Luft geworfenen Pflanzen. Der Überschwang scheint verständlich, wenn man bedenkt, welche Hindernisse die Vögel auf ihrer Reise überwunden haben.

Das Vogelpaar baut sein Nest im offenen Gelände. Dazu sucht es sich Kiesebenen, Graslandschaften oder Ackerland aus, meist in der Nähe von Wasser und auf Plätzen mit ausreichend hoher Vegetation, die das Nest verbirgt, aber auch kurz genug ist, sodass natürliche Feinde zu sehen sind. Die Vögel verteidigen zu dieser Zeit aggressiv ihr Revier und den Nistplatz. Manchmal lenken sie potenzielle Räuber mit einem vorgespielten „gebrochenen Flügel" ab. Das Weibchen legt 2 Eier unmittelbar auf den Erdboden. Zusammen mit seinem Partner sucht es kleine Steine oder Pflanzenteile als Tarnung und Schutz, aber das Nest ist immer ein sehr einfaches Gebilde. Die Brutzeit von 27–29 Tagen teilen sich beide Eltern. Kurz nachdem die flaumigen, bräunlichen Jungen geschlüpft sind, folgen sie ihren Eltern zu benachbarten Futterquellen. Sie werden mit 55–65 Tagen flügge und paaren sich in der Regel nach zwei Jahren.

Der Jungfernkranich ist die kleinste Kranichart. Man erkennt ihn an den langen Rücken- und Brustfedern sowie dem relativ kurzen Schnabel. Er hat kürzere Zehen als andere Kraniche – eine Anpassung an die trockenen Graslandschaften, in denen er meist seine Nahrung sucht. Als Allesfresser ernährt er sich von verschiedenen Körnern, Beeren und anderen Pflanzenteilen, die er durch tierische Nahrung, darunter Insekten, Schnecken, kleine Säugetiere, Vögel und Reptilien, ergänzt. In freier Wildbahn wird er bis zu 27 Jahre alt, bei Exemplaren in Gefangenschaft wurde schon die erstaunliche Lebensdauer von 67 Jahren beobachtet. Mit einer Population von mehr als 250.000, die in Teilen Zentralasiens sogar wächst, wird er von der IUCN als „nicht gefährdet" eingestuft.

LINKS Jungfernkraniche über den Sanddünen am Rand der Wüste Thar im nordindischen Rajasthan.

Graukranich

Grus grus

GRÖSSE
Länge: 100–130 cm
Gewicht: 3–6,1 kg
Flügelspannweite: 180–240 cm

AUSSEHEN
Groß, lange Flügel, lange Beine, spitzer Schnabel, Flügel im Flug breit; aschgraues Gefieder, schwarzer Kopf mit roter Krone und weißem Streifen vom Auge bis zum Rücken; oberer Teil des Schwanzes mit langen Federn, die meist in Fächerform erhoben sind; Oberseite während der Brutsaison braun.

LEBENSWEISE
Aufenthalt in sumpfigen Feuchtgebieten und Wiesen in den Wäldern des Nordens und ihrer Umgebung; außerhalb der Brutsaison auch offene Felder und Savannen; sucht am Boden nach pflanzlicher und tierischer Nahrung; lebenslange Paarbeziehung, Paare mit kompliziertem Werbungsverhalten; Weibchen legt 2 Eier in ein erhöhtes Nest neben einem Teich.

VERBREITUNG UND WANDERUNG
Brutgebiete in Nord- und Osteuropa und Russland; Winterquartiere in Südeuropa, Nordafrika, im Nahen Osten, in Ostafrika, Nordindien und Ostchina.

STELLUNG
Nicht gefährdet; Population weltweit nach Schätzungen 491.000–503.000.

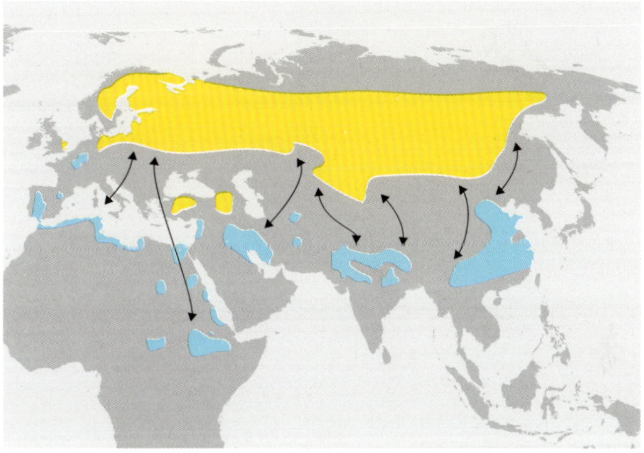

Der Chor wandernder Graukraniche – ein schneidender Ton mit unregelmäßigem Auf und Ab – ist in großen Teilen Europas ein wichtiger Vorbote des Herbstes. Die Vögel fliegen auf altbewährten Zugwegen nach Süden in ihre Winterquartiere. Wie bei allen Kranichen verstärkt die ungewöhnlich lange, mit dem Brustbein verwachsene Luftröhre die Rufe und ermöglicht sowohl eine lautstarke Partnerwerbung als auch unterwegs die Kommunikation über große Entfernungen.

In weiten Teilen Europas begegnet man ausschließlich dieser Kranichart. Allgemein ähnelt sie in ihrer Färbung mit blassgrauem Körper, schwarz-weißem Kopf und Hals den Jungfernkranichen (siehe Seite 116ff.). Sie ist aber größer, hat einen längeren Schnabel und eine rote Krone. Außerdem hängen die langen Schwanzfedern anders als beim Jungfernkranich nicht elegant herab, sondern stehen in die Höhe wie das Hinterteil eines viktorianischen Reifrocks, und das sanft graue Gefieder ist während der Saison braun verschmiert: In Nestnähe tarnt sich der Vogel mit Schlamm und verwesenden Pflanzenresten.

Die Spezies brütet in großen Teilen Nordeuropas, insbesondere in Skandinavien und im Ostseeraum, aber auch in Mittel- und Osteuropa bis nach Griechenland und Rumänien sowie im Westen bis Großbritannien und Irland. Das Verbreitungsgebiet reicht sogar bis in den fernen Osten Russlands. Jede Population hat ihre eigenen Winterquartiere: Vögel aus Skandinavien und Nordeuropa überwintern meist in Spanien und Nordafrika, andere aus weiter östlich gelegenen Gebieten in der Türkei, Israel und im Iran, manche auch in Ostafrika (Sudan, Äthiopien und Eritrea). Winterquartiere gibt es auch in Nordindien und Pakistan, Populationen aus dem Osten Russlands überwintern in Ostchina. Irrgäste gelangen manchmal ins westliche Nordamerika.

Der typische Lebensraum des Graukranichs besteht aus offenen Wiesen in den nördlichen Wäldern und ihrer Umgebung. Er ernährt sich vielseitig von verschiedensten Pflanzen und Tieren, von Insekten und Amphibien bis zu Samen und Beeren. Ein Brutpaar beansprucht ein Revier auf einer sumpfigen Waldlichtung und erneuert dort seine lebenslange monogame Bindung mit einem rituellen Balztanz, bei dem die Partner hüpfen, sich verbeugen, springen und Pirouetten drehen, während sie mit ihrer Trompetenstimme gemeinsame „Unisono-Rufe“ ausstoßen. Das Nest wird in der Nähe eines flachen Gewässers gebaut und mitunter mehrere Jahre genutzt. Das Weibchen legt im Mai durchschnittlich 2 Eier und wechselt sich beim Brüten 31 Tage mit dem Männchen ab. Beide Eltern verteidigen aggressiv ihr Nest, wobei sie mit Fußtritten und Schnabelhieben

GEGENÜBER Ein Graukranich in Finnland begrüßt mit seinem lautstarken Balzruf den Morgen.

LINKS Graukraniche drängen sich an einem Rastplatz im israelischen Hula-Tal.

gegen Rotfüchse, Wildschweine und andere Räuber vorgehen. Die Jungen sind zur Tarnung braun. Sie können nach 24 Stunden mit den Eltern laufen und nach neun Wochen fliegen, geschlechtsreif werden sie aber erst nach 3–6 Jahren.

Die herbstliche Wanderung beginnt Ende August, wenn die Eltern nach der Brutzeit die Mauser abgeschlossen haben. Familienverbände machen sich gemeinsam mit Jungtieren aus vergangenen Jahren auf den Weg, wobei Gruppen bis zu 400 Vögeln in einer lockeren V-Formation fliegen. Einzelne Populationen schlagen unterschiedliche Zugwege ein. Die Mehrheit der Kraniche aus Nordeuropa und Skandinavien nimmt einen südwestlichen Kurs über Deutschland und Frankreich in den Südwesten der Iberischen Halbinsel, wo bis zu 220.000 von ihnen überwintern – rund 40 % der weltweiten Population. Die Route führt sie über die Pyrenäen zum Gallocanta-See in Mittelspanien. Von dort verteilen sie sich nach Südwesten an verschiedene Stellen, 53 % von ihnen landen schließlich in der Region Extremadura. Weiter im Osten wandern die Kraniche auf dem syrisch-afrikanischen Zugweg über die Türkei und Israel nach Ostafrika. Eine Drehscheibe der Kranichzüge ist die Ebene von Hortobágy in Ungarn. Von dort fliegen manche Vögel weiter nach Westen oder Süden.

An allen Zugwegen gibt es wichtige Zwischenstationen, Seen oder Feuchtgebiete, an denen die Vögel während einiger Tage oder sogar Wochen neue Energie auftanken und kleinere Schwärme sich zu größeren zusammenfinden. In den letzten Jahrzehnten sind manche Kranichpopulationen dazu übergegangen, den ganzen Winter an wichtigen Zwischenstationen zu bleiben und auf den Rest der Reise zu verzichten. Der Grund: Sie finden in der Nähe reiche Futterquellen, insbesondere wenn die Felder noch mit verschüttetem Getreide aus der Vorjahresernte übersät sind. Heute überwintern bis zu 60.000 Kraniche am Lac du Der-Chantecoq im Nordosten Frankreichs, und 40.000 bleiben im israelischen Hula-Tal, wo die Regierung täglich bis zu 8000 kg Getreidefutter zur Verfügung stellt.

Graukraniche werden in freier Wildbahn bis zu 40 Jahre alt und haben im ausgewachsenen Zustand kaum natürliche Feinde. Gefährlicher sind die Bedrohungen durch den Menschen, so der Lebensraumverlust durch Dammbau, Trockenlegung von Feuchtgebieten und Stadterschließung. Dennoch geht es der Spezies in ihrem gesamten Verbreitungsgebiet gut: Mit einer Population von rund 500.000 Individuen wird sie von der IUCN als „nicht gefährdet“ eingestuft. Seit Kurzem gibt es die Vögel auch wieder in Großbritannien, wo sie früher weit verbreitet waren (und 1465 beim Erzbischof von York auf die Festtafel kamen), gegen Ende des 17. Jahrhunderts jedoch ausgerottet wurden. Dank der natürlichen Wiederbesiedlung in East Anglia und Ansiedlungsprojekten in Somerset – wo Naturschützer in Kranichkostümen Jungvögel mit der Hand großzogen – war die britische Population bis 2018 auf 54 Brutpaare gewachsen.

OBEN Mit seinen breiten Flügeln kann der Graukranich leicht abheben und auf seinen langen Wanderungen die Thermik nutzen.

Waldschnepfe

Scolopax rusticola

GRÖSSE
Länge: 33–38 cm
Gewicht: 240–420 g
Flügelspannweite: 55–65 cm

AUSSEHEN
Stämmiger, taubengroßer Küstenvogel; langer, gerader Schnabel, relativ kurze Beine, rundliche Flügel; Gefieder auf der Oberseite rostbraun, auf der Unterseite gelbbraun mit komplizierten Tarnungsmustern, schwarzer Abschnitt auf der Kopfoberseite.

LEBENSWEISE
Angepasst an bewaldete Lebensräume; stochert im Boden nach Regenwürmern und anderen wirbellosen Tieren; dämmerungsaktiv; während der Paarungssaison Werbeflüge in der Abenddämmerung; Weibchen legt 1–2 Eier in ein getarntes Nest am Erdboden.

VERBREITUNG UND WANDERUNG
Brutgebiete in Zentralrussland und Mitteleuropa, nach Süden bis zu den Kanarischen Inseln; Populationen im Norden und Osten sind Zugvögel und überwintern in Westeuropa, Indien und Südostasien.

STELLUNG
Nicht gefährdet; Population weltweit nach Schätzungen 15–16 Millionen.

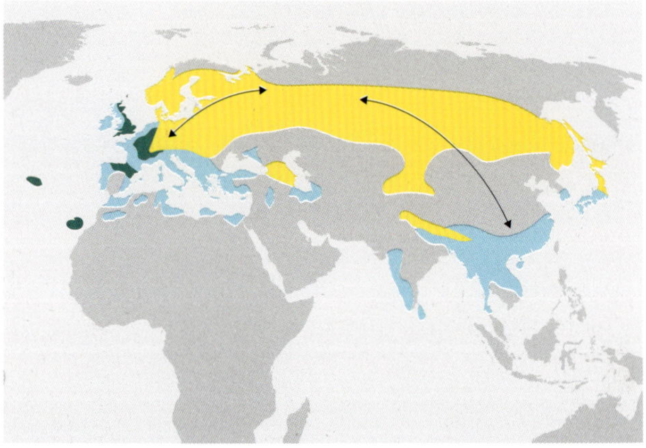

Die Waldschnepfe ist ungewöhnlich: ein Küstenvogel, der nie an die Küste kommt. Er ist zwar mit Bekassinen, Strandläufern, Brachvögeln und anderen Mitgliedern aus der Familie der Schnepfenvögel (Scolopacidae) verwandt, die vorwiegend am Wasser leben, diese zurückhaltenden Vögel treiben sich aber lieber auf dem Waldboden herum. Dort stochern sie mit ihrem langen, geraden Schnabel nach Regenwürmern und anderen wirbellosen Tieren.

Die Waldschnepfe ist eine von weltweit sieben Arten der Eigentlichen Schnepfen. Wie ihre Vettern trägt sie ein rätselhaft gemustertes Gefieder mit Punkten, Streifen und gewundenen Linien in Erdtönen, die auf dem Waldboden eine hervorragende Tarnung bieten. Deshalb und auch weil der Vogel vorwiegend in der Dämmerung aktiv ist, gestaltet sich die Beobachtung schwierig. Die hoch am Kopf sitzenden Augen ermöglichen einen 360-Grad-Rundblick, sodass er Gefahren schnell erkennt und sich ducken kann.

Die Spezies bewohnt Laub- und Mischwälder und braucht zur Nahrungssuche dichtes Unterholz – zum Beispiel Brombeeren, Farn oder Haselnüsse – und Feuchtigkeit. Ihr Brutgebiet erstreckt sich von Zentralrussland über Mitteleuropa bis zu den Kanarischen Inseln. In großen Teilen ihres Verbreitungsgebietes würde sie den Winter nicht überleben, weil Eis oder Schnee die Nahrungssuche verhindern. Deshalb ziehen Waldschnepfen aus östlichen und nördlichen Regionen in wärmere Winterquartiere, wo sie sich bis zum Frühjahr versorgen können. Vögel aus Westrussland und Skandinavien fliegen nach Westeuropa, solche aus dem Osten Russlands ziehen nach Südostasien und Indien. Nur ganz im Westen des Verbreitungsgebietes, wie in Großbritannien, sind die Vögel sesshaft und bleiben das ganze Jahr über in der Nähe ihrer Brutgebiete.

Waldschnepfen sind für ihren Zickzackflug bekannt, wenn man sie vom Waldboden aufschreckt. Deshalb waren sie lange eine bevorzugte Beute für Jäger. Auf ihren Wanderungen fliegen sie dagegen schnell, in gerader Linie und allein mit Geschwindigkeiten bis zu 93 km/h. Sie legen beeindruckende Entfernungen zurück: Ein mit Satellitentechnik ausgestattetes Weibchen namens Navarre überwinterte in Nordspanien und flog im Frühjahr die 3800 km von Kantabrien nach Russland in nur zehn Wochen. Im Herbst kehrte es an eine Stelle zurück, die 11 km von dem Ort entfernt war, an dem es markiert wurde.

In Großbritannien wächst die Brutpopulation von etwa 55.000 Vögeln im Winter bis auf 1,4 Millionen an. Der Game and Wildlife Trust konnte in umfangreichen Studien durch

GEGENÜBER Die Waldschnepfe hat ihren natürlichen Lebensraum am Waldboden, wo sie sich mit ihrem gemusterten Gefieder ausgezeichnet tarnen kann.

die Analyse stabiler Isotope nachweisen, dass 51 % der Waldschnepfen, die in Großbritannien und Irland überwintern, aus Nordwestrussland und den baltischen Staaten stammen. 39 % kommen aus Skandinavien und Finnland und nur 10 % aus Mitteleuropa, Großbritannien und Irland. In einer Studie wurden 24 Waldschnepfen in sechs Winterquartieren im März 2012 und März 2013 mit Satellitensendern ausgestattet und zu ihren Brutgebieten verfolgt: Norwegen, Schweden, Finnland, Polen, Lettland, Weißrussland und Russland. Dabei legten die Vögel sehr unterschiedliche Strecken zurück: 1000 km zwischen Schottland und Norwegen, 7100 km, wenn sie in Mittelsibirien brüteten.

Aus solchen Studien weiß man auch, dass Vögel, die am gleichen Ort überwintern, ganz unterschiedliche Zugwege einschlagen. Im Februar 2009 wurden zwei Vögel auf der schottischen Insel Islay mit Satellitensendern markiert. Der eine flog am 22. März ab, überquerte Schottland in fünf Tagen und war am 4. April in seinem norwegischen Brutgebiet. Der andere flog nach Süden, war am 25. März in Humberside im Nordosten Englands und zog dann über Deutschland, Ostschweden und Lettland nach Russland, wo er am 27. Mai nach zwei Monaten und einer Flugstrecke von 4110 km eintraf.

In ihren Brutgebieten zeigen männliche Waldschnepfen ein typisches Revierverhalten: Sie fliegen in der Abenddämmerung über einer Waldlichtung hin und her und lassen einen charakteristischen, von hohem Pfeifen unterbrochenen Grunzruf hören. Das Weibchen legt 1–2 Eier in ein Nest, das auf dem Erdboden steht und mit Pflanzenresten ausgepolstert ist. Es brütet 21–24 Tage, und die Jungen, die nach wenigen Stunden das Nest verlassen, sind nach 15–20 Tagen flügge. Im Gegensatz zu den meisten anderen Vögeln trägt das Weibchen seine Jungen bei Gefahren davon, wobei es sie unter Beinen und Schwanz versteckt.

Die Waldschnepfe nimmt in der britischen Kultur einen zentralen Platz ein und ist bei Jägern bis heute beliebt. Außerhalb der Brutsaison werden die Vögel mit Hunden gejagt. Eine frühzeitige Ankunft der Zugvögel an der Ostküste im Herbst gilt traditionell als Vorbote einer guten Ernte, und der erste Vollmond im November wurde früher als „Schnepfenmond" bezeichnet. In manchen Jahren, bei besonders schlechtem Wetter, kommen die Schnepfen in ungewöhnlich großer Zahl aus ihren östlichen Brutgebieten und tauchen auf ihrer verzweifelten Nahrungssuche häufig auch weitab ihrer gewöhnlichen Lebensräume in den Städten auf.

Die Waldschnepfe wird zwar von der IUCN als „nicht gefährdet" eingestuft, in vielen Gebieten nimmt der Bestand aber durch Waldvernichtung, Insektizide und andere Faktoren ab. In Deutschland steht sie auf der Roten Liste, nachdem die Brutpopulation in den letzten Jahrzehnten stark geschrumpft ist.

OBEN Waldschnepfen wandern nachts und können mehr als 4000 km zurücklegen.

Knutt

Calidris canutus

GRÖSSE
Länge: 23–26 cm
Gewicht: 100–200 g
Flügelspannweite: 47–53 cm

AUSSEHEN
Kleiner, gedrungener Küstenvogel mit kurzem Schnabel und relativ kurzen Beinen; Prachtkleid auf der Oberseite ziegelrot und grau gescheckt; Ruhekleid oben blassgrau, unten weiß.

LEBENSWEISE
Brutgebiete in der arktischen Tundra, Nistplätze an kleinen Teichen; Überwinterung in großen Schwärmen in Flussmündungsgebieten und schlammigen Küstenregionen; Weibchen legt 4 Eier in ein Nest auf dem Erdboden; Ernährung: Insekten und Larven in den Brutgebieten, Meeresweichtiere im Winterquartier.

VERBREITUNG UND WANDERUNG
Brutgebiete am nördlichen Polarkreis in Russland, Kanada und Alaska; winterliche Wanderung zu Küstengebieten mit gemäßigtem Klima, im Süden bis nach Argentinien, Südafrika und Neuseeland.

STELLUNG
Nicht gefährdet; Population nach Schätzungen 1,1 Millionen; manche Unterarten im Rückgang begriffen.

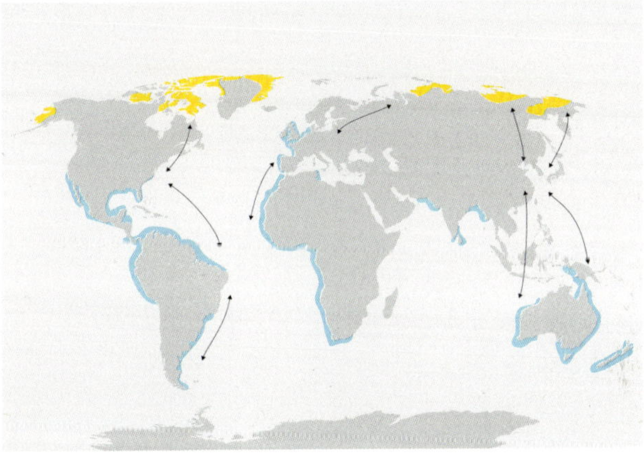

Aus dem Watt steigt in einer geschwungenen Welle ein Vogelschwarm auf. Tausende von dunklen Körpern bewegen sich vollkommen synchron. Sie kreisen und wechseln die Richtung wie ein Fischschwarm. Ihre hellen Unterseiten blitzen in der Sonne des Spätnachmittags leuchtend weiß. Es sind Knutts. Vor zwei Monaten haben sie noch in der arktischen Tundra gebrütet. Jetzt sammeln sie sich Tausende von Kilometern weiter südlich zur Rast in einem windumtosten Flussmündungsgebiet.

Der Knutt ist stämmiger und hat kürzere Beine als die meisten anderen Watvögel der Gattung *Calidris*. Im Sommer ist seine Unterseite hübsch ziegelrot gefärbt, im Winter zeigt sie ein unauffälliges Blassgrau, das im Watt bessere Tarnung bietet. Die Spezies brütet überall am Polarkreis und gliedert sich in mehrere Unterarten mit unterschiedlichen Zugwegen. Der Haupttyp brütet im Norden Russlands und wandert über Westeuropa und die afrikanische Westküste zum Kap der Guten Hoffnung. Eine andere Unterart brütet weiter östlich in Russland und zieht über Westaustralien nach Neuseeland. In der Neuen Welt brütet eine Form im Nordwesten Alaskas und zieht südlich nach Panama und Venezuela, eine andere brütet in Kanada und wandert an der Atlantikküste bis nach Feuerland – hin und zurück rund 29.000 km.

Das Weibchen legt im Mai durchschnittlich 4 Eier in ein Nest auf dem Boden der Tundra und brütet etwa 22 Tage. Sind die Jungen geschlüpft, zieht es davon. Das Männchen folgt, wenn die Jungen flügge sind. Als Letztes reisen die Jungvögel ab. Ein 1995 im Alter von zwei Jahren markierter Knutt wurde im Februar 2014 in New Jersey gesehen und muss demnach mindestens 21 Jahre alt geworden sein. In dieser Zeit flog er mindestens 640.000 km – fast so weit wie zum Mond und zurück (Spitzname: „Mondvogel"). Der Vogel verdoppelt vor dem Abflug sein Körpergewicht und wechselt außerhalb des Brutgebiets von Insekten zu Muscheln.

Durch Studien an den Knutts konnte man die Naturschutzstrategien für Zugvögel verbessern. Heute wird die Spezies von der IUCN als „nicht gefährdet" eingestuft. Manche Populationen haben aber zu kämpfen. Das gilt vor allem für die Unterart *rufa* im Westatlantik, deren Bestand von 82.000 in den 1980er-Jahren bis heute auf unter 30.000 zurückgegangen ist. Ursache für den Rückgang ist die Überfischung der Pfeilschwanzkrebslarven in der Delaware Bay an der US-Ostküste, einer Ressource, auf die die Vögel während ihrer Wanderung nach Süden angewiesen sind.

GEGENÜBER Ein Schwarm Knutts im Prachtkleid. Man erkennt die ziegelrote Unterseite.

OBEN Knutts an ihrem Sitzplatz bei Flut in Snettisham im ostenglischen Norfolk. Solche Ansammlungen umfassen oftmals viele Tausend Vögel und bieten mit ihrem dichten Synchronflug ein spektakuläres Schauspiel.

Steinwälzer

Arenaria interpres

GRÖSSE
Länge: 22–24 cm
Gewicht: 85–150 g
Flügelspannweite: 50–57 cm

AUSSEHEN
Kleiner Watvogel mit kurzem, aufwärts gerichtetem Schnabel; geschecktes Gefieder in Schwarz, Weiß und Braun, Prachtkleid mit hellbrauner Oberseite.

LEBENSWEISE
Brutgebiete in der arktischen Tundra; Winterquartiere in verschiedenen küstennahen Lebensräumen in gemäßigten und tropischen Breiten; Weibchen legt 4 Eier in ein Nest am Erdboden; nutzt opportunistisch verschiedene Nahrungsquellen von Insekten bis zu Aas, die er vorwiegend an der Gezeitenlinie sucht.

VERBREITUNG UND WANDERUNG
Brutgebiete am nördlichen Polarkreis in Russland, Kanada und Alaska; winterliche Wanderung entlang der Küstenlinien auf der ganzen Welt bis nach Argentinien, Südafrika, Neuseeland und zum Südpazifik.

STELLUNG
Nicht gefährdet; Population weltweit nach Schätzungen rund 450.000.

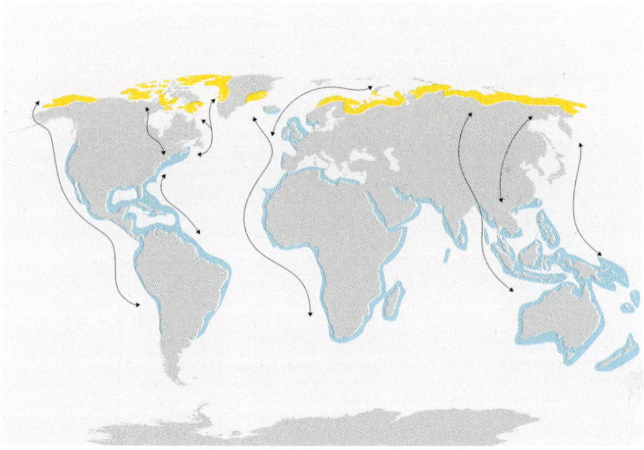

Es gibt auf der Welt kaum eine Küste, an der man den Steinwälzer nicht antrifft. Außerhalb der Brutsaison zieht der kleine Watvogel an die Küsten Afrikas, Amerikas, Asiens und der Pazifikregion. Von den Mangrovenwäldern Madagaskars bis zu den Atollen im Pazifik scheint er überall zu Hause zu sein. Er brütet aber ausschließlich im hohen Norden.

Der Steinwälzer gehört zur Familie der Schnepfenvögel (Scolopacidae). Sein schwarz-weiß-braunes und in der Brutsaison auch rotbraunes Harlekingefieder ist ebenso charakteristisch wie die Gewohnheit, der er seinen Namen verdankt: Auf der Suche nach Insekten und anderen Leckerbissen dreht er mit dem kurzen, aufwärts gerichteten Schnabel die Steine um. Als großer Opportunist frisst er auch gestohlene Eier anderer Meeresvögel, angeschwemmtes Aas und Lebensmittelabfälle.

Das Brutgebiet teilen sich zwei Unterarten: Die Hauptform brütet in Westalaska, Grönland, Skandinavien, Estland und Nordrussland, eine zweite ist in Nordalaska und der kanadischen Arktis zu Hause. Gebrütet wird in der arktischen Tundra auf trockenem Boden nahe der Küste. Die Paare sind monogam und bleiben meist zusammen. Das Weibchen legt durchschnittlich 4 Eier in eine flache Bodensenke und brütet 22–24 Tage, dann sorgt das Männchen für die Jungen, bis sie 19–21 Tage später flügge werden. Anschließend folgen das Männchen und schließlich die Jungen dem Weibchen nach Süden.

In der Neuen Welt reichen die Winterquartiere der Steinwälzer von Massachusetts bis in die Mitte Argentiniens. In der Alten Welt fliegen manche nach Westen und überwintern an den Küsten Westeuropas und Afrikas, weiter östlich lebende Populationen verbringen den Winter in Südostasien, im Südpazifikraum, in Australien und Neuseeland. Die Winterquartiere bestehen aus verschiedenen Lebensräumen, typisch sind Felsküsten und oftmals auch Bauwerke wie etwa Wellenbrecher und Bootsstege.

Rund 50 % der in Grönland und Ostkanada ansässigen Vögel verbringen den Winter in Großbritannien. Zu ihnen gesellen sich im Herbst und Frühjahr auch Vögel aus Russland und Skandinavien auf ihrem Weg zur afrikanischen Westküste. In einer Untersuchung in der Antarktis stellte sich 2010 heraus, dass Individuen mit lichtempfindlichen Geolokatoren von Westaustralien in etwas mehr als sechs Tagen die 7500 km nach Taiwan hinter sich brachten, wobei sie mit einer Durchschnittsgeschwindigkeit von 50–55 km/h flogen.

Der Steinwälzer gilt als „nicht gefährdet“, seine Population wird weltweit auf rund eine halbe Million geschätzt.

GEGENÜBER Der Steinwälzer findet praktisch an jedem Strand der Welt üppige Nahrung.

Pfuhlschnepfe

Limosa lapponica

GRÖSSE
Länge: 37–41 cm
Gewicht: 190–630 g
Flügelspannweite: 70–80 cm

AUSSEHEN
Mittelgroßer Watvogel mit langem Schnabel; Kopf, Hals und Brust im Sommer ziegelrot, Oberseite graubraun; im Winter blassgraue Oberseite, Unterseite weiß.

LEBENSWEISE
Brutgebiete in der arktischen Tundra; Weibchen legt 4 Eier in ein Nest am Boden; Winterquartiere in gemäßigten und tropischen Breiten; Schwärme suchen auf Wattflächen nach Würmern und anderen im Schlamm vergrabenen Meeresbewohnern.

VERBREITUNG UND WANDERUNG
Brutgebiete am nördlichen Polarkreis von Skandinavien quer durch Russland bis zum Westen Alaskas; Wanderung zu den südlich gelegenen Winterquartieren entlang der Küsten Europas, Afrikas, Asiens und Australasiens.

STELLUNG
Potenziell gefährdet; Population weltweit nach Schätzungen 1,1 Millionen.

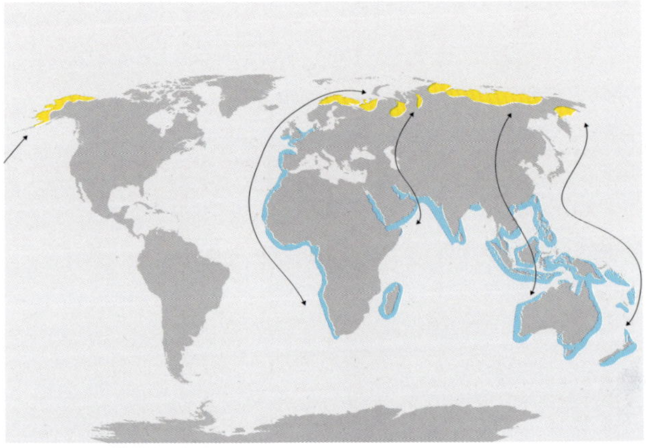

Dieser Küstenvogel mit seinem langen Schnabel erreicht weder die Flügelspannweite eines Albatros noch die Geschwindigkeit eines Mauerseglers, aber seine Nonstopreise von Alaska nach Neuseeland in nur neun Tagen ist der längste jemals dokumentierte Einzelflug eines Zugvogels. Es ist sogar die längste Wanderung eines Tieres ohne Fresspause.

2009 wurden mehrere Pfuhlschnepfen, die in Neuseeland überwinterten, mit Satellitensendern ausgestattet. 6–8 Tage nach ihrem Abflug Mitte März hatten sie 9575 km weiter nördlich die Küsten des Gelben Meeres bei China erreicht. Nach einer mehrwöchigen Pause zur Nahrungsaufnahme flogen sie weitere 5000 km nach Westalaska. Im August, nach der Brutzeit, machten sie sich quer über den Pazifik nach Süden auf. Ein Weibchen mit der Bezeichnung E7 flog in nur neun Tagen nonstop 11.680 km von der Avinof-Halbinsel in Alaska bis zum Flussmündungsgebiet des Piako River in Neuseeland. Die Entfernung hatte es mit einer Durchschnittsgeschwindigkeit von 56 km/h zurückgelegt.

Für eine solche Ausdauerleistung muss die Pfuhlschnepfe vor dem Abflug in einer Fressorgie große Fettreserven anlegen, durch die sich ihr Körpergewicht fast verdoppelt. Gleichzeitig schrumpfen Verdauungsorgane und Muskelmagen fast völlig zusammen, was die Stoffwechseltätigkeit vermindert und Energie spart. Auf dem Weg nach Süden hilft auch der Rückenwind.

Die Pfuhlschnepfe brütet in der arktischen Tundra. Ihr Verbreitungsgebiet erstreckt sich von Skandinavien über den Norden Russlands bis in den Westen Alaskas. In den Brutgebieten wird das grau-weiße Ruhekleid von Ziegelrot an Kopf, Hals und Brust abgelöst. Das Weibchen legt 4 Eier in eine flache Senke. Die Brutzeit dauert 22–24 Tage. Beide Eltern kümmern sich um die Jungen, die nach 19–21 Tagen flügge werden.

Im Winter begeben sich Pfuhlschnepfen an die Küste, wo sie bei Ebbe mit ihrem langen Schnabel im Boden nach Nahrung stochern. Die Unterarten haben verschiedene Winterquartiere: Die Hauptform brütet in Westrussland und Skandinavien und überwintert in Westeuropa. Die westsibirische Unterart *L. l. taymyrensis* überwintert in Afrika und am Persischen Golf. Die mittelsibirische Form *L. l. menzbieri* verbringt den Winter in Südostasien und Australasien. Und die östlichste Unterart *L. l. baueri* brütet im fernen Osten Russlands sowie in Westalaska und überwintert in Australien und Neuseeland.

Die Pfuhlschnepfe wird heute wegen des starken Rückgangs zweier Unterarten, die den ostasiatisch-australasiatischen Zugweg nutzen, als „potenziell gefährdet" eingestuft. Am Gelben Meer wirken sich Flächenverbrauch, Umweltverschmutzung und Jagd nicht nur auf diese Spezies aus, sondern auch auf viele andere, die auf die lebenswichtige Zwischenstation angewiesen sind.

GEGENÜBER Eine Pfuhlschnepfe hält im gesamten Tierreich den Rekord für den längsten Nonstopflug ohne Nahrungsaufnahme. Sie flog in nur neun Tagen von Alaska nach Neuseeland.

Weißstorch

Ciconia ciconia

GRÖSSE
Länge: 100–115 cm
Gewicht: 2,3–4,5 kg
Flügelspannweite: 155–215 cm

AUSSEHEN
Groß und aufrecht, langer roter Schnabel und lange rote Beine; Gefieder weiß mit schwarzen Flugfedern; breite Flügel, Kopf und Beine beim Fliegen ausgestreckt; Jungvögel unauffälliger mit schwarzem Schnabel, der allmählich rot wird.

LEBENSWEISE
Ernährung: tierische Nahrung, gefangen auf Feldern, Wiesen und Feuchtgebieten; großes, festes Nest auf Bäumen oder Gebäuden; Weibchen legt durchschnittlich 4 Eier; Winterquartiere vorwiegend auf tropischen und subtropischen Feldern und Savannen.

VERBREITUNG UND WANDERUNG
Brutgebiete mit verstreuten Populationen in Europa und Ost- bis Westrussland; größte Populationen in Spanien, Polen, der Ukraine und Turkestan. Winterquartiere im mittleren und südlichen Afrika sowie in Südasien.

STELLUNG
Nicht gefährdet; Population weltweit nach Schätzungen rund 700.000, davon 447.000–495.000 in Europa.

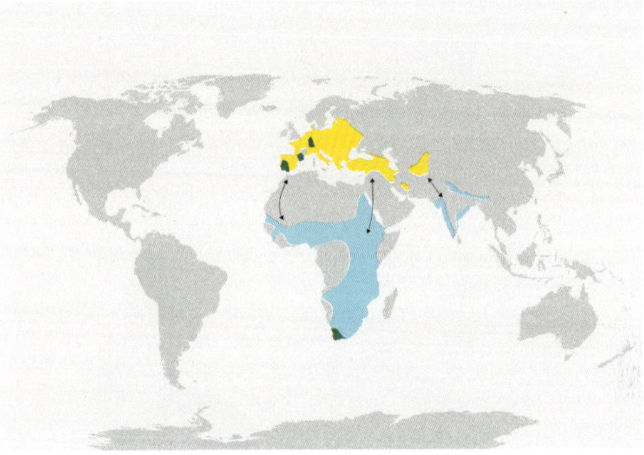

Im Frühjahr 1822 tauchte in der deutschen Kleinstadt Klütz ein Weißstorch auf, in dessen Hals ein Pfeil steckte. Der Vogel schien völlig gesund zu sein, oder zumindest fraß er ohne erkennbare Schwierigkeiten gemeinsam mit seinen Artgenossen. Zum Erstaunen der Einheimischen war der Pfeil afrikanischen Ursprungs. Wo war der Storch gewesen?

Weißstörche spielen seit der Antike eine wichtige kulturelle Rolle: Ob in den Fabeln von Äsop, als mythischer Pilger in Mekka oder als Überbringer von Babys weckte er stets Aufmerksamkeit und Zuneigung. Weniger bekannt ist vielleicht seine Bedeutung für die Geschichte der Ornithologie. Der Vogel von Klütz, der heute in der Universität Rostock aufbewahrt wird, war der lebende Beweis, dass die Weißstörche Tausende von Kilometern zu einem anderen Kontinent fliegen. Die Erkenntnis kam Jahrzehnte bevor man den Vogelzug mit der Markierung zweifelsfrei nachweisen konnte.

Erstaunlicherweise wurden seither noch 25 weitere derartige „Pfeilstörche" dokumentiert. Glücklicherweise war die Wissenschaft nicht auf solche grausigen Unfälle angewiesen, um die Wanderungen der Spezies zu erforschen. Da Weißstörche gern in unserer Nähe leben, war ihr jahreszeitliches Kommen und Gehen leichter zu beobachten als bei fast allen anderen Vögeln.

Die Spezies war auch Gegenstand des ersten Markierungsprojekts: Es wurde an der Vogelwarte Rossitten in Deutschland von 1906 bis zum Zweiten Weltkrieg weiterverfolgt. Auch angesichts technischer Neuerungen blieben die Weißstörche an vorderster Front der Wissenschaft. Sie gehörten zu den ersten Vögeln, die mit Satellitensendern ausgestattet wurden, und die GPS-Ortung hat seither viele Erkenntnisse über ihre Wanderungsrouten und Strategien geliefert.

Mit ihrer Größe, dem auffälligen schwarz-weißen Gefieder, den langen roten Beinen und dem Schnabel sind Weißstörche nicht zu verwechseln. Die Fleischfresser schnappen am Boden nach Insekten, Fröschen, Fischen und kleinen Säugetieren. Schon seit Langem leben sie in der Nähe der Menschen – sie suchen ihr Futter auf Wiesen und Feldern, und oft bauen sie ihre Nester auf Gebäuden, von Kirchtürmen bis zu Telegrafenmasten. Heute hat die namengebende Unterart (*C. c. ciconia*) ein zerstückeltes Verbreitungsgebiet mit Schwerpunkten auf der Iberischen Halbinsel, in Nordafrika, Mittel- und Osteuropa sowie dem Westen Russlands. Eine kleine, von überwinternden Vögeln begründete Brutpopulation hat die Kapregion in Südafrika besiedelt. Eine andere Unterart (*C. c. asiatica*) brütet in Asien, und zwar vorwiegend in Turkestan.

GEGENÜBER Weißstörche sammeln sich in der Thermik über Beit She'an im Norden Israels. Sie sind unterwegs zu ihren Winterquartieren in Afrika.

LINKS Weißstörche nisten auf der Stiftskirche San Miguel im nordspanischen Alfaro. Dies ist die größte Brutkolonie der Spezies auf einem einzigen Gebäude.

In den Brutgebieten geht es lautstark zu: Das schnabelklappernde Begrüßungsritual hört sich an wie Maschinengewehrfeuer. Die monogamen Paare bauen große Plattformen, die bis zu 250 kg wiegen können, wenn sie mehrere Jahre benutzt werden. Das Weibchen legt durchschnittlich 4 Eier, die das Paar 33–34 Tage lang bebrütet. Danach füttert es die Jungen, bis sie nach 58–64 Tagen flügge werden, und anschließend noch weitere 2–3 Wochen. Die Jungvögel paaren sich in der Regel erst nach vier Jahren. In freier Wildbahn sind für die Spezies eine Lebensdauer von 39 Jahren dokumentiert.

Europäische Weißstörche überwintern in Afrika zwischen Äquator und Kap der Guten Hoffnung. Im August machen sie sich in großen, lockeren Schwärmen auf den Weg, wobei sie sich von der Thermik bis in Höhen von 1500 m tragen lassen und dann energiesparend abwärtssegeln. Um lange Ozeanüberquerungen ohne Thermik zu vermeiden, sammeln sie sich an Meerengen und gesellen sich dort zu Pelikanen, Raubvögeln und anderen großen Zugvögeln, die im Gleitflug die gleiche Richtung einschlagen. Von Mitteleuropa aus haben sich zwei Hauptrouten entwickelt: Manche Vögel fliegen westlich über Gibraltar und am Westrand der Sahara nach Süden. Andere nehmen den östlichen Weg über den Bosporus und dann weiter durch das Niltal. Auf beiden Routen ist das Winterquartier nach 26 Tagen erreicht. Der Rückweg im Frühjahr dauert länger: Bis die Nester Ende März/Anfang April erreicht sind, vergehen 49 Tage. Vögel der Unterart *asiatica* haben es leichter: Sie müssen keinen Ozean überqueren, sondern überwintern in Indien oder im Iran.

In ihren afrikanischen Winterquartieren besetzen die Weißstörche ähnliche offene Landschaften. Oft finden sie Futter zwischen weidenden Tieren oder folgen in der Savanne den Buschfeuern, um sich an den vor den Flammen fliehenden kleinen Tieren gütlich zu tun. Jungstörche bleiben unter Umständen ein zweites Jahr in Afrika, kehren erst danach in ihre europäischen Brutgebiete zurück und paaren sich nochmals ein oder zwei Jahre später.

Das Schicksal der Weißstörche ist seit Langem an die Tätigkeiten des Menschen gebunden. In Europa nutzte die Rodung der Wälder seit dem Mittelalter der Spezies, weil ihre Brutgebiete wuchsen, die nachfolgende Industrialisierung und die moderne Landwirtschaft führten jedoch zu einem Rückgang. An manchen Zugwegen – insbesondere in der Bekaa-Ebene im Libanon – kostet unkontrollierte Jagd noch heute Tausende von Störchen das Leben. Auch Hochspannungsleitungen und andere Hindernisse fordern ihren Tribut. Besorgnis erregt in jüngster Zeit die Neigung der Störche, in manchen Regionen ihre Wanderung abzukürzen – insbesondere in Südspanien und Marokko, wo die Vögel mittlerweile auf großen offen liegenden Müllkippen genug Nahrung finden und den ganzen Winter dort bleiben, da eine weitere Wanderung nach dem Brüten überflüssig geworden ist. Studien untersuchen zurzeit die langfristigen Auswirkungen dieser Entwicklung und wie sie die Ökologie des Vogels verändern. Mit Wiederansiedlungsprojekten hat man den Storch in den Niederlanden, Belgien, Deutschland, der Schweiz, Österreich und Schweden wieder heimisch gemacht.

OBEN Weißstörche sammeln sich in ihrem afrikanischen Winterquartier an einem Steppenbrand, um kleine Beutetiere zu erlegen, die von den Flammen aus der Deckung getrieben werden.

Zwergflamingo

Phoeniconaias minor

GRÖSSE
Länge: 90–105 cm
Gewicht: 1,2–2,7 kg
Flügelspannweite: 90–105 cm

AUSSEHEN
Groß; Körper klein und rundlich, Hals und Beine sehr lang, Gefieder weiß oder rosa mit schwarzen Spitzen, der blutrote Schnabel wird beim Fressen umgekehrt gehalten; rote und schwarze Markierungen auf den Flügeln sind am besten im Flug zu erkennen, wenn Kopf und Beine ausgestreckt sind.

LEBENSWEISE
Brutgebiete ausschließlich an alkalischen Sodaseen; Winterquartiere an Süßwasserseen und in küstennahen Feuchtgebieten; mit dem umgedrehten Schnabel werden Algen aus dem Wasser gefiltert; Nistplätze auf erhöhten Plattformen aus Schlamm, alle drei Jahre ein Junges.

VERBREITUNG UND WANDERUNG
Nur sechs Hauptbrutgebiete, davon vier in Ost- und Südafrika, zwei in Rajasthan im Nordwesten Indiens. Winterquartiere an nahe gelegenen Seen und entlang der Küste des Indischen Ozeans.

STELLUNG
Potenziell gefährdet; Population weltweit 2,2–3,2 Millionen Paare.

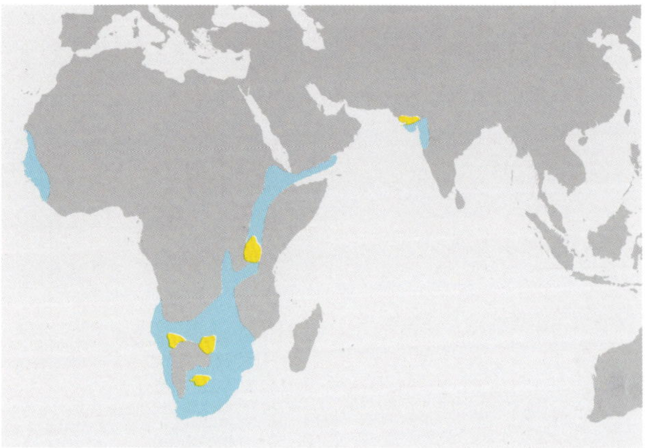

Der Nakurusee in Kenia sieht aus der Ferne aus, als hätte er einen Rand aus rosa Wasser. Nur mit dem Fernglas offenbart sich die gefiederte Lösung des Rätsels: Zu Tausenden drängen sich Zwergflamingos am Ufer des Sees. Aus der Nähe erkennt man das wahre Ausmaß des Schauspiels: Massenhaft staken die Vögel im flachen Wasser, wühlen den Boden auf und fliegen in langbeinigen Gruppen über den See.

Die Sodaseen im kenianischen Rift-Tal sind die Heimat der größten Flamingoherden der Welt. Die Zahl der Vögel schwankt mit ihren Wanderungen: Wenn sie nicht am Nakurusee sind, dann vielleicht am Bogoria- oder Magadisee. Aber an keinem dieser Seen brüten die Vögel. Nur am Natronsee unmittelbar südlich der Grenze zu Tansania finden sie die Extrembedingungen vor, an die sie als Einzige angepasst sind. Hier brüten in Spitzenjahren mehr als 2 Millionen Paare – mindestens die Hälfte der Weltpopulation.

Drei weitere Stellen liegen rund 2200 km weiter südlich, am Rand der Kalahariwüste: in der Etosha-Pfanne in Namibia, in der Sua-Senke in Botswana und – kürzlich durch ein Naturschutzprojekt hinzugekommen – am Kamfers Dam in Südafrika. Ungefähr ebenso weit entfernt, aber in nordöstlicher Richtung jenseits des Indischen Ozeans in Nordwestindien, liegen zwei weitere Brutgebiete. Die gesamte Brutpopulation des Zwergflamingos beschränkt sich also auf diese sechs Regionen.

Ornithologen wissen schon lange, dass Zwergflamingos wandern und an den Seen im Rift-Tal für große jahreszeitliche Schwankungen sorgen. Weniger bekannt ist aber, wie weit und auf welchen Routen sie wandern. In der Etosha-Pfanne brüten die Vögel im Durchschnitt nur alle sieben Jahre. Herrschen aber die richtigen Voraussetzungen, schwillt die kleine ansässige Population dort fast über Nacht um Zehntausende von Vögeln an. Woher kommen sie?

Der Zwergflamingo ist die kleinste Flamingoart. Vom Rosaflamingo – der einzigen anderen Spezies in der Alten Welt – unterscheidet er sich durch seine geringere Größe, den kürzeren Hals und den dunkelroten Schnabel. Wie alle Flamingos sucht er seine Nahrung ausschließlich in alkalischen Gewässern, wo er mit seinem bumerangförmigen Schnabel die Nahrung – insbesondere die blaugrünen *Spirulina*-Algen, von denen die Spezies abhängig ist – aus dem salzigen Wasser filtert.

Da der Zwergflamingo hohe Anforderungen an das Brutgebiet stellt, gibt es nur wenige entsprechende Regionen. Er braucht stark alkalische Seen, deren Wasser – im Natronsee hat es eine Temperatur von über 60 °C – die meisten anderen

GEGENÜBER Balzverhalten: Zwergflamingos wedeln in ihrem Brutgebiet synchron mit den Schnäbeln und bilden „Kopfflaggen".

Lebensformen abstößt. Unter Idealbedingungen bilden sich riesige Kolonien. Die Paarungssaison beginnt mit spektakulären Werberitualen, bei denen die Vögel die Köpfe synchron heben und senken. Jedes Paar baut aus Schlamm einen konischen Nisthügel, auf den das Weibchen alle drei Jahre ein Ei legt und dann 27–31 Tage bebrütet. Die Eltern füttern ihre Jungen mit „Kropfmilch". Wenn die Jungen das Nest verlassen haben, bilden sie riesige Kinderstuben – berichtet wurde von bis zu 100.000 Vögeln –, die von wenigen ausgewachsenen Tieren zu Fuß zum Süßwasser geführt werden. Solche Wanderungen können bis zu 32 km lang sein.

Im Jahr 2001 konnte man eine Reihe markierter Zwergflamingos aus der Soa-Senke in Botswana in das südöstlich gelegene Mosambik verfolgen. Damit war gezeigt, dass die Vögel beträchtliche Entfernungen zurücklegen können. Wie sich in weiteren Studien herausstellte, setzen sie nach der Brutsaison wie andere Zugvögel beträchtliche Fettreserven an. Außerdem fliegen sie bekanntermaßen vorwiegend nachts, um Raubvögel zu meiden, die tagsüber die größte Gefahr darstellen. Wahrscheinlich finden regelmäßige Wanderungen zwischen den ost- und südafrikanischen Populationen statt, damit wäre die unerwartete Massenankunft außerhalb der Paarungssaison erklärt. Die Spezies verteilt sich außerhalb der Paarungssaison an der afrikanischen Küste am Indischen Ozean. Vermutungen über einen Austausch zwischen den ostafrikanischen und indischen Populationen wurden durch genetische Forschung inzwischen bestätigt.

Außerhalb der Brutgebiete sind Zwergflamingos das Ziel verschiedener Raubtiere, darunter Fischadler, Hyänen und sogar Paviane. An den Sodaseen dagegen halten die extremen Bedingungen die meisten Räuber fern. Größere Gefahr geht aber von der industriellen Erschließung aus: Am Natronsee gab es 2006 Pläne zum Bau einer Fabrik für Natriumcarbonat (das zur Glasherstellung gebraucht wird). Wegen der möglichen katastrophalen Folgen wurde das Projekt zurückgestellt, aber ähnliche Planungen gibt es auch in Botswana und Namibia. Angesichts der geringen Zahl geeigneter Brutgebiete hätte schon der Verlust eines einzigen schwerwiegende Auswirkungen auf die Spezies. Wegen des dokumentierten Populationsrückganges ist sie als „potenziell gefährdet" eingestuft, obwohl die Population bei schätzungsweise 2,2–3,2 Millionen Paaren liegt.

Ein Projekt am Kamfers Dam in Südafrika liefert aber den Beweis, dass man Zwergflamingos zur Besiedelung neuer Brutgebiete veranlassen kann, wenn die Voraussetzungen stimmen. Nachdem man dort 2006 eine Brutinsel mit 1000 künstlichen Nisttürmen gebaut hatte, kamen im September 2007 etwa 20.000 Vögel und brachten in der nachfolgenden Brutsaison schätzungsweise 9000 Junge hervor. Seitdem steigen die Zahlen ständig, und die Kolonie liefert neue Erkenntnisse über die ökologischen Eigenschaften dieser bemerkenswerten Spezies.

OBEN UND GEGENÜBER Zwergflamingos bieten in ihren Revieren an den Seen im ostafrikanischen Rift-Tal ein dramatisches Schauspiel an Farben und Bewegungen. Sie fallen hier aber auch Räubern und Aasfressern wie dem Marabu zum Opfer.

OBEN In seinen Brutgebieten ist der Flussuferläufer ein lautstarker Bewohner von Wasserläufen.

Flussuferläufer

Actitis hypoleucos

GRÖSSE
Länge: 18–20 cm
Gewicht: 40–60 g
Flügelspannweite: 32–35 cm

AUSSEHEN
Kleiner Küstenvogel mit schmalem Schnabel, Beine gelblich grün, Kopf und Oberseite einfarbig braun, Unterseite weiß; ständiges Hüpfen und Schwanzwedeln bei der Nahrungssuche; fliegt mit gebogenen Flügeln dicht über dem Wasser.

LEBENSWEISE
Sucht auf Sicht kleine Insekten und wirbellose Wasserbewohner; Brutgebiete neben Binnengewässern, oft in hoch gelegenen Regionen; Winterquartier in verschiedensten Lebensräumen von Küsten bis zu Binnenseen und Feuchtgebieten; Weibchen legt 4 Eier in ein Nest auf dem Erdboden.

VERBREITUNG UND WANDERUNG
Brutgebiete in ganz Europa und Zentralasien, im Norden bis Lappland, im Osten bis Kamtschatka; Winterquartiere in Afrika, Süd- und Südostasien, dem östlichen Pazifikraum und Australien.

STELLUNG
Nicht gefährdet; Population weltweit nach Schätzungen 2,6–3,2 Millionen.

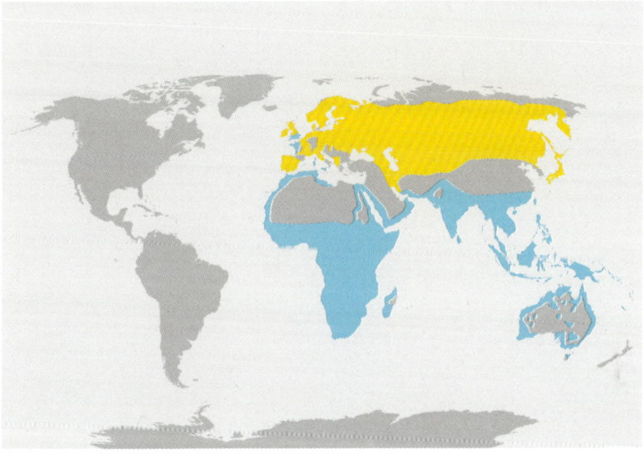

Ein heißer Januartag im westafrikanischen Senegal: Während die Flusspferde nahezu den ganzen Tag in einer schrumpfenden Lagune dösen, schießt ein kleiner Vogel auf ihren breiten Rücken hin und her und wackelt energisch mit dem Schwanz, wobei er ihnen die Insekten von der sonnenbeschienenen Haut pickt. Drei Monate später steht derselbe Vogel in Wales an einem schnell fließenden Gebirgsbach und sucht sein Futter mit ähnlicher Energie im Uferkies. Statt grunzender Flusspferde gibt es hier blökende Schafe, aber das eifrige, hohe *Pi-pi-pi* des Vogels klingt genau gleich.

Der Flussuferläufer ist einer der am weitesten verbreiteten Küstenvögel der Welt. Er brütet quer durch Eurasien von Portugal bis nach Kamtschatka. Mit seinem kontrastreichen Gefieder – oben braun, unten weiß –, seinem charakteristischen Ruf und dem Flug mit gebogenen Flügeln kommt er weiter im Landesinneren vor als die meisten anderen Watvögel. In Höhen bis zu 4000 m sucht er an Bächen, Flüssen und Seen nach kleinen Insekten, Würmern und Krebsen.

Die Brutsaison beginnt Ende März, wenn die Weibchen in ein Nest am Erdboden ein wenig entfernt vom Wasser ungefähr 4 Eier legen. Das Brüten – 21 Tage – teilen sich beide Eltern, bis die Jungen Ende Juli flügge sind. Dann fliegen zuerst die Weibchen, später die Männchen und schließlich im September die Jungvögel ab. Im Oktober sind sie in ihren Winterquartieren.

Außerhalb der Brutzeit kommt der Flussuferläufer in vielen Gebieten vor. Populationen aus Europa und Westasien überwintern in Afrika vom Westen bis zum Kap der Guten Hoffnung. Vögel aus Zentral- und Ostasien fliegen im Winter nach Indien, Südostasien oder Australien. Die Vögel wandern nachts, nehmen vielfach Routen über Land und sammeln sich manchmal mit mehr als 100 Individuen zum Rasten. Außerhalb der Brutzeit tauchen sie am Wasser fast überall auf, von Felsküsten über schlammige Flussmündungen bis zu Stauseen. Jungvögel bleiben das erste Jahr im Winterquartier und kehren im zweiten zur Paarung zurück.

Die meisten Flussuferläufer aus Westeuropa überwintern in Westafrika. Im Jahr 2011 markierte man mehrere schottische Vögel mit Geolokatoren. Einer flog am 21. Juli ab, kam drei Tage später nach Marokko und erreichte am 29. Juli den Senegal. Mit ihren vor der Wanderung angelegten Fettreserven können die Vögel 2800 km fliegen. Der genannte Vogel unterbrach seine Reise auf dem Hin- und Rückweg in Marokko.

Mit einer weltweiten Population von 2,6–3,2 Millionen ist der Flussuferläufer als „nicht gefährdet“ eingestuft.

04 SINGVÖGEL

Als „Singvögel" bezeichnet man umgangssprachlich die Vögel aus der Ordnung der Sperlingsvögel (Passeriformes). Zu ihr gehören weltweit mehr als die Hälfte aller Vogelarten, darunter so vertraute Familien wie Rotkehlchen, Drosseln, Finken, Zaunkönige und Schwalben. Die meisten von ihnen sind klein. Viele sind berühmt für ihren Gesang, der durch eine besondere Anpassung des Stimmapparats ermöglicht wird. Ihre Lieder sind zum Sinnbild des Vogelzuges geworden: Sie bringen Leben in die Landschaft, wenn die Vögel im Frühjahr eintreffen und ihre Brutreviere besetzen.

Die Wanderungen der Singvögel sind durch ihre Ernährung bedingt. Auf der Nordhalbkugel ziehen die meisten insektenfressenden Arten über lange Strecken. Wenn im Winter ihre Nahrung knapp wird, wandern sie nach Süden, sehr oft in die Tropen. Manche legen dabei trotz ihrer bescheidenen Größe gewaltige Entfernungen zurück. Der Fitis wiegt nur 12 g, wandert aber zwischen Ostafrika und Sibirien jeweils 12.900 km hin und zurück. Der ähnlich große amerikanische Streifenwaldsänger wandert zwischen Zentralkanada und Brasilien, wobei er in einem 80-stündigen Nonstopflug über den Atlantik von Neuengland bis in die Karibik 2400 km zurücklegt.

Um den extremen Energiebedarf solcher Wanderungen zu decken, fressen die meisten Singvögel vor der Abreise viel. Manche verdoppeln nahezu ihr Körpergewicht, und die zusätzlichen Fettreserven lassen sie ihr Ziel möglichst schnell erreichen. Meist fliegen sie nachts, wenn die Luft kühler und stabiler ist und weniger natürliche Feinde unterwegs sind. In der Regel reisen sie mit großen Abständen und treffen nur an den Rastplätzen zusammen. Manche Insektenfresser, darunter die Schwalben, ziehen tagsüber und können unterwegs fressen. Ihre Reise verläuft meist langsamer.

Singvögel ziehen nur selten in gerader Linie. Viele Arten umgehen Gebirge oder überqueren Meere. Manche Populationen teilen sich auf: Grauschnäpper aus Nord- und Mitteleuropa ziehen teilweise westlich und teilweise östlich der Alpen, und jenseits des Mittelmeers enden die Routen an verschiedenen Stellen in Afrika. Einige Arten haben ihr Verbreitungsgebiet erweitert, aber einen ererbten Zugweg beibehalten, der heute unlogisch erscheint: Kanadische Steinschmätzer ziehen über den Atlantik und dann von Europa nach Ostafrika, statt sich anderen amerikanischen Arten auf der viel kürzeren Reise über Mittelamerika anzuschließen.

Vögel, die nicht nur Insekten fressen, haben noch andere Möglichkeiten. Amerikanische Wanderdrosseln stellen ihre Ernährung im Winter auf Beeren um und können in ihren Brutgebieten bleiben, während andere – meist Populationen, die weiter nördlich unter schwierigeren Bedingungen leben – nach Süden an ihren sesshaften Vettern vorüberfliegen. Die Wandergewohnheiten solcher Teilzieher ändern sich von Jahr zu Jahr je nach den Wetterbedingungen. Manche Samenfresser wie Finken und Ammern unternehmen kürzere Wanderungen. Schneeammern brüten weiter nördlich als alle anderen Sperlingsvögel und ziehen im Winter aus der Arktis zu Küsten und Steppen. Dort tauschen sie das schwarz-weiße Sommergefieder gegen ein braun-schwarz-weißes Muster, mit dem sie im neuen Gelände besser getarnt sind.

Einige Singvogelarten folgen ihren schwankenden Nahrungsquellen. Der Fichtenkreuzschnabel ernährt sich fast ausschließlich von Fichtensamen. Um diese Nahrungsquelle zu nutzen, wandern die Vögel zu beliebigen Jahreszeiten, und manchmal bleiben sie zum Brüten in der neuen Umgebung. Solche unberechenbaren Massenwanderungen oder Irruptionen sind auch für manche Zugvögel in tropischen Trockenzonen typisch. Der afrikanische Blutschnabelweber bildet Schwärme aus Millionen Individuen, die immer dahin wandern, wo der Niederschlag die Grassamen sprießen lässt. Manchmal fressen sie Getreidefelder leer wie ein Heuschreckenschwarm.

Wandernde Singvögel haben in unserer Kultur einen besonderen Platz. Die Rauchschwalbe gilt in Europa als Vorbote des Sommers, und der auffällige Gesang der Nachtigall wurde zur Inspiration für Dichter von Shakespeare bis Heine. Heute sind solche Vögel mehrfachen Bedrohungen ausgesetzt – von der Jagd bis zum Lebensraumverlust –, sodass die Population vieler Arten zurückgegangen ist. In einigen Fällen gibt es Hilfe: Amerikanische Purpurschwalben sind heute fast völlig auf künstliche Nistkästen angewiesen. Vielfach muss der Schutz sich aber auf die Landschaften beziehen: Nur wenn die Zugwege bewahrt oder wiederhergestellt werden, haben die Vögel eine Zukunft.

GEGENÜBER Ein Piperwaldsänger ist gerade aus seinem mittelamerikanischen Winterquartier eingetroffen und schmettert am Cape May in New Jersey seinen Reviergesang.

Purpurschwalbe

Progne subis

GRÖSSE
Länge: 19–20 cm
Gewicht: 45–60 g
Flügelspannweite: 39–41 cm

AUSSEHEN
Klein (für eine Schwalbe allerdings groß), leicht gegabelter Schwanz; Männchen im Prachtkleid schwarz mit blauem Schimmer; Männchen im Ruhekleid und Weibchen mit brauner Ober- und heller Unterseite; Jungvögel wie die Weibchen, Unterseite gefleckt.

LEBENSWEISE
Lebensraum: offene Landschaften; Ernährung: im Flug gefangene Insekten; brütet in natürlichen Höhlen, heute meist in Nistkästen im Umfeld menschlicher Siedlungen; Weibchen legt 3–6 Eier in ein Nest aus Lehm und Gras.

VERBREITUNG UND WANDERUNG
Brutgebiete in Nordamerika, nördlich bis Zentralkanada, vorwiegend östlich der Rocky Mountains. Wanderung über die Karibik in südliche Winterquartiere in Brasilien.

STELLUNG
Nicht gefährdet; Population schätzungsweise 7 Millionen, im 20. Jahrhundert abnehmend; heute im Osten auf künstliche Nistkästen angewiesen.

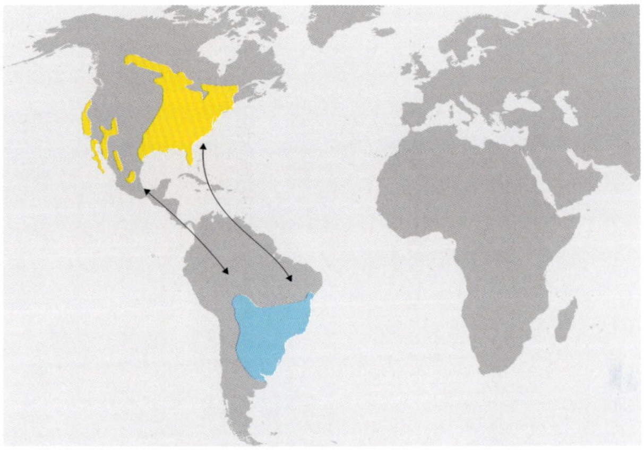

Kaum ein Vogel ist so stark auf Menschen angewiesen wie die Purpurschwalbe. Quer durch Nordamerika brüten diese stämmigen Mitglieder der Schwalbenfamilie in künstlichen Nistkästen. Häufig sind es ganze Nist-Apartmenthäuser, die auf Dächern oder im Vorgarten auf Pfählen errichtet werden. Solche Nistkästen sind in den östlichen und mittleren Vereinigten Staaten und Kanada in den letzten Jahren zu den einzigen Brutplätzen der Spezies geworden. Die natürlichen Löcher und Höhlen, auf die sie früher angewiesen waren, wurden von Hausspatzen und Staren besetzt, invasiven Arten aus Europa.

Nistkästen für Purpurschwalben sind keine moderne Erfindung. Die Cherokee und andere amerikanische Ureinwohner bauten ähnliche Vogelhäuser bereits vor Jahrhunderten aus ausgehöhlten Kürbissen, möglicherweise sogar schon bevor die ersten Europäer eintrafen. Solchen traditionellen Gesellschaften boten die Vögel nicht nur ein fröhliches Zwitschern rund um ihre Häuser, sondern mit ihrem aggressiven Verhalten hielten sie auch Falken fern, die ansonsten ein Auge auf die Hühner geworfen hätten.

Ein paar tausend Kilometer weiter südlich haben die Menschen eine ganz andere Einstellung zu den Purpurschwalben. Auch in ihren brasilianischen Winterquartieren werden die Vögel von menschlichen Bauwerken und Wohnungen angelockt – sogar von Kraftwerken mitten im Amazonasgebiet. Dort sitzen sie in Straßen und öffentlichen Parks in so großer Zahl auf Dächern und Elektroleitungen, dass ihre Exkremente und Federn mancherorts zu einer Gesundheitsgefahr geworden sind. Auch an einigen Stellen in Nordamerika sammeln sich die Vögel vor der Wanderung in großer Zahl, doch nutzen sie diese Plätze nur 1–2 Wochen. In Südamerika bleiben die Vögel dagegen monatelang an den Sammelstellen und sind für manche örtlichen Behörden ein Anlass zur Besorgnis.

Die Purpurschwalbe gehört zu den größeren Vertretern der Schwalbenfamilie (Hirundinidae), die an ihrem vorwiegend dunklen Gefieder – bei Männchen im Prachtgewand schwarz mit blauem Schimmer – und dem leicht gegabelten Schwanz zu erkennen sind. Weibchen und Männchen im Ruhegewand sind braun mit heller Unterseite, Jungvögel sind unten gefleckt. Wie alle Schwalben fressen sie im Flug gefangene Insekten, die sie meist in größerer Höhe suchen als andere Schwalbenarten. Mücken fressen sie entgegen den Behauptungen von Nistkasten-Verkäufern in der Regel nicht, sondern zielen auf größere Arten wie Libellen, Motten, Käfer und große Fliegen ab, die oft auch über dem Wasser gejagt werden. Außerdem gehören Feuerameisen zu ihrer Beute. Die Purpurschwalbe trägt somit zur Bekämpfung dieser häufig sehr zerstörerischen, invasiven Schädlinge bei.

GEGENÜBER Wie andere Mitglieder der Schwalbenfamilie fängt auch die Purpurschwalbe ihre Nahrung während der Wanderung im Flug.

LINKS Im Osten Nordamerikas ist die Purpurschwalbe im Hinblick auf ihren Fortpflanzungserfolg wie hier am Cape May in New Jersey vollständig auf künstliche Nisthilfen angewiesen.

Ihr Brutgebiet reicht im östlichen und zentralen Nordamerika vom Norden Mexikos bis nach Südkanada. Eigenständige Populationen leben im Westen der USA. Man unterscheidet vier Unterarten, am zahlreichsten ist die östliche Form *P. s. subis*. Die ersten Vögel kehren frühzeitig aus dem Süden zurück und erreichen die Brutkolonien in Texas und Florida ab Ende Januar, die letzten kommen im Mai in den Norden der USA und nach Kanada. Zuerst treffen die Männchen ein, besetzen die Reviere und erkunden Nistplätze, dann wählen die Weibchen ihren Partner. In den östlichen Populationen konkurrieren sie dabei mit anderen Mitgliedern einer Kolonie um die besten Kammern in dem künstlichen Nistblock. In den westlichen Populationen nisten die Paare einzeln und nutzen auch natürliche Stellen, beispielsweise Löcher in Saguaro-Kakteen oder von Spechten geschaffene Baumhöhlen.

In dem Nistkasten baut das Paar gemeinsam eine dreischichtige Struktur: Die untere Schicht besteht vorwiegend aus Lehm und Zweigen, darüber kommen kleinere Zweige und Gräser, schließlich folgt eine mit Blättern ausgepolsterte Vertiefung. Das Weibchen legt 3–6 Eier und brütet 15–18 Tage. Beide Eltern füttern die Jungvögel, die 26–31 Tage nach dem Schlüpfen flügge werden. Nach der Brutzeit sammeln sich Purpurschwalben in großen Schwärmen auf Brücken oder Stromleitungen, wobei sie sich oft mit anderen Arten vermischen. Sie rasten und fressen gemeinsam als Vorbereitung für die Reise nach Süden. Der Massenabflug findet zwischen Juli und Oktober statt, die Schwärme sind manchmal so groß, dass man sie auf dem Radar erkennt.

Die Wanderung der Purpurschwalben wird schon seit vielen Jahren erforscht. Das älteste dokumentierte Individuum war mindestens 13 Jahre und neun Monate alt: Es wurde 1933 in Illinois markiert und 1947 wiedergefunden. Die Zugwege kannte man aber bis vor kurzer Zeit kaum. Erst 2007 verfolgte die Purple Martin Conservation Association Vögel mit Geolokatoren vom Winterquartier bei São Paulo in Brasilien zum Sitz der Gesellschaft in Erie, Pennsylvania. Dabei zeigte sich, dass es für die rund 8000 km lange Reise zwei Hauptzugwege gab: Manche Vögel flogen über Kolumbien und Mittelamerika nach Norden, überquerten von Yucatán aus den Golf von Mexiko und stießen zwischen dem Westen Floridas und dem Osten von Texas auf Land. Andere nahmen eine östliche Route über Venezuela und die karibischen Inseln bis nach Kuba und von dort in den Osten Floridas. Im Frühjahr verlief die Wanderung deutlich schneller als im Herbst.

In anderen Studien verfolgte man Vögel der westlichen Unterart über Land nach Mexiko. Wie alle Zugvögel können auch diese gelegentlich – meist aufgrund schlechter Wetterbedingungen – vom Kurs abkommen. Im Jahr 2004 wurden Purpurschwalben sowohl auf den Azoren als auch auf der schottischen Insel Lewis gesichtet.

Die Purpurschwalbe wird von der IUCN als „nicht gefährdet" eingestuft. Im 20. Jahrhundert brachen aber einige Populationen zusammen, weil die Vögel mit den aggressiveren Staren und Hausspatzen um Nistplätze konkurrieren mussten.

LINKS Kaum ein anderer Zugvogel wird in amerikanischen Haushalten so freundlich willkommen geheißen wie die Purpurschwalbe.

Rotflügelstärling

Agelaius phoeniceus

GRÖSSE
Länge: Männchen 22–24 cm, Weibchen 17–18 cm
Gewicht: Männchen durchschnittlich 64 g, Weibchen durchschnittlich 41,5 g
Flügelspannweite: 30,5–40,5 cm

AUSSEHEN
Kurzer Schnabel; Männchen im Prachtkleid einfarbig schwarz, rote Schultern mit gelben Streifen; Männchen im Ruhekleid, Weibchen und Jungtiere braun gestreift.

LEBENSWEISE
Lebensräume: Wiesen, Prärien und Feuchtgebiete; Ernährung: vorwiegend Samen und Insekten, die am Boden gesammelt werden; Brutgebiete zwischen Schilf und anderer Vegetation in Wassernähe; polygyn: Ein Männchen kann mehr als zehn Weibchen begatten, von denen jedes 2–3-mal pro Saison jeweils 3–4 Eier legt.

VERBREITUNG UND WANDERUNG
Brutgebiete: Nord- und Mittelamerika von Alaska und Kanada bis ins nördliche Costa Rica; Teilzieher: Nördliche Populationen wandern in den Süden der USA und nach Nordmexiko, wo sie in großen Schwärmen auf Ackerflächen und Marschen überwintern.

STELLUNG
Nicht gefährdet; Population in Spitzenjahren bis zu 250 Millionen.

Während der Paarungssaison fordert das Männchen des Rotflügelstärlings unsere Aufmerksamkeit: Mit seinem eleganten tiefschwarzen Gefieder und den leuchtend rot-gelben Schulterpolstern lässt es sein krächzendes, aus drei Tönen bestehendes Lied in ganz Nordamerika erklingen. Nach der Brutzeit jedoch wandelt sich der Vogel völlig. Die Individuen gehen in riesigen Schwärmen auf, die den Himmel schwarz färben, wenn sie über den Feldern und Prärien des Mittleren Westens zu ihren Rastplätzen fliegen. Zusammen mit anderen Samenfressern wie den Braunkopf-Kuhstärlingen bilden manchmal Millionen Vögel einen Schwarm.

Der Rotflügelstärling ist vermutlich die zahlenmäßig stärkste Vogelart der USA. Seine Population umfasst in Spitzenjahren geschätzte 250 Millionen Tiere. Die Brutgebiete reichen von Kanada und dem südlichen Alaska bis nach Florida, Mexiko und dem nördlichen Mittelamerika mit Honduras und dem Norden Costa Ricas. Sogar auf den Bahamas und den Florida Keys kommt er vor.

Die Spezies ist ein Teilzieher. Im Süden sind die Populationen sesshaft und bleiben das ganze Jahr über in ihren Brutgebieten oder in deren Nähe. Die nördlichen Populationen hingegen ziehen nach dem Brüten in die südlichen USA und nach Nordmexiko. In ihren Winterquartieren und auf dem Rückweg bilden sie einige der größten Vogelansammlungen überhaupt. Die riesigen Schwärme stoßen auf Felder herab und ernähren sich vom Getreide. Bauern gaben ihnen lange Zeit die Schuld an der Schädigung ihrer Nutzpflanzen – was zur Folge hatte, dass Zehn- oder sogar Hunderttausende von Vögeln durch legale sowie auch illegale Bekämpfungsmaßnahmen ausgerottet wurden.

Der Rotflügelstärling gehört zu den Icteridae, einer amerikanischen Familie von Singvögeln, die auch Kuhstärlinge, Beos und Neuweltpirole umfasst. Mit der europäischen Amsel (*Turdus merula*) ist er nicht verwandt, aber wie diese zeigt die Spezies einen Geschlechtsdimorphismus: Das Prachtgewand des größeren Männchens steht in deutlichem Gegensatz zum unauffällig gestreiften Braun des kleineren Weibchens.

Der vielseitige Vogel bewohnt Wiesen, Prärien sowie Süß- und Salzwassermarschen. Mit seinem kurzen, spitzen Schnabel pickt er verschiedene Samen, Unkräuter und – insbesondere während der Paarungssaison – Insekten sowie andere kleine Tiere auf. Außerhalb der Brutsaison bildet er Schwärme auf Ackerland und Weiden, wo er zusammen mit anderen Samenfressern nach übrig gebliebenen Getreidekörnern sucht.

GEGENÜBER Der männliche Rotflügelstärling prunkt bei der Balz mit auffälligen Farben.

Im Brutgebiet bilden die Rotflügelstärlinge lockere Kolonien zwischen Binsen, Sauergras oder Rohrkolben. Die Männchen markieren ihr Revier mit einem auffälligen Balzverhalten, wobei sie von einem erhöhten Sitzplatz immer wieder singen und ihre Schulterfärbung sehen lassen. Die Spezies ist polygyn: Ein Männchen verteidigt manchmal mehr als zehn Weibchen. Das Nest ist ein geflochtener Korb; es wird mit Lehm ausgepolstert und an Pflanzen befestigt, die meist über dem Wasser hängen. Das Weibchen baut das Nest innerhalb von 3–6 Tagen und legt in jeder Saison 3–4 Gelege mit jeweils 4–6 Eiern ab. Es brütet 11–12 Tage auf dem Gelege, und nach weiteren 11–14 Tagen sind die Jungen flügge.

Wegen ihrer großen Fruchtbarkeit steht die Spezies auf dem Speisezettel zahlreicher Raubtiere: Waschbären, Nattern, Reiher und sogar Sumpfzaunkönige haben es auf Eier und Junge abgesehen, und die ausgewachsenen Vögel fallen Räubern wie dem Kurzschwanzbussard zum Opfer. Aber Rotflügelstärlinge sind sehr mutig: Eltern verteidigen ihr Nest energisch und vertreiben Räuber wie Krähen und Bussarde, ja sogar Menschen. In freier Wildbahn wurde eine Lebensdauer bis zu 15,8 Jahren dokumentiert.

Die Wanderungen des Rotflügelstärlings werden seit Langem erforscht. Vor allem möchte man wissen, welche Auswirkungen die Spezies auf den Getreideanbau hat. Zwischen 1924 und 1974 wurden insgesamt 700.000 Vögel markiert, und 11.000 davon wurden wiedergefunden. Die Vögel wandern tagsüber im Schwarm, wobei die Weibchen meist weiter fliegen als die Männchen. Diese treffen früher im Brutgebiet ein, fliegen im Herbst aber auch später ab. Der Zug nach Süden erreicht seinen Höhepunkt im Oktober und Anfang November, wenn die großen Schwärme sich entlang der wichtigen Zugwege im Bereich der Großen Ebenen des Mittleren Westens sammeln. Manche Populationen legen beträchtliche Entfernungen zurück: Vögel von den Großen Seen wandern fast 1200 km weit.

Aufgrund des hohen Bestands wird der Rotflügelstärling von der IUCN als „nicht gefährdet" eingestuft. Aber immer noch gibt es Konflikte mit Menschen. Das US-Landwirtschaftsministerium ließ 2009 in den Bundesstaaten Texas und Louisiana 950.000 Rotflügelstärlinge vergiften. Ihre Zahl bleibt zwar hoch, aber solche Bekämpfungsmaßnahmen haben auch andere ökologische Folgen. Sie könnten für den Schwund des eng verwandten Rotstärlings (*Euphagus carolinus*) verantwortlich sein, dessen Bestand seit den 1960er-Jahren um schätzungsweise 90% zurückgegangen ist, weshalb die IUCN ihn als „gefährdet" bezeichnet.

OBEN Rotflügelstärlinge bilden unter allen nordamerikanischen Vögeln mit die größten Schwärme. Sie können beträchtliche Auswirkungen auf die Landwirtschaft haben.

GEGENÜBER Während der Paarungssaison findet man Rotflügelstärlinge im Allgemeinen nicht weit vom Wasser.

Rotkehl-Hüttensänger

Sialia sialis

GRÖSSE
Länge: 16–21 cm
Gewicht: 27–34 g
Flügelspannweite: 25–32 cm

AUSSEHEN
Schmaler Schnabel; Männchen im Prachtkleid mit blauer Oberseite, Kehle und Brust orange; Weibchen unauffälliger; Jungtiere: Unterseite gefleckt, Blaufärbung verstärkt sich mit dem Alter.

LEBENSWEISE
Lebensräume: Waldränder und offenes Gelände mit vereinzelten Bäumen, auch Parklandschaften und Wohngebiete; Ernährung: vorwiegend Insekten, gefangen am Boden vom Sitzplatz aus; zusätzlich auch Beeren; kleines becherförmiges Nest in einem Baumloch; Weibchen legt zweimal im Jahr jeweils 3–7 Eier.

VERBREITUNG UND WANDERUNG
Brutgebiete in Nordamerika östlich der Rocky Mountains, im Norden bis Kanada, im Süden bis Florida, Mexiko und Nicaragua; nördliche Populationen wandern im Winter nach Süden; südliche Populationen bleiben im Brutgebiet.

STELLUNG
Nicht gefährdet; Population nach Schätzungen 22 Millionen, derzeit steigend nach einem Rückgang in der ersten Hälfte des 20. Jahrhunderts.

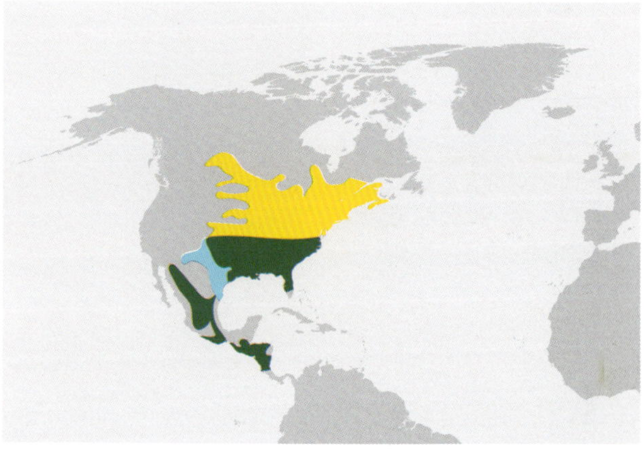

Im Gegensatz zu den anregenden Worten von Vera Lynn in dem beliebten Song aus dem Zweiten Weltkrieg wird es wahrscheinlich nie „blaue Vögel über den weißen Klippen von Dover" geben. Soweit man weiß, haben diese nordamerikanischen Vögel zu keiner Zeit den Weg über den Atlantik gefunden. Auf ihrem eigenen Kontinent legen sie aber zweifellos beträchtliche Entfernungen zurück.

Zur Gattung der Hüttensänger (*Sialia*) gehören drei Arten, die an ihrer leuchtend blauen Färbung zu erkennen sind. Lediglich der Rotkehl-Hüttensänger kommt in Nordamerika vor. Seine Brutgebiete reichen von Ost- und Zentralkanada bis nach Mexiko und Nicaragua. Das Männchen zeigt im Prachtkleid eine blaue Oberseite, Brust und Kehle sind leuchtend orange. Das Weibchen sieht ähnlich, aber unauffälliger aus.

Rotkehl-Hüttensänger bewohnen Waldlichtungen und offenes Gelände mit Bäumen; häufig siedeln sie sich in Parks und Wohngebieten an. Ein Paar baut in einem Hohlraum – beispielsweise einer verlassenen Spechthöhle – ein becherförmiges Nest, und das Weibchen legt zweimal im Jahr jeweils 3–7 Eier. Gebrütet wird 13–16 Tage, nach weiteren 15–20 Tagen sind die Jungen flügge. Jungvögel haben eine gefleckte Unterseite, die Blaufärbung verstärkt sich mit zunehmendem Alter.

Hüttensänger ernähren sich vorwiegend von Insekten, sie fangen die Beute am Boden. Im Winter nehmen sie auch Beeren und Früchte von Weißdorn, Wildem Wein, Sumach und Sumpfkirsche. Sie sind Teilzieher: Wegen ihrer Abhängigkeit von Insekten müssen die nördlichen Populationen im Winter wandern. Vögel aus Kanada und den nördlichen USA ziehen im Herbst in den Südosten der USA und nach Mexiko. Dabei überfliegen sie die sesshaften südlichen Populationen, die während des ganzen Winters in ihren Brutgebieten bleiben.

Rotkehl-Hüttensänger wandern manchmal zu Hunderten im Schwarm, meist bilden sie aber kleinere Gruppen. Jungvögel wandern unabhängig von den Erwachsenen, bleiben im Winterquartier in Kontakt und kehren im nächsten Jahr gemeinsam zurück. Im Frühjahr erreichen die Männchen das Brutgebiet früher als die Weibchen. Aus Markierungsstudien weiß man, dass Individuen aus der kanadischen Provinz Manitoba 2100 km wandern und im südlichen Texas überwintern.

Der Rotkehl-Hüttensänger ist als „nicht gefährdet" eingestuft. Nach einem Rückgang im frühen 20. Jahrhundert hat die Spezies von der Aufforstung im Zentrum der USA profitiert. Von 1966 bis 2015 ist die Population in großen Teilen des Verbreitungsgebietes um durchschnittlich 1,5 % im Jahr gewachsen.

GEGENÜBER Rotkehl-Hüttensänger beziehen meist Sitzplätze mit guter Aussicht und suchen am Boden nach Beutetieren.

Wanderdrossel

Turdus migratorius

GRÖSSE
Länge: 23–28 cm
Gewicht: 59–94 g
Flügelspannweite: 31–41 cm

AUSSEHEN
Mittelgroßer Singvogel mit kräftigem Schnabel; Rücken braun, Kopf dunkelgrau, Kehle hell gestreift, Brust orangerot (beim Männchen heller).

LEBENSWEISE
Lebensraum: Waldlandschaften und offenes Gelände mit vereinzelten Bäumen, auch Parks und Gärten; Ernährung: Würmer und wirbellose Bodenbewohner, Beeren und Früchte; mit Lehm ausgekleidetes, becherförmiges Nest in niedriger Vegetation; Weibchen legt 2–3-mal im Jahr jeweils 3–5 Eier.

VERBREITUNG UND WANDERUNG
Brutgebiete in ganz Nordamerika, auch Alaska und kanadische Arktis; nördliche Populationen ziehen im Winter in den Süden der USA und nach Mexiko; südliche Populationen bleiben in ihren Brutgebieten.

STELLUNG
Nicht gefährdet; mit einer Population von rund 320 Millionen eine der zahlreichsten Vogelarten Nordamerikas.

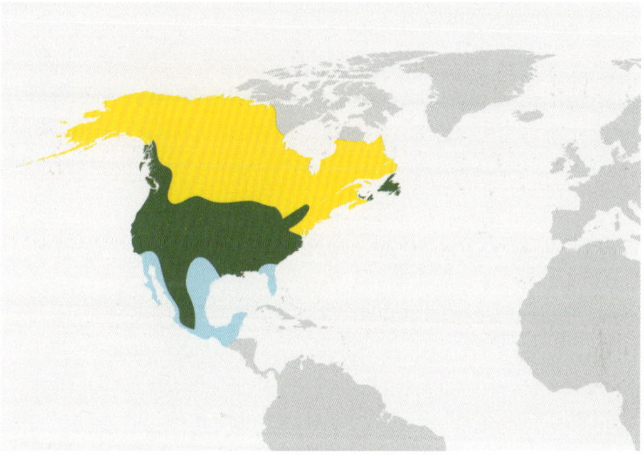

Die Wanderdrossel gehört zur Familie der Drosseln. Sie ähnelt dem Rotkehlchen, ist aber nicht mit ihm verwandt. Ihren deutschen Namen „Wanderdrossel" verdankt die Spezies ihren Wanderungen. Allerdings ist sie ein Teilzieher: Nicht alle Populationen fliegen im Winter nach Süden. Im Gegensatz zu manchen Behauptungen hängt es nicht von der Temperatur, sondern vom Nahrungsangebot ab, welche Populationen wandern und welche in ihren Brutgebieten bleiben. Die Nahrung besteht hauptsächlich aus wirbellosen Bodenbewohnern, aber wenn der Boden gefroren ist, wechselt der Vogel zu Beeren und sonstigen Früchten. Andere suchen weiter südlich nach wirbellosen Tieren. Häufig wechseln sie bei der Nahrungssuche die Strategie während der Saison und machen sich auf den Weg, wenn es keine Beeren mehr gibt.

Die Brutgebiete der Wanderdrossel erstrecken sich über große Teile Nordamerikas von Alaska und der kanadischen Arktis bis in die südlichen US-Bundesstaaten. Ihre Zahl ist im Süden allerdings geringer, und in großen Teilen Floridas sowie im Süden von Texas brütet sie nicht. Populationen aus Kanada und dem Norden der USA überwintern in Florida, anderen südlichen Bundesstaaten und Mexiko; dabei überfliegen sie viele sesshafte Populationen. Wanderdrosseln brüten in offenen oder bewaldeten Landschaften, häufig auch in Parks und Wohngebieten. Das Weibchen legt als einer der ersten Vögel in Nordamerika seine Eier. Es baut in einem Busch oder Baum ein mit Lehm ausgekleidetes, becherförmiges Nest und bringt jedes Jahr zwischen April und Juli zwei- oder dreimal ein Gelege hervor. Es brütet 14 Tage, nochmals zwei Wochen später sind die Jungen flügge. Die Jungvögel schließen sich großen Gemeinschaften an, die jeden Morgen ausschwärmen und Nahrung für den Winter suchen. Ende August machen sich viele nach Süden auf. Die Wanderung im Herbst ist eindrucksvoll: Am 1. Oktober 1988 wurden im Norden von Duluth in Minnesota 60.000 Wanderdrosseln beobachtet.

Studien zufolge ziehen die Wanderdrosseln in lockeren Schwärmen mit 48–58 km/h und legen täglich 160–320 km zurück. Manche ziehen über Tausende von Kilometern: Vögel, die man auf Vancouver Island beringt hatte, wurden in Guatemala wiedergefunden. Die Rückreise beginnt im März, dabei folgen die Vögel häufig den Warmfronten und treffen bei Regenwetter ein, was die Suche nach Würmern im aufgeweichten Boden erleichtert. Mit einer Population von 320 Millionen wird die Wanderdrossel von BirdLife International als „nicht gefährdet" eingestuft.

GEGENÜBER Trotz ihrer orangefarbenen Brust ist die Wanderdrossel nicht mit dem europäischen Rotkehlchen verwandt, sondern sie gehört zur Familie der Drosseln.

Streifenwaldsänger

Setophaga striata

GRÖSSE
Länge: 12,5–15 cm
Gewicht: 12–15 g
Flügelspannweite: 20–25 cm

AUSSEHEN
Klein, mit schmalem Schnabel; Prachtkleid: gestreifter dunkelbrauner Rücken, gestreifte weiße Unterseite, schwarze Kappe und „Schnauzbart"; Ruhekleid: grünlich gestreift; heller Doppelstreifen auf den Flügeln; Beine und Füße rosa-orange.

LEBENSWEISE
Lebensraum: Nadel- und Laubwälder in Gebirgen und nördlichen Regionen; Ernährung: Fliegen, Mücken, Spinnen und andere wirbellose Tiere aus den Baumkronen; kleines becherförmiges Nest auf niedrigen Ästen von Nadelbäumen; Weibchen legt in der Regel zweimal im Jahr jeweils 3–5 Eier.

VERBREITUNG UND WANDERUNG
Brutgebiete im gesamten nördlichen Nordamerika, vom Bundesstaat New York und Neuengland über Kanada bis Alaska; Wanderung entlang der Ostküste und über den Atlantik, Winterquartiere auf den Kleinen Antillen und im nördlichen Südamerika.

STELLUNG
Potenziell gefährdet; Population nach Schätzungen 59 Millionen, aber starker Rückgang seit 1970.

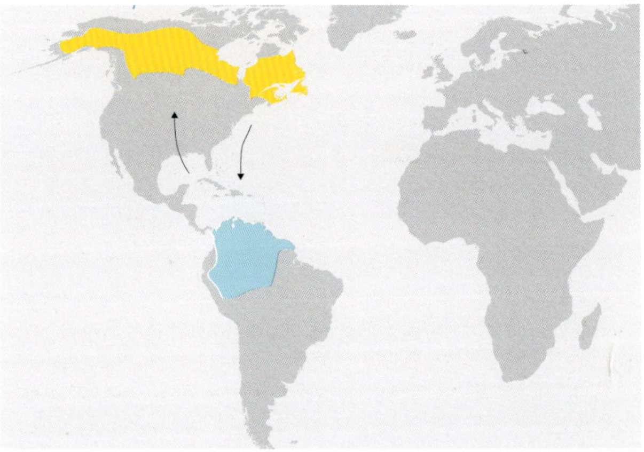

Dieser unauffällige Singvogel unternimmt eine gewaltige Wanderung. Im Sommer lebt er im Norden des amerikanischen Kontinents von Neuengland über Kanada bis nach Alaska. Dort brütet er im Gebirge und in Wäldern des Flachlandes. Im Herbst finden Insektenfresser hier keine Nahrung mehr, also macht sich die gesamte Population auf den bis zu 10.500 km weiten Weg ins nördliche Südamerika – unter allen Landvögeln ist dies eine der längsten Meeresüberquerungen.

Der Streifenwaldsänger ist innerhalb seiner Familie einer der unauffälligeren. Sein gestreiftes schwarz-weißes Gefieder ist kaum zu erkennen, wenn er durch die Baumkronen schießt und nach Blattläusen, Spinnen und anderen wirbellosen Kleintieren sucht. Er nistet vorwiegend auf Fichten und anderen Nadelbäumen. Das Weibchen legt 3–5 Eier und brütet zwölf Tage. Wenn die Jungen nach ungefähr zehn Tagen flügge sind, lässt die Mutter sie in der Obhut des Männchens und beginnt anderswo mit der Ablage eines zweiten Geleges.

In Experimenten mit Satellitentechnik und lichtempfindlichen Geolokatoren hat sich gezeigt, dass alle paarungsbereiten nordamerikanischen Streifenwaldsänger ab Mitte August an der Nordostküste zusammentreffen. Aus Alaska müssen sie demnach vor der Reise nach Süden den gesamten Kontinent überqueren. Ihr weiterer Weg führt über den Atlantik, und viele Vögel treffen erst an der Nordküste Südamerikas oder auf den Kleinen Antillen wieder auf Land. Demnach legen sie in 72–88 Stunden nonstop eine durchschnittliche Strecke von über 2500 km zurück.

Diese erstaunliche Leistung erreicht der Vogel, indem er vor dem Abflug viel frisst und sein Körpergewicht von 12 auf 20 g fast verdoppelt. Über dem Atlantik verbrennt er 0,08 g Fett pro Stunde. Er fliegt im Durchschnitt mit 43 km/h und verliert auf dem Weg ungefähr 4 g. Ohne ausreichenden Fettvorrat schaffen die Vögel den Weg nicht. Nur der Rubinkehlkolibri (siehe Seite 262ff.) legt pro Gramm noch mehr Kilometer zurück.

Vögel aus Brutgebieten bei Nome in Alaska brauchen 18 Tage für die 10.700 km bis zur südlichen US-Atlantikküste. Dort legen sie einen Monat lang an Gewicht zu, bevor sie in zweieinhalb Tagen die 3400 km an die Küste Kolumbiens, Venezuelas oder Nordbrasiliens weiterfliegen – eine jährliche Hin- und Rückreise von rund 20.000 km.

Es gibt schätzungsweise 59 Millionen geschlechtsreife Streifenwaldsänger, aber da der Bestand zwischen 1970 und 2014 um 92 % zurückgegangen ist, wird die Art von der IUCN als „potenziell gefährdet" eingestuft.

GEGENÜBER Der energische Paarungsgesang des männlichen Streifenwaldsängers folgt auf eine der eindrucksvollsten Wanderungen aller kleinen Sperlingsvögel.

Nachtigall

Luscinia megarhynchos

GRÖSSE
Länge: 15–16,5 cm
Gewicht: 17–24 g
Flügelspannweite: 23–26 cm

AUSSEHEN
Klein, Schnabel nach Art eines Rotkehlchens; Oberseite braun, Unterseite gelbbraun bis weiß, Schwanz rötlich braun.

LEBENSWEISE
Lebensraum: offener Laubwald, Hecken und Gebüsch bis zu 400 m über dem Meeresspiegel; Unterholz; Ernährung: Insekten (Ameisen, Käfer, Larven) im niedrigen Blattwerk oder auf dem Erdboden; Nestbau im Dickicht in niedriger Lage; Weibchen legt in der Regel einmal jährlich 4–5 Eier.

VERBREITUNG UND WANDERUNG
Brutgebiete in West- und Mitteleuropa und östlich bis nach Zentralasien, das heißt von Großbritannien bis Kasachstan; Winterquartier in einem breiten Streifen quer über Zentralafrika von Kenia bis zum Senegal.

STELLUNG
Nicht gefährdet; Population nach Schätzungen 3,2–7 Millionen Brutpaare; regional gefährdet, u.a. in Großbritannien.

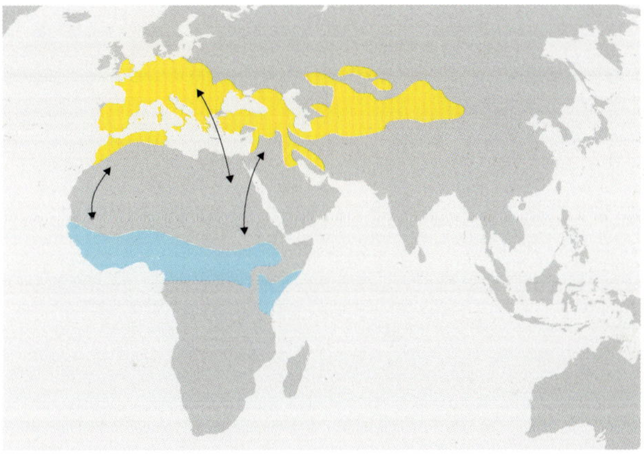

Der komplexe, melodische Gesang der Nachtigall inspirierte einige der größten Dichter und Schriftsteller Europas, von Homer und Vergil bis zu William Shakespeare und Heinrich Heine. Über den Vogel selbst weiß man allerdings erstaunlich wenig. Vielleicht noch weniger ist bekannt, dass die Nachtigall jedes Jahr in das warme Klima Afrikas zieht.

Zum Teil ist die Unkenntnis auf die zurückhaltende Lebensweise des Vogels zurückzuführen. Die Nachtigall versteckt sich in lockeren Wäldern im dichten Gebüsch und sucht am Boden nach wirbellosen Tieren. Sie ist eher unauffällig: mehr oder weniger klein und braun mit einem rötlichen Schwanz als einzigem charakteristischem Merkmal.

Nachtigallen brüten von Westeuropa bis nach West- und Zentralasien. Die Männchen treffen zuerst im Brutgebiet ein und beanspruchen mit ihrem sagenumwobenen Gesang – einer Mischung aus zahlreichen weichen und lebhaften Phrasen – ein Revier und eine Partnerin. Dass sie romantische Assoziationen wecken, liegt an ihrer Gewohnheit, auch nachts zu singen, wenn die meisten anderen Vögel schweigen – allerdings bedienen sich nur partnerlose Männchen dieser energieaufwendigen Strategie. Weibchen bauen im Dickicht ein Nest aus Gras und Zweigen. Das Gelege von 4–5 Eiern wird 13–14 Tage bebrütet, und nach 11–13 weiteren Tagen sind die Jungen flügge. Gefüttert und versorgt werden sie von beiden Eltern.

Nach der Brutzeit fliegen Nachtigallen aus dem gesamten Brutgebiet nach Süden und überwintern in einem Streifen aus tropischen Busch- und Savannenlandschaften in Zentralafrika vom Senegal bis zum Westen Kenias. Vögel aus den östlichen Brutgebieten wandern durch das Niltal. Aus weiter westlich gelegenen Gebieten ziehen sie über Westeuropa und am Westrand der Sahara nach Westafrika.

Die Wissenslücken konnte man mit Geolokatoren schließen. Eine 2009 vom British Trust for Ornithology markierte Nachtigall verließ England am 25. Juli. Ende Juli war sie in Nordfrankreich, von dort zog sie über Spanien und traf Ende August im Norden Marokkos ein. Nach einer Pause zur Nahrungsaufnahme flog sie im Oktober durch Westsahara und erreichte im November den Senegal. Den Dezember und Januar verbrachte sie in Guinea-Bissau. Im Februar machte sie sich auf den Rückweg und wurde im April nur 50 m von ihrem Ausgangspunkt wieder eingefangen.

Die Nachtigall ist in ihrem Hauptverbreitungsgebiet zahlreich: Mit schätzungsweise 3,2–7 Millionen Paaren wird sie als „nicht gefährdet" eingestuft.

GEGENÜBER Das Nachtigallenmännchen singt bei Tag und Nacht, bleibt dabei jedoch gut versteckt.

Fitis

Phylloscopus trochilus

GRÖSSE
Länge: 11–12,5 cm
Gewicht: 7–12 g
Flügelspannweite: 16–22 cm

AUSSEHEN
Sehr kleiner, schlanker Vogel mit schmalem Schnabel; Oberseite grünoliv, helle Augenbrauen; Unterseite blassgelb.

LEBENSWEISE
Lebensraum: Laub- und Mischwälder, insbesondere mit Birken, Weiden und Erlen; Ernährung: Insekten und ihre Larven in den Baumkronen; Nester tief im Unterholz; Weibchen legt 4–8 Eier.

VERBREITUNG UND WANDERUNG
Brutgebiete von Westeuropa und Skandinavien östlich bis nach Asien und ins östliche Sibirien; Winterquartiere im mittleren und südlichen Afrika vom Senegal über Kenia bis zum Kap der Guten Hoffnung.

STELLUNG
Nicht gefährdet; Population weltweit nach Schätzungen 414–647 Millionen geschlechtsreife Individuen.

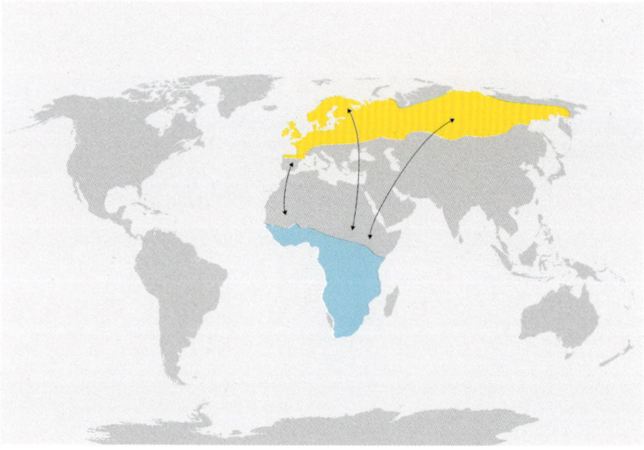

Jedes Frühjahr sind die beschwingten Melodien des Fitis in weiten Teilen Nordeuropas und Asiens das beherrschende Geräusch. Sie sind die ideale Ausdrucksform für einen so empfindlichen Vogel, der kaum mehr als ein Bleistift wiegt. Doch seine alljährlichen Wanderungen – manchmal jeweils 13.000 km hin und zurück – lassen auf eine gewaltige Ausdauer schließen.

Der Fitis ist die am weitesten verbreitete Spezies in der Gattung der Laubsänger (*Phylloscopus*). Der schlanke Vogel mit dem kurzen, schmalen Schnabel und dem olivgrün-gelben Gefieder verschmilzt mit den Baumkronen, in denen er vorwiegend kleine Insekten und ihre Larven sucht. Sein Gesang unterscheidet ihn in überlappenden Brutgebieten von anderen Laubsängern wie dem Zilpzalp (*Phylloscopus collybita*). Er hat auch etwas längere Flügel – eine Anpassung an seine weiten Zugwege.

Der Fitis brütet in Gebieten von Westeuropa und Skandinavien über Russland und Nordasien bis ins fernöstliche Sibirien. Überall bewohnt er Misch- und Laubwälder, insbesondere mit Birken, Erlen und Weiden. Er bevorzugt feuchte Lebensräume mit dichtem Unterholz aus niedrig wachsenden Pflanzen, zwischen denen er sein Nest baut.

Im Winter wandert die gesamte Population ins mittlere und südliche Afrika. Die einzelnen Gruppen nutzen dabei unterschiedliche Routen. Die westeuropäische Unterart *P. t. trochilus* umgeht die Sahara im Westen und überwintert in Westafrika. Die nordskandinavisch-russische Form *P. t. acredula* wählt eine östliche Route durch das Niltal nach Ost- und Südafrika.

Den längsten Weg legt die ostsibirische Unterart *P. t. yakutensis* zurück. Wie 2018 eine schwedische Studie mithilfe von Geolokatoren zeigen konnte, flogen die Vögel bei ihrer herbstlichen Wanderung zunächst nordwestlich über Sibirien, dann nach Südwesten zu Rastplätzen in Südwestasien, die sie zum Herbstbeginn erreichten, und schließlich 93–118 Tage nach dem Abflug zu Winterquartieren im Süden Tansanias und in Mosambik. Einige schlossen sich sogar noch weiter südlich, im Osten Südafrikas, der Unterart *acredula* an.

Der Fitis ist einer der ersten Zugvögel, der zum Brüten zurückkehrt. Die Weibchen legen tief im Unterholz 4–8 Eier in ein kuppelförmiges Nest. Die Jungen werden von beiden Eltern gefüttert und großgezogen.

In Europa brüten schätzungsweise 62–97 Millionen Paare, in Teilen Skandinaviens sind es 1000 Paare je Quadratkilometer. In Deutschland wird der Bestand auf 1,8 bis 2,4 Millionen Paare geschätzt. In manchen Regionen ist die Spezies aber durch den Verlust von Brutgebieten und Winterquartieren im Rückgang begriffen. In Großbritannien ist die Population seit 1970 um 44 % gesunken.

GEGENÜBER Der Fitis brütet so weit nördlich wie kaum ein anderer Sperlingsvogel in Eurasien und bewältigt eine der längsten Wanderungen.

Grauschnäpper

Muscicapa striata

GRÖSSE
Länge: 14,5 cm
Gewicht: 14–20 g
Flügelspannweite: 24 cm

AUSSEHEN
Kleiner Vogel mit dünnem, breitem Schnabel; Oberseite braun, Unterseite weiß mit feinen Streifen; Jungtiere mit gefleckter Oberseite.

LEBENSWEISE
Lebensraum: lockere Laubwälder, Parks und Gärten mit Lichtungen und Sitzplätzen, die sich für den Fang fliegender Insekten eignen; Nester versteckt an Wänden oder Baumstämmen; bis zu zwei Gelege im Jahr, das erste mit 4–6 Eiern.

VERBREITUNG UND WANDERUNG
Brutgebiete von Westeuropa und Skandinavien bis nach Zentral- und Südwestasien; Winterquartiere im mittleren und südlichen Afrika von Senegal und Kenia bis zum Kap der Guten Hoffnung.

STELLUNG
Nicht gefährdet; Population weltweit nach Schätzungen 54–83 Millionen geschlechtsreife Individuen.

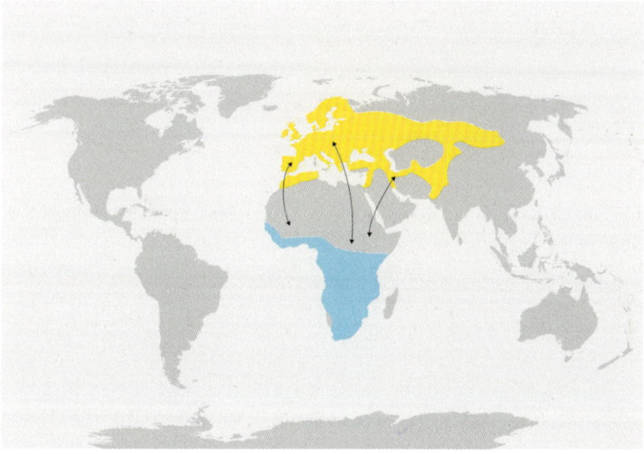

In Großbritannien ist diese recht kleine, unauffällige Spezies zum Sinnbild für den beunruhigenden Rückgang der Zugvogelpopulationen geworden. Wie viele insektenfressende Arten aus Nordeuropa wandert der Grauschnäpper nach dem Brüten zu den Winterquartieren südlich der Sahara. Die Bestände sind allerdings seit der zweiten Hälfte des 20. Jahrhunderts stark rückläufig: Die Zahl der Brutpaare ist in Großbritannien seit 1970 um 87 % gesunken.

Der Grauschnäpper ernährt sich vorwiegend von fliegenden Insekten. Er sieht unscheinbar aus: Die Oberseite ist braun, die Unterseite hell gestreift (bei Jungvögeln mit Flecken). Am einfachsten ist er am Verhalten zu erkennen: Mit kurzen Ausflügen von seinem Sitzplatz fängt er Schmetterlinge, Fliegen und andere Insekten in der Luft und kehrt dann mit der Beute an den gleichen Platz zurück. Als Anpassung an diese Wendigkeit und auch an Langstreckenflüge hat die Spezies längere Flügel als andere Sperlingsvögel ähnlicher Größe. Wenn bei schlechtem Wetter weniger Insekten in der Luft sind, sucht er seine Nahrung auch zwischen Blättern.

Die Grauschnäpper gehören in Europa zu den letzten Zugvögeln, die ihre Brutgebiete erreichen – dies geschieht Ende April und Anfang Mai. Sie leben in ganz Europa – von Lappland im Norden bis Marokko im Süden, und im Osten bis nach Südwest- und Zentralasien. Dabei bevorzugen sie offene Laubwälder, Parks und Gärten mit Lichtungen, in denen sie fliegenden Insekten nachstellen können. Das Paar baut sein becherförmiges Nest in einem abgeschirmten Hohlraum, meist in einer von Kletterpflanzen überwachsenen Maueröffnung. Das Weibchen legt zunächst 4–5 Eier, später im Sommer folgt noch ein zweites, kleineres Gelege. Zu den natürlichen Feinden für Eier und Jungvögel zählt der Eichelhäher (*Garrulus glandarius*).

Die Herbstwanderung beginnt Ende Juli. Mitte bis Ende August erreichen die Abflüge ihren Höhepunkt. Mehrere Unterarten verteilen sich von Osten nach Westen und wählen jeweils eigene Routen nach Süden. Die westlichste Population fliegt über die Iberische Halbinsel nach Nordafrika, überquert die Westsahara und bezieht ihr Winterquartier an der westafrikanischen Küste von Ghana bis zur Demokratischen Republik Kongo. Die östlichen Populationen wählen eine östliche Route und kommen bis nach Südafrika.

Mit einer Population von 54–83 Millionen Individuen gilt die Spezies derzeit als „nicht bedroht". In manchen Teilen Europas ist der Bestand allerdings stark zurückgegangen. Wichtigste Ursachen sind vermutlich der Verlust der Lebensräume in der Sahelzone (einem wichtigen Rastplatz auf dem Weg nach Westafrika) und die intensive Landwirtschaft, die den Insektenbestand stark dezimiert hat.

GEGENÜBER Da der Grauschnäpper auf Fluginsekten wie diese Wespe als Nahrung angewiesen ist, muss er außerhalb der Paarungssaison in tropische Klimazonen ziehen.

Rauchschwalbe

Hirundo rustica

GRÖSSE
Länge: 17–19 cm
Gewicht: 16–22 g
Flügelspannweite: 32–34,5 cm

AUSSEHEN
Klein und aerodynamisch; Körper stromlinienförmig, Kopf kurz, kurzer Schnabel und lange Flügel; Oberseite glänzend blau, Unterseite weißlich, Stirn rot; Kehle mit marineblauem Brustband; Schwanz mit langen Fortsätzen.

LEBENSWEISE
Ernährung: fliegende Insekten; becherförmiges Nest aus Lehm, oft an Bauernhäusern und Ställen; Weibchen legt 3–8 Eier, meist zwei Gelege im Jahr.

VERBREITUNG UND WANDERUNG
Brutgebiete auf der Nordhalbkugel: In Nordamerika von Kanada bis nach Nordmexiko, in Eurasien von Irland bis Japan. Winterquartiere auf der südlichen Hemisphäre: Neuweltvögel in Südamerika, Vögel aus der Alten Welt im mittleren und südlichen Afrika sowie in Indien.

STELLUNG
Nicht bedroht; weltweite Population nach Schätzungen 290–499 Millionen.

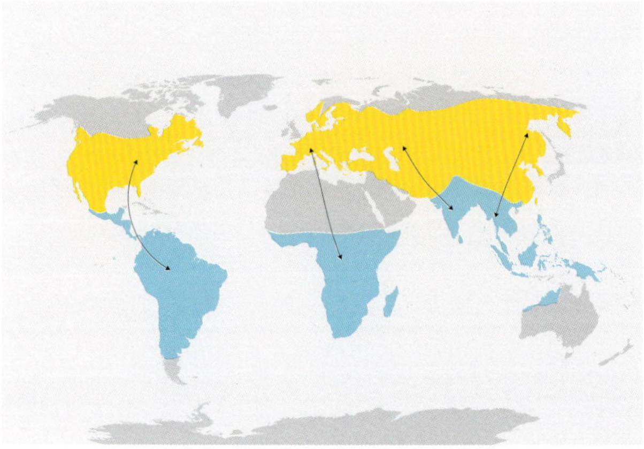

Die Rauchschwalbe ist unter den 83 Schwalbenarten der Welt am bekanntesten und am weitesten verbreitet. Vielfach gilt sie als Symbol für den Vogelzug – vielleicht weil die Menschen sie wegen ihres zutraulichen, auffälligen Lebens geschätzt und ihr Verschwinden beklagt haben: Wenn die Schwalben kommen, so scheint es, bringen sie den Sommer, und wenn sie abfliegen, nehmen sie ihn wieder mit. Der Vogel hat eine Vorliebe für Ställe und andere landwirtschaftliche Gebäude, und der wissenschaftliche Artname *rustica* weckt in vielen westlichen Kulturen ländliche Assoziationen.

Wie alle Schwalben ist sie aerodynamisch geformt: Der Körper ist stromlinienförmig, Kopf und Schnabel sind kurz, die Flügel lang – alles Anpassungen, um kleine Fluginsekten in der Luft fangen zu können. Mit den kurzen Beinen und Füßen kann sie auf Drähten und Zweigen sitzen, aber kaum auf dem Boden gehen: Wenn sie Lehm für ihr Nest sammelt, schlurft sie herum.

Rauchschwalben leben in allen offenen Landschaften, wo sie ausreichend Platz haben, um Insekten zu fangen. Sie meiden dicht bewaldete oder bebaute Gebiete und suchen Futter häufig am oder über dem Wasser. Besonders beliebt sind Rinderweiden, denn Kühe hinterlassen große Dunghaufen, die Insekten anlocken, und wühlen Erde für den Nestbau auf, ohne das Gras so kurz abzuweiden, dass wirbellose Tiere nicht mehr gedeihen können.

Rauchschwalben brüten auf der gesamten Nordhalbkugel und überwintern im Süden. Man kennt mehrere Unterarten: *H. r. rustica* lebt von Europa bis nach Zentralasien, die nordamerikanische Form ist *H. r. erythrogaster*. Beide haben unterschiedliche Winterquartiere. Die europäische Form überwintert vorwiegend im mittleren und südlichen Afrika, wo jedes Jahr 80–90 Millionen Vögel aus Europa eintreffen und sich über den Kontinent verteilen. Vögel aus Osteuropa und Asien überwintern weiter östlich bis hin zur südafrikanischen Provinz KwaZulu-Natal, solche aus Westeuropa bleiben in den westlichen Regionen um das Kap der Guten Hoffnung. Weiter östlich beheimatete Unterarten überwintern in Süd- und Südostasien von Indien über Indonesien bis nach Nordaustralien. Die nordamerikanische Form hat ihr Winterquartier in Südamerika bis in den Norden Argentiniens.

Für unsere heutigen Kenntnisse über den Vogelzug waren Studien an Rauchschwalben von entscheidender Bedeutung. Schlüssige Indizien fand man 1912, als eine Schwalbe, die man ein Jahr zuvor im englischen Staffordshire beringt hatte, im südafrikanischen KwaZulu-Natal auftauchte. Die meisten

OBEN Im Gegensatz zu vielen anderen Singvögeln wandern Rauchschwalben tagsüber. Da sie in der Luft sehr wendig sind, können sie Insekten im Flug fangen.

Eine Rauchschwalbe, kürzlich eingetroffen im Minsmere-Naturschutzgebiet an der englischen Ostküste.

H

europäischen Rauchschwalben ziehen im September nach Süden. Vorher sammeln sie sich in großer Zahl und häufig in Feuchtgebieten, wo es im Schilf ausreichend Nahrung und sichere Sitzplätze für sie gibt. Große Schwärme sieht man auch auf Hochspannungsleitungen.

Hier fressen sie eifrig und schaffen Fettreserven für die Wanderung. Bei günstigen Wetterbedingungen fliegen sie dann zunächst Richtung Frankreich und Spanien. Sie überqueren den Ärmelkanal und das Mittelmeer, bevor sie die Sahara umrunden. Unterwegs sammeln sie sich manchmal zu Hunderten oder Tausenden an traditionellen Rastplätzen. Ende Oktober haben die meisten von ihnen das Winterquartier erreicht und verteilen sich auf geeignete Lebensräume, wo sie sich bis zum Februar ernähren können. Dann ist es Zeit, zum Brüten wieder nach Norden zu ziehen.

Der Rückflug beginnt unter Umständen schon Ende Januar. Die Frühjahrswanderung verläuft schneller und direkter, denn die Vögel haben es eilig, in ihre Brutgebiete zu kommen. Ende Februar ist der größte Teil der Vögel unterwegs; die meisten erreichen im März die Mittelmeerküste und treffen Anfang April an ihrem Ziel ein. Männchen kommen in der Regel früher an als Weibchen, wobei die ältesten meist am schnellsten sind. Sie begeben sich sofort zu ihren Brutkolonien, wo sie sich auf die Partnerwerbung und die Paarung vorbereiten.

Rauchschwalben wandern meist in kleinen, lockeren Gruppen, können sich aber im Flug wie an den Rastplätzen auch zu größeren Schwärmen von Zehn- oder Hunderttausenden zusammenfinden. Im Gegensatz zu den meisten anderen kleinen Vögeln fliegen sie oft nur wenige Meter über dem Erdboden, um unterwegs Insekten zu jagen. Einzelne Vögel legen an einem Tag bis zu 400 km zurück. Dies zeigt sich an den Rekorden beringter Vögel: Einer flog in 27 Tagen von Paris nach Ghana und legte dabei täglich im Durchschnitt 188 km zurück; ein anderer brachte die 3000 km von Italien nach Niger in nur sieben Tagen hinter sich, eine beeindruckende Durchschnittsleistung von 433 km am Tag.

Schwalben sind monogam: Paare bleiben mehrere Jahre zusammen. Sobald ein Paar seine Bindung erneuert hat, kümmert es sich um den Nestbau: Es repariert das Nest aus dem letzten Jahr oder baut ein neues, wobei Gras mit Lehm angeklebt wird. Die besten Nistplätze finden sich meist in oder an menschlichen Behausungen: Rauchschwalben nutzen Gebäude spätestens seit der ägyptischen Antike, und mithilfe von Bauwerken konnten sie Regionen besiedeln, die ihnen ansonsten verschlossen geblieben wären – unter anderem nisten sie in Holzhütten der nördlichen Tundra. Das Weibchen legt ein erstes Gelege mit 5–6 Eiern, später im Sommer folgt ein zweites, kleineres. Gebrütet wird meist 13–15 Tage. Die Jungvögel verlassen nach 18–23 Tagen das Nest und bleiben weitere 5–7 Tage in der Obhut der Eltern, bevor sie sich mit anderen Jungvögeln zusammentun. Die nächste Herausforderung – den Zug nach Afrika – müssen sie allein bewältigen. Einfach ist das nicht: Zwar überleben 70–90 % der jungen Schwalben die Zeit bis zum Flüggewerden, aber nur 20–30 % sind nach dem ersten Jahr noch am Leben.

Trotz solcher Schwierigkeiten ist die Rauchschwalbe weltweit einer der am weitesten verbreiteten und zahlreichsten Vögel. Die Population dürfte bei einer halben Milliarde Individuen liegen, und die IUCN stuft sie als „nicht gefährdet" ein. In den letzten Jahren hat sie ihr Brutgebiet besonders in Nordamerika erweitert, aber der Klimawandel und die wechselnden landwirtschaftlichen Praktiken bleiben potenzielle Gefahren.

LINKS Ausgewachsene Rauchschwalben füttern ihre Jungen auch dann noch, wenn diese das Nest verlassen haben. Hier warten die Jungvögel auf ihre erste Reise nach Süden.

Steinschmätzer

Oenanthe oenanthe

GRÖSSE
Länge: 14,5–16 cm
Gewicht: 17–30 g
Flügelspannweite: 26–32 cm

AUSSEHEN
Klein, aufrecht stehend, kurzer Schwanz, dünner Schnabel; Männchen im Prachtkleid mit blassgrauer Oberseite, ockergelber Brust, schwarzen Flügeln und schwarzer Gesichtsmaske; Weibchen und Männchen im Ruhekleid insgesamt rosabraun; stets weißes Hinterende und weißer Schwanz mit schwarzem, T-förmigem Balken an der Spitze.

LEBENSWEISE
Ernährung: Insekten, gesammelt in offenem und felsigem Gelände; Paare nisten in Fels- oder Mauerlücken; Weibchen legt 3–7 Eier.

VERBREITUNG UND WANDERUNG
Brutgebiete auf der Nordhalbkugel in Europa und Nordasien bis ins fernöstliche Russland; in Nordamerika einerseits Alaska und Westkanada, andererseits Grönland und Ostkanada; Winterquartiere in Afrika in einem breiten Streifen unmittelbar südlich der Sahara.

STELLUNG
Nicht gefährdet; Population weltweit nach Schätzungen 2,7 Millionen.

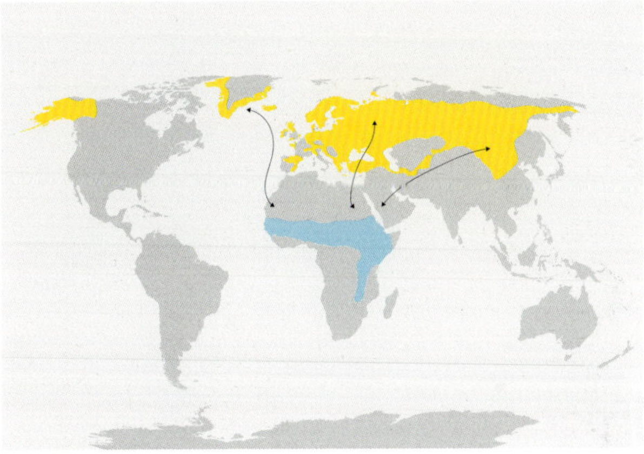

Der wissenschaftliche Name des Steinschmätzers, *Oenanthe*, stammt von dem altgriechischen *oinos* („Wein“) und *anthos* („Blüte“) und erinnert daran, dass bei der Rückkehr des Vogels im Frühjahr gerade die Weinreben blühen. Gleichzeitig wird damit etwas anderes deutlich: Der Steinschmätzer ist ein Zugvogel – angesichts seiner Größe vielleicht sogar der großartigste Zugvogel überhaupt.

Steinschmätzer sind kleine Insektenfresser und mit den Rotkehlchen und Schmätzern aus der Familie der Fliegenschnäpper verwandt. Der Steinschmätzer ist der am weitesten verbreitete und am weitesten nördlich vorkommende Vertreter von insgesamt 28 Arten der Gattung *Oenanthe*. Man erkennt ihn an dem blassgrauen Rücken, der ockerfarbenen Brust und der schwarzen Gesichtsmaske. Wie seine Gattungsgenossen hat er lange Beine und steht aufrecht. Er bewohnt offene Landschaften, wo er auf der Suche nach Käfern, Ameisen und anderen Kleintieren über den Boden hüpft und oft auf Aussichtspunkte wie Felsen oder Mauern springt.

Der Steinschmätzer brütet fast auf der gesamten Nordhalbkugel. In Europa lebt er vom Mittelmeer bis nach Skandinavien und quer durch Russland bis in die Nordostecke Sibiriens. Von dort hat er sich über die Beringstraße auch auf Alaska und die kanadische Arktis verbreitet. Von Westeuropa hat er sein Verbreitungsgebiet nach Nordwesten ausgeweitet und Island, Grönland sowie die Ostküste der kanadischen Arktis besiedelt. Deshalb gibt es in Nordamerika zwei Brutpopulationen: eine im Nordwesten, die andere mehr als 3000 km entfernt im Nordosten. Es handelt sich um zwei Unterarten mit sehr unterschiedlichen Zugwegen.

Angesichts eines so großen Verbreitungsgebietes rechnet man damit, dass die Populationen im Osten und Westen verschiedene Winterquartiere wählen. Solche aus Sibirien und Alaska könnten den pazifischen Zugweg einschlagen und zusammen mit den vielen Küstenvögeln, die diese Route nehmen, in Südostasien überwintern. Die Vögel aus Grönland und Ostkanada würden sich dann zusammen mit unzähligen anderen nordamerikanischen Zugvögeln in den amerikanischen Süden aufmachen. Doch so ist es nicht: Alle Steinschmätzer verbringen den Winter in Afrika. Dort besiedeln sie südlich der Sahara einen breiten Streifen, der sich von Mauretanien im Westen bis zum Roten Meer im Osten und südlich in Ostafrika bis nach Zimbabwe erstreckt.

Wenn die gesamte Spezies von ihren über die Welt verteilten Brutgebieten in ein einziges Winterquartier zieht, sind

GEGENÜBER Steinschmätzer gehören zu den ersten europäischen Zugvögeln, die in ihren Brutgebieten eintreffen; deshalb stoßen sie manchmal auf widrige Wetterbedingungen. Dieser Vogel muss in Forsinard im Norden Schottlands mit einem späten Wintereinbruch zurechtkommen.

außergewöhnliche Wanderungen notwendig. Einige Steinschmätzerpopulationen legen unter allen Landvögeln die längsten Strecken zurück. Aus Alaska wandern sie in einer Richtung mehr als 14.000 km, wobei sie pro Tag 290 km hinter sich bringen. Dabei überqueren sie Ozeane, Eiskappen und die Arabische Wüste. Populationen aus Ostkanada und Grönland – die zu einer eigenen Unterart namens *O. o. leucorhoa* gehören – müssen den Nordatlantik überqueren und über Island, Irland und Großbritannien nach Europa und dann weiter nach Nordafrika fliegen. Einige wandern sogar von Grönland direkt nach Südwesteuropa und bewältigen dabei mit 3500 km unter allen Singvögeln die längste Meeresüberquerung.

Solche extremen Wanderungen, die der geografischen Logik zu widersprechen scheinen, sind die Folge ererbter Verhaltensweisen: Die Erweiterung des Verbreitungsgebietes ist schneller abgelaufen als die evolutionäre Anpassung. Die einzelnen Populationen bereiten sich auf ihre Reise unterschiedlich vor. In Grönland verdoppeln die Vögel vor ihrer langen Meeresüberquerung nahezu ihr Körpergewicht, um mit den Fettreserven durchhalten zu können. Steinschmätzer aus Alaska und Russland, die langsamer wandern und unterwegs öfter Station machen, brauchen eine solche Vorbereitung nicht, sie wiegen bei ihrem Abflug nicht annähernd so viel. Außerdem fliegen sie vorwiegend nachts. In Großbritannien treffen jedes Frühjahr die Vögel der Unterart *O. o. oenanthe* zum Brüten ein, und wenig später kommen für kurze Zeit die größeren Steinschmätzer aus Grönland hinzu, die auf der Durchreise zu ihren Brutgebieten auf der anderen Seite des Atlantiks sind.

In Westeuropa gehören die Steinschmätzer zu den ersten Zugvögeln, die aus Afrika zurückkehren: Sie treffen manchmal schon Ende Februar in ihren Brutgebieten ein. Dort stecken sie in geeigneten Lebensräumen – meist Küsten oder Hochlandregionen mit wenig Bäumen und viel nacktem Boden für die Nahrungssuche – ihre Reviere ab.

Die Männchen melden ihren Anspruch mit einem krächzenden Reviergesang an, der häufig von einem kurzen Flatterflug begleitet ist. Die Weibchen bauen währenddessen ihre Nester in Felsspalten, Kaninchenbauten oder anderen bodennahen Hohlräumen. Die 3–7 Eier werden 13 Tage bebrütet. Beide Eltern füttern die Jungen, die 28–32 Tage nach dem Schlüpfen selbstständig sind und sich Mitte August bereits allein auf den ersten Flug nach Afrika vorbereiten.

OBEN Ein Steinschmätzerweibchen kommt aus seinem Nest, das in einer Feldsteinmauer versteckt ist.

GEGENÜBER Ein junger Steinschmätzer ist gerade flügge geworden und bereit für den ersten Flug nach Afrika.

Baltimoretrupial

Icterus galbula

GRÖSSE
Länge: 17–22 cm
Gewicht: 22,3–42 g
Flügelspannweite: 23–32 cm

AUSSEHEN
Relativ kleiner Singvogel; Männchen im Prachtkleid mit schwarzem Kopf und Rücken, weißer Streifen auf den Flügeln; Unterseite, Hinterende und Schultern leuchtend orange; Weibchen oben gelbbraun, unten orangegelb.

LEBENSWEISE
Lebensraum: Laubwälder und Parks; Ernährung: Insekten, Früchte und Nektar aus den Baumkronen; geflochtenes Nest hängt von einem Ast; Weibchen legt in der Regel zweimal im Jahr jeweils 3–8 Eier.

VERBREITUNG UND WANDERUNG
Brutgebiete im Nordosten und in der Mitte Nordamerikas von Montana bis zur kanadischen Atlantikküste, nach Neuengland und südlich bis nach Georgia; Winterquartiere in Florida, Kuba, Mexiko, Mittelamerika und im nördlichen Südamerika.

STELLUNG
Nicht gefährdet; Population weltweit nach Schätzungen 6 Millionen.

Dieser nordamerikanische Singvogel verdankt seinen Namen dem recht auffälligen schwarz-orange gefärbten Prachtkleid des Männchens, denn es erinnert an das Wappen des englischen Adligen und Politikers Lord Baltimore (1605–1675), des ersten Eigentümers der Provinz Maryland. Größere Berühmtheit hat er seither als Name und Emblem der größten Baseballmannschaft aus Maryland gewonnen.

Der Baltimoretrupial ist nicht mit den Pirolen aus der Alten Welt verwandt, sondern gehört zusammen mit Lerchen- und Kuhstärlingen, Beos und anderen in die amerikanische Familie der Stärlinge (Icteridae). Das Männchen besitzt ein auffälliges schwarz-gelb-orangefarbenes Prachtkleid. Seine Nahrung – vorwiegend Früchte, aber auch Insekten und Nektar – beschafft es sich mit akrobatischer Kletterei in den Baumkronen. Seine Vorliebe für die reifsten Früchte ist bekannt, und er sucht sich die dunkelsten Maulbeeren oder besonders rote Kirschen. Der Baltimoretrupial sticht das Fleisch größerer Früchte mit seinem kräftigen und spitzen Schnabel an und leckt den Saft mit der Zunge ab.

Das Brutgebiet der Spezies liegt vorwiegend im Nordosten Nordamerikas von Zentralkanada und Montana bis nach New Brunswick und Neuengland sowie südlich bis in den Norden von Georgia. Der typische Lebensraum besteht aus blattreichem Laubwald, offenen Waldlandschaften, Obstplantagen und baumbestandenen Feuchtgebieten. Der Vogel hat sich an Parks und Gärten gewöhnt und ist ein häufiger Besucher von Futterplätzen in Hausgärten, wo er insbesondere Orangenhälften liebt. Doch wie schon Hoagy Carmichael feststellte, ist er beim ersten Schnee längst auf dem Weg nach Florida, Kuba, Südmexiko und Mittelamerika bis hin zum Norden Kolumbiens. In den Winterquartieren sammeln sich die Vögel in kleinen Schwärmen, die oft gemeinsam die blühenden, schattigen Bäume der Kaffeeplantagen aufsuchen.

Im Frühjahr kehren die Baltimoretrupiale über Mittelamerika nach Norden zurück. Viele sammeln sich im Februar in Panama und treffen Anfang April an der texanischen Golfküste ein. Im Brutgebiet finden sich Paare zusammen, wobei die Männchen mit Sprüngen, Verbeugungen und Gesang um die Partnerin werben. Das Weibchen baut ein geflochtenes Nest, das vom Ende eines Zweiges hängt; dort legt es einmal pro Saison durchschnittlich 4 Eier. Beide Eltern füttern die Jungen, die nach einer Brutzeit von 12–14 Tagen schlüpfen.

Mit einer Population von schätzungsweise 6 Millionen gilt der Baltimoretrupial als „nicht gefährdet“. Die künstliche Fütterung dürfte sein Zugverhalten beeinflussen – manche südlichen Populationen bleiben während des ganzen Winters nun im Brutgebiet.

GEGENÜBER Baltimoretrupiale aus dem Süden ihres nordamerikanischen Brutgebietes überwintern überall da, wo sie in Gärten bereitgestellte Früchte finden.

Schneeammer

Plectrophenax nivalis

GRÖSSE
Länge: 16–17 cm
Gewicht: 28–50 g
Flügelspannweite: 32–38 cm

AUSSEHEN
Flügel relativ lang, Schnabel kurz und dick; Männchen im Prachtgewand weiß, Rücken, Schwanz und Flügelspitzen schwarz; Weibchen und Männchen im Ruhegewand braun gestreift, Krone, Rücken und Brust rötlich braun; Flügel im Flug auffallend weiß.

LEBENSWEISE
Ernährung: Samen und wirbellose Tiere in offenen Landschaften; Brutgebiete: arktische Tundra; Weibchen legt 2–6 Eier; Nest in Spalten zwischen Felsen und Flechten.

VERBREITUNG UND WANDERUNG
Brutgebiete in der gesamten Arktis sowie in Gebirgen der Subarktis wie Schottland und Kanada; Winterquartiere im südlichen Kanada und den nördlichen USA sowie in Nord- und Osteuropa und einem breiten Streifen in Zentralasien bis zur Pazifikküste.

STELLUNG
Nicht gefährdet; Population nach Schätzungen 30 Millionen; südliche Populationen durch globale Erwärmung und damit verbundenen Lebensraumverlust bedroht.

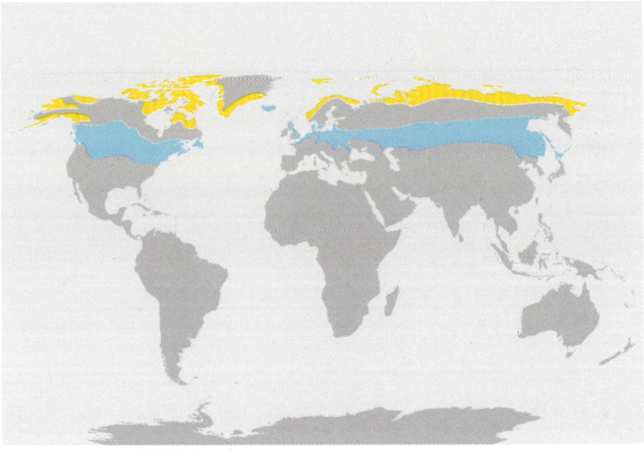

Für die Menschen am nördlichen Polarkreis kündigt die alljährliche Wiederkehr der Schneeammern das Ende des langen, dunklen, kalten Winters an. Die spatzengroßen Singvögel gehören zu den ersten Rückkehrern. Die Männchen zeigen sich Mitte April, wenn noch Schnee liegt und die Temperatur bis auf −30 °C sinken kann. Ihr Gezwitscher und die imponierenden Flüge sind Vorboten des Frühlings.

Schneeammern leben weiter nördlich als andere Sperlingsvögel. Die Männchen sind im Prachtgewand vorwiegend weiß, nur Rücken und Flügelspitzen sind schwarz. Weibchen und Männchen im Ruhegewand sind braun, haben aber ebenfalls auffallend weiße Flügel. Das viele Weiß in ihrem Gefieder ist eine Anpassung an die Tundra mit ihren Schneeflecken. Im Gegensatz zu anderen Sperlingsvögeln halten Federn bei ihnen auch den unteren Beinabschnitt warm.

Das Brutgebiet der Spezies erstreckt sich von Alaska über die kanadische Arktis und Grönland bis nach Skandinavien und ins arktische Russland. Auch ein wenig weiter südlich brütet sie, so in den Cairngorn Mountains in Schottland und am Cape Breton in Kanada, wo arktische Bedingungen herrschen.

Im Winter ziehen die Vögel nach Süden – in der Neuen Welt nach Südkanada und in den Norden der USA, in der Alten Welt nach Nord- und Osteuropa sowie in einen breiten Streifen quer über Zentralasien bis zum Pazifik.

Da die männlichen Schneeammern so früh zurückkehren, können sie sich gute Reviere sichern. Die Weibchen folgen 4–5 Wochen später mit einsetzender Schneeschmelze. Die Paare nisten vorwiegend in Spalten zwischen Felsblöcken in der Tundra, die ihnen Schutz vor Raubtieren bieten. Das Weibchen legt seine 2–6 Eier, sobald die Temperatur über den Gefrierpunkt steigt. Zum Brüten bleibt es zwölf Tage sitzen, während der Partner verschiedene Beeren und wirbellose Tiere bringt. Nach 12–14 Tagen sind die Jungen flügge. Kurz nach der Brutperiode wandern die Schneeammern wieder nach Süden, wobei die Weibchen den Anfang machen. Sie ziehen nachts und bilden im Winterquartier kleine Schwärme. Dort suchen sie im offenen Gelände nach Grassamen und niedrigen Pflanzen.

In der Natur sind die Schneeammern durch Raubtiere wie Polarfüchse, Raubvögel und Skuas bedroht, und auch unvermittelte Stürme zu Beginn der Brutsaison können hohen Tribut fordern. Die Spezies ist aber außerordentlich widerstandsfähig und erträgt auch extreme Bedingungen. Mit einer geschätzten Population von 30 Millionen wird sie von der IUCN als „nicht gefährdet“ eingestuft.

GEGENÜBER Das Ruhekleid der Schneeammer bietet im Winter wirksame Tarnung vor einem Hintergrund aus Schnee, Steinen und Kies.

Blutschnabelweber

Quelea quelea

GRÖSSE
Länge: 12 cm
Gewicht: 15–26 g
Flügelspannweite: 14 cm

AUSSEHEN
Spatzenähnlicher Vogel; Gefieder braun gestreift, Männchen im Prachtkleid mit schwarzer Gesichtsmaske; kurzer, konischer Schnabel rot beim Männchen, gelb beim brütenden Weibchen.

LEBENSWEISE
Ernährung: vorwiegend Grassamen; Getreide, wo wilde Samen nicht zur Verfügung stehen; in der Brutsaison auch Insekten; sucht Nahrung manchmal zu Millionen in synchron agierenden Schwärmen; große Brutkolonien in dichten Gehölzen; durchschnittlich 3 Eier pro Paar in einem ovalen, geflochtenen Nest.

VERBREITUNG UND WANDERUNG
Brutgebiete im mittleren und südlichen Afrika von Mauretanien im Westen bis nach Somalia im Osten und dem Nordosten Südafrikas im Süden; Wanderungen je nach Niederschlägen in Gebieten mit Grassamen; einzelne Populationen bevorzugen stets die gleichen Regionen.

STELLUNG
Nicht gefährdet; Population zu Spitzenzeiten nach dem Brüten über 1,5 Milliarden.

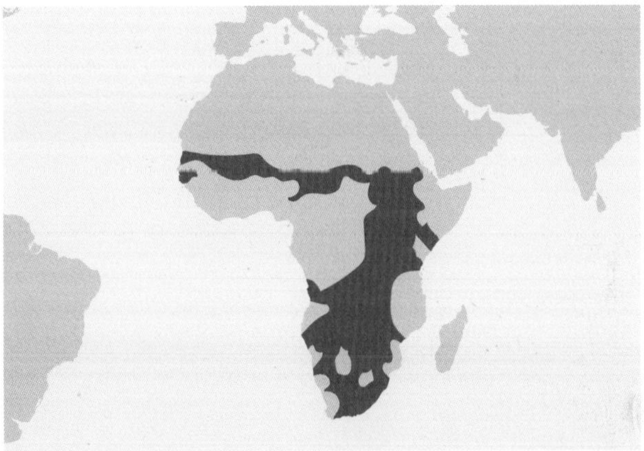

Wie eine Wolke steigt der Schwarm auf, verteilt sich, bildet sich neu und überrollt die Savanne fast wie ein Insektenschwarm. Das Geräusch der unzähligen winzigen Flügel bricht sich wie eine Welle. Wie viele Vögel es sind, weiß niemand genau – über Schwärme von einigen Millionen wurde berichtet, und manchmal dauerte der Vorbeiflug mehrere Stunden.

Wenn man die Wanderungen des Blutschnabelwebers beschreiben will, ist „biblisch" kaum eine Übertreibung. Die kleinen, nomadischen, samenfressenden Vögel aus der Familie der Webervögel (Ploceidae) werden auch „gefiederte Heuschrecken" genannt, und das nicht nur wegen ihrer großen Zahl, sondern auch weil sie große Verwüstungen anrichten können. Obwohl die Spezies nur in Afrika vorkommt, ist sie der zahlreichste Wildvogel auf Erden: Nach der Brutzeit erreicht die Population einen Spitzenwert von 1,5 Milliarden.

Einzeln betrachtet, ist ein Blutschnabelweber unauffällig. Er ähnelt einem kleinen Spatzen und ist braun gestreift mit kräftigem, spitzem Schnabel, der beim Männchen knallrot und beim Weibchen in der Brutzeit gelb ist. Männchen haben im Prachtkleid eine schwarze Gesichtsmaske mit heller, je nach Region rosa oder gelb gefärbter Umrandung. Einzeln sieht man die Blutschnabelweber aber kaum: Sie sind das Musterbeispiel schwarmbildender Vögel, brüten in riesigen Kolonien und ziehen in gewaltigen Schwärmen über die Graslandschaften des mittleren und südlichen Afrika.

In der Natur bewohnen Blutschnabelweber offenes Gelände von lockeren Akazienwäldern bis zur halbtrockenen Savanne. Sie treiben sich überall da herum, wo sie genügend Grassamen finden. Wird ihr natürlicher Lebensraum durch Ackerland verdrängt, ernähren sie sich vom Getreide, sei es Weizen, Reis oder Hirse. Sie entfernen sich kaum weiter als 30 km vom Wasser und meiden Wälder, Wüsten und Gebirge. Die drei größten Populationen bilden verschiedene Unterarten: *Q. q. quelea* kommt in West- und Zentralafrika von Mauretanien bis zum Tschad vor; weiter östlich findet sich *Q. q. aethiopica* vom Sudan bis nach Somalia und Tansania; und die südliche Form *Q. q. lathami* lebt vom südlichen Kongo bis in den Nordosten Südafrikas.

Die Blutschnabelweber wandern nicht einfach alljährlich von A nach B und zurück. Die Populationen führen ein Wanderleben und richten sich stets nach dem Niederschlag. Kurz nach dem ersten Regen, wenn das Gras seine Samen bildet, kommen sie für ein paar Wochen zum Fressen. Manche Populationen fliegen nach Norden, andere nach Süden, Osten oder Westen – je nach der Niederschlagsverteilung. Da der Regen in

GEGENÜBER Blutschnabelweber sammeln sich an einer Wasserstelle und besetzen jeden freien Sitzplatz.

Afrika je nach Region zu unterschiedlichen Zeiten fällt, verteilen sich die Wanderungen über das ganze Jahr. Im Oktober konzentriert sich beispielsweise der größte Teil der südafrikanischen Population auf die Graslandschaften des Highveld in Zimbabwe. Im November machen sich manche nach Angola auf, andere nach Südosten in den Süden von Mosambik und den Nordosten Südafrikas.

Wenn die Grassamen keimen und nicht mehr essbar sind, wandern die Schwärme zu den Brutgebieten. Dort bilden sie – meist in dornigen Akaziendickichten – gewaltige Kolonien, die sich über bis zu 10 km^2 verteilen und bis zu 2,5 Millionen Nester umfassen.

Die Paare sind während der Brutsaison monogam. Das Männchen beginnt den Nestbau mit einem einfachen Grasring. Das kugelförmige, ovale Bauwerk wird vom Weibchen vollendet, das durchschnittlich 3 Eier legt. Die Jungen schlüpfen nach 9–10 Tagen, ernähren sich von Insekten und sind nach weiteren zwei Wochen flügge. Jedes Weibchen produziert mehrere Gelege im Jahr, und die Population wächst exponentiell. Rund um die Brutkolonien sammeln sich Raubtiere: Schlangen, Störche, Affen und Mungos tun sich an dem üppigen Angebot von Eiern und Jungvögeln gütlich, können aber die Zahl kaum dezimieren.

Die Blutschnabelweber machen sich täglich bei Sonnenaufgang zum Fressen auf. Die Schwärme wandern sprunghaft: Vögel von hinten fliegen über die anderen nach vorn, sodass sich eine ständige Rollbewegung ergibt, mit der die Pflanzen außerordentlich effizient ihrer Samen beraubt werden. Zweimal täglich fliegen die Vögel zum Trinken ans Wasser, wo sie die gleiche Sprungbewegung vollziehen. Gegen Abend wirbeln sie bis zu 30 Minuten in spektakulären Formationen durch die Luft, bevor sie sich zur Nachtruhe niederlassen.

Ein einzelner Blutschnabelweber frisst pro Tag ungefähr 15 g Samen. Multipliziert mit der Zahl der Vögel, ergibt sich eine beeindruckende Wirkung: In Namibia verzehrte eine Kolonie von 5 Millionen Vögeln während ihrer Brutzeit insgesamt schätzungsweise 1000 Tonnen Samen. In vielen Teilen Afrikas schützt man das Getreide mit drastischen Bekämpfungsmaßnahmen: Man spritzt Vogelgifte wie Fenthion oder setzt ganze Brutkolonien in Brand. Am stärksten leiden die Kleinbauern: Sie können die Vögel nur mit Vogelscheuchen, Knüppeln und Katapulten vertreiben.

Die Beziehung zwischen Menschen und Blutschnabelwebern hat aber auch eine andere Seite. Die gleiche Kolonie in Namibia verzehrte auch rund 13.000 kg Insekten und wirkte so als natürliches Insektizid. Die unter den Kolonien gesammelten Exkremente sind ein wichtiges Düngemittel, und mancherorts wird die Spezies zu einem jahreszeitlichen Lebensmittel: Am Rand von N'Djamena im Tschad werden jedes Jahr 5–10 Millionen Vögel für den örtlichen Markt gesammelt.

OBEN Ein riesiger Schwarm von Blutschnabelwebern wirbelt im Tsavo East National Park in Kenia über einem Wasserloch.

Star

Sturnus vulgaris

GRÖSSE
Länge: 19–23 cm
Gewicht: 58–101 g
Flügelspannweite: 31–44 cm

AUSSEHEN
Mittelgroßer Sperlingsvogel; glänzend schwarz mit metallischem Glanz, außerhalb der Paarungssaison außen hell gefleckt; spitzer Schnabel im Winter schwarz, im Sommer gelb; Jungvögel braun; geht und läuft am Erdboden; schneller, geradliniger Flug mit charakteristischen dreieckigen Flügeln.

LEBENSWEISE
Allesfresser; ernährt sich in Ortschaften und auf Ackerland von verschiedenen wirbellosen Tieren, Samen und Früchten; Nester in Löchern, Weibchen legt 4–5 Eier in unordentlichem Nest; bis zu drei Gelege im Jahr.

VERBREITUNG UND WANDERUNG
Natürliche Brutgebiete in ganz Eurasien, weithin eingewandert in Nordamerika, Australien, Südafrika, Brasilien und Argentinien; in Eurasien Teilzieher; Brutpopulationen aus dem Osten wandern nach Süden und Westen; manche westlichen Populationen bleiben in ihren Brutgebieten.

STELLUNG
Nicht gefährdet; Population nach Schätzungen 310 Millionen.

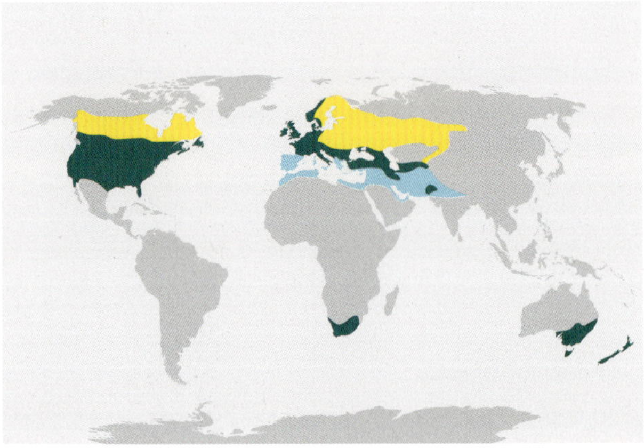

Ein kalter Januarabend am Strand von Brighton im Süden Englands: Während die Lichter des Palace Pier in der Dunkelheit blinken, spielt sich darüber ein faszinierendes Schauspiel ab. Stare wirbeln über die Wellen, der große Schwarm dreht und wendet sich wie Rauch im Wind. Kleinere Schwärme schießen über dem Ufer dahin und werden von der Masse aufgesogen. Als die Dunkelheit hereinbricht, löst sich das Muster am Himmel allmählich auf, und die Vögel lassen sich dicht gedrängt auf die Sitzplätze am Pier fallen. Doch der Zwitscherchor – und der berühmte Formationsflug – setzt sich fort, während die Stare um die beste Stelle für die Nacht rangeln.

Die winterlichen Versammlungen der Stare sind in zahlreichen europäischen Städten ein bezauberndes Schauspiel. Der Schwarm von Brighton ist in Großbritannien bei Weitem nicht der größte: Über den Ebenen von Somerset erreicht die Zahl der Vögel oftmals eine Million, und über der antiken Stadtlandschaft von Rom sind es im Dezember manchmal sogar fünfmal so viel. Bei solchen Schwärmen handelt es sich um winterliche Besucher aus dem Norden oder Osten. Ihr akrobatisches Wirbeln, mit dem sie auch lauernde Raubvögel verwirren, dauert oft eine halbe Stunde, bevor die Vögel sich niederlassen. In den Schwärmen tauschen sie vermutlich Informationen darüber aus, wo am nächsten Morgen die besten Nahrungsquellen zu finden sind.

Der europäische Star ist ein Teilzieher. In Eurasien erstreckt sich sein Brutgebiet von Nordspanien bis Skandinavien, im Süden in den Iran und im Osten nach Zentralasien.

Vögel aus den nördlichen und östlichen Regionen wandern im Herbst nach Süden und Westen in wärmere Winterquartiere in Nordafrika, dem Nahen Osten und Nordindien. In westlichen Regionen dagegen bleiben viele Populationen in ihren Brutgebieten. In Großbritannien, aber auch anderen Ländern fliegen manche Vögel zur Iberischen Halbinsel, viele andere bleiben jedoch zurück; dazu kommen weitaus mehr Vögel aus Osteuropa und Skandinavien. Vögel, die in der Region von Merseyside im Nordwesten Englands markiert wurden, konnte man zu Brutgebieten in Finnland, Russland, Polen, Deutschland und der Ukraine verfolgen.

Um die Wanderung der Stare zu studieren, braucht man kein Wissenschaftler zu sein: Die großen, bei Tageslicht dahinziehenden Schwärme kann man gut mit bloßem Auge beobachten. Die Zahlen sind beeindruckend: Am 16. Oktober 1997 zählte man über der Kleinstadt Hunstanton im ostenglischen Norfolk 87.000 Stare, die über die Nordsee gezogen waren.

GEGENÜBER Der europäische Star hat die Neue Welt höchst erfolgreich besiedelt und dabei seine Wanderungsgewohnheiten mitgenommen.

Heute beschränken sich solche Zahlen nicht auf Eurasien. Nachdem man 1890 absichtlich 60 Vögel in den New Yorker Central Park importiert hatte – angeblich weil ein irregeleiteter Wohltäter alle bei Shakespeare erwähnten Vogelarten in der Neuen Welt sehen wollte –, entwickelte sich eine Brutpopulation, die seither große Teile Nordamerikas besiedelt hat. Heute umfasst sie rund 150 Millionen Vögel und macht 45 % des weltweiten Bestandes aus. Die Spezies wurde auch nach Australien und Neuseeland eingeführt, außerdem nach Südafrika, Argentinien, Brasilien, Polynesien und auf die Westindischen Inseln. Manche Populationen haben bereits neue Zugwege erkundet: Vögel aus den Brutgebieten in Kanada und den nördlichen USA überwintern in den südlichen US-Bundesstaaten; von Australien fliegen manche nach Neuguinea und Indonesien.

Heute ist der Star mit zwölf geografischen Unterarten einer der am weitesten verbreiteten Singvögel. Sein Erfolg liegt in seiner Vielseitigkeit: Als Allesfresser, der von Samen, Früchten, Insektenlarven, Würmern und anderen wirbellosen Tieren lebt, findet er seine Nahrung in den verschiedensten Lebensräumen und hat sich auch an eine von Menschen geprägte Umwelt in Städten und ländlichen Gebieten gut angepasst. Er sucht seine Nahrung mit unterschiedlichen Methoden, er stochert mit offenem Schnabel im Boden, fängt Insekten im Flug, hängt an Vogelhäuschen oder pickt sogar auf dem Rücken größerer Tiere.

Im Frühjahr sichern sich die Starenmännchen in ihren Brutgebieten mit energischen Gesängen ihre Reviere. Ihre langen Melodien umfassen viele mechanische und melodische Phrasen, und die Vögel sind begnadete Schauspieler. Ihre Fähigkeiten wurden von den verschiedensten Künstlern sehr geschätzt, so von Shakespeare und Mozart – dieser hatte einen Lieblingsstar, der ihm angeblich die Anregung für sein Klavierkonzert Nr. 17 in G-Dur lieferte. Paare errichten in einer Höhle ein unordentliches Nest, wobei das Männchen manchmal sogar Blumen einbaut, um mit Farbe und Duft eine Partnerin anzulocken. Das Weibchen legt durchschnittlich 4–5 Eier. Gebrütet wird zwei Wochen, nach drei weiteren Wochen sind die Jungen flügge.

Da Stare so zahlreich sind und sich leicht an eine Umgebung mit Menschen gewöhnen, waren sie lange ein Lieblingsobjekt der Wissenschaft. Als Laborvögel stehen sie zahlenmäßig an zweiter Stelle hinter der Haustaube. Mit Experimenten an gefangenen Staren konnte man nachweisen, dass sich Vögel beim Ziehen an der Sonne orientieren. Als man die Richtung des Sonnenlichts mit Spiegeln veränderte, schlugen die Vögel einen anderen Kurs ein. Außerdem studierte man die Vorgänge während des Formationsfluges und konnte zeigen, dass jeder einzelne Vogel sich an sieben Nachbarn orientiert, sodass der ganze Schwarm seine Drehungen und Wendungen auch ohne Anführer in Sekundenbruchteilen synchronisieren kann.

Stare hatten lange eine zwiespältige Beziehung zu Menschen. Ihre riesigen Schwärme zu beobachten ist zwar eindrucksvoll, sie können aber auch eine Gesundheitsgefahr darstellen, weil die Exkremente Straßen und Gebäude verunreinigen und Bäume vergiften. Im Jahr 1949 brachte das Gewicht von Staren, die auf den Zeigern der Big-Ben-Uhr saßen, diese zum Stehen. In Städten wie Rom versuchen die Behörden mit verschiedenen Maßnahmen, so auch mit ausgebildeten Falken, die Vögel von ihren Rastplätzen zu vertreiben.

In den USA verursachen Stare in der Landwirtschaft jedes Jahr einen Schaden von rund 800 Millionen Dollar. Als eingeschleppte Art hat der Star auch Auswirkungen auf die Ökosysteme, da er mit einheimischen Arten wie den Saftleckern um Nistplätze konkurriert. Solche Probleme führten zu energischen Bekämpfungsmaßnahmen: Im Jahr 2008 wurden in den USA 1,7 Millionen Stare erschossen, vergiftet oder mit Fallen gefangen, und in Westaustralien konnte man durch koordinierte Dezimierung verhindern, dass die Spezies Fuß fasste. Da die Vögel aber auch landwirtschaftliche Schädlinge fressen, können sie von beträchtlichem Nutzen sein: In der früheren Sowjetunion gab man den Bauern sogar Nistkästen für Stare, um die Produktivität zu steigern.

Heute hat der Star im Naturschutz eine gemischte Stellung. In Westeuropa führte die intensive Landwirtschaft zu einer Abnahme der Populationen wirbelloser Tiere in Graslandschaften und damit in manchen Regionen, so in Großbritannien und den baltischen Staaten, zu einem starken Rückgang der Brutpaarzahl. In anderen Ländern wuchsen die Bestände: Weltweit wird die Spezies heute mit einer geschätzten Population von 310 Millionen als „nicht gefährdet“ eingestuft.

OBEN Fallobst ist für die überwinternden Starenpopulationen eine wichtige Nahrungsquelle.

OBEN Rund um den Palace Pier im englischen Brighton schwärmen die Stare, bevor sie sich für die Nacht niederlassen. Die meisten von ihnen sind Besucher, die im Winter vom europäischen Festland nach Großbritannien kommen.

OBEN In Georgien nutzt ein Neuntöter einen späten Wintereinbruch, um andere Zugvögel zu erbeuten. Ihre Überreste steckt er auf sein dorniges „Vorratsregal".

Neuntöter

Lanius collurio

GRÖSSE
Länge: 16–18 cm
Gewicht: 25–35 g
Flügelspannweite: 24–27 cm

AUSSEHEN
Größe eines großen Spatzen, aufrecht stehend einem Falken ähnlich; Rücken beim Männchen rötlich braun, Krone hellgrau, Gesichtsmaske schwarz; Weibchen und Jungtiere stärker braun mit Schlangenlinien; langer Schwanz stets schwarz-weiß.

LEBENSWEISE
Raubvogel; fängt große Insekten und kleine Wirbeltiere wie Echsen, Nager und Jungvögel; steckt Beute zum späteren Verzehr auf Dornen; Lebensraum: offenes Gelände mit vereinzelten Bäumen; kleines becherförmiges Nest in dornigen Büschen; Weibchen legt 3–7 Eier.

VERBREITUNG UND WANDERUNG
Brutgebiete in ganz Europa und Westasien von Nordspanien bis nach Südskandinavien, in die Türkei und nach Mittelrussland; Winterquartier im östlichen und südlichen Afrika.

STELLUNG
Nicht gefährdet; Population nach Schätzungen 24–27 Millionen.

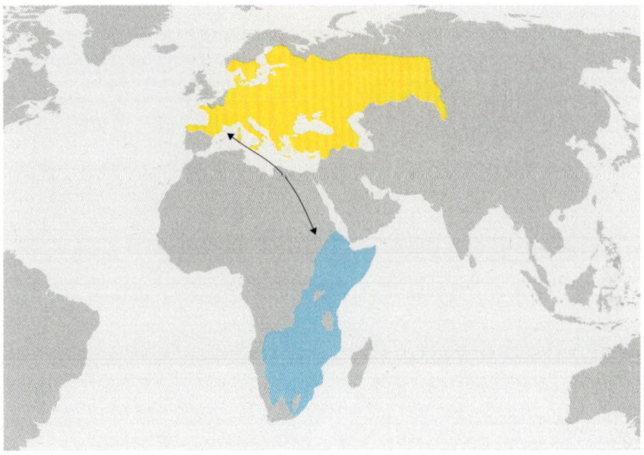

Die Vogelfamilie der Würger (Laniidae) trägt ihren Namen, weil die Vögel ihre Beute als „Vorrat" zum späteren Verzehr auf Dornen, Stacheldraht und andere spitze Gegenstände stecken. Der Neuntöter ist zwar kaum größer als ein Spatz, tötet aber regelmäßig Vögel, die halb so groß sind wie er, aber auch große Insekten und kleine Wirbeltiere wie Echsen und Nager.

Wenn der elegante kleine Vogel oben auf einem Busch sitzt, erinnert er an einen Raubvogel im Miniaturformat. Er ist die zahlreichste Würgerart in Eurasien und am besten an dem rötlich braunen Rücken, der grauen Krone und der schwarzen Gesichtsmaske des Männchens zu erkennen. Sein Brutgebiet reicht von Nordspanien bis in den Süden Skandinaviens, in die Türkei und nach Mittelrussland. Als Lebensraum bevorzugt er trockenes, offenes Gelände von Heidelandschaften und mediterranem Strauchwerk bis zu zerstückeltem Ackerland. Wichtig ist, dass ebenes Gelände die Jagd erlaubt und verstreute Bäume oder Hecken einen Ort für die Nahrungsaufbewahrung, Sitzplätze und die Paarung bietet.

Im Herbst wandern Neuntöter in die ost- und südafrikanischen Strauchsavannen. Die Spezies nimmt, anders als man meinen würde, einen Zugweg über das östliche Mittelmeer, den Nahen Osten und das Niltal. Vögel, die in Frankreich und Nordspanien brüten, müssen also auf dem Weg nach Afrika große Teile von Südosteuropa überqueren.

Diese Strategie lässt vermuten, dass die Spezies ihre genetisch bedingten Zugwege beibehalten hat, als sich ihr Brutgebiet nach Westen ausdehnte. Wie man aus Studien mit Geolokatoren weiß, unterscheiden sich die jahreszeitlichen Wanderungsrouten: Im Herbst nehmen die meisten Vögel einen längeren Weg über Griechenland und das Mittelmeer, bevor sie westlich des Niltals die östliche Sahara überqueren. Im Frühjahr kehren sie auf einer längeren östlichen Route über die Arabische Wüste, Israel und die Türkei zurück. Die Vögel fliegen dabei in bis zu 3650 m Höhe.

Die Männchen kommen 3–10 Tage früher als die Weibchen im Brutgebiet an. Das Paar baut in einem Dornenbusch ein Nest. Dort werden 3–7 Eier abgelegt und von den Eltern 14 Tage lang bebrütet; 14 Tage nach dem Schlüpfen werden die Jungvögel flügge. Ein Weibchen legt bis zu dreimal im Jahr Eier.

Lebensraumzerstörung und Pestizide haben manche Populationen dezimiert, aber anscheinend kann der Neuntöter wegen des Klimawandels frühere Verbreitungsgebiete wieder besiedeln. 1985 war der Neuntöter in Deutschland, 2020 in der Schweiz Vogel des Jahres. Er wird als „nicht gefährdet" eingestuft.

Fichtenkreuzschnabel

Loxia curvirostra

GRÖSSE
Länge: 16 cm
Gewicht: 43 g
Flügelspannweite: 29 cm

AUSSEHEN
Spatzengroßer Fink; einzigartiger Schnabel mit gekreuzten Spitzen; Männchen rötlich bis orange; Weibchen grünlich mit gelbem Hinterende (Farbe schwankt je nach regionaler Unterart).

LEBENSWEISE
Ernährung: Fast ausschließlich Fichtenzapfen, aus denen mit dem spezialisierten Schnabel die Samen gewonnen werden; gelegentlich andere Samen und Knospen; Nahrungssuche in den Bäumen, akrobatische Kletterkünste rund um die Zapfen; das Paar baut ein tiefes Nest auf einem hohen, waagerechten Ast; Weibchen legt oft schon im Spätwinter 3–5 Eier.

VERBREITUNG UND WANDERUNG
Brutgebiete in Nordamerika und Eurasien, im Süden bis Mexiko, Nordafrika und Nordindien in großen Fichtenwäldern; bei erschöpften Ressourcen Wanderung zu neuen Nahrungsquellen.

STELLUNG
Nicht gefährdet; Population nach Schätzungen 15 Millionen.

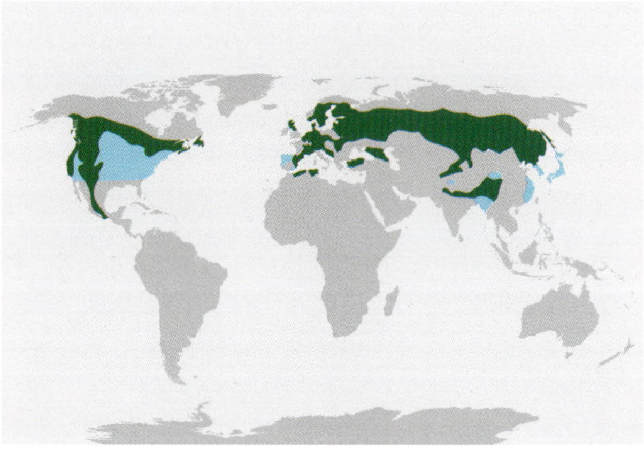

Einen Hinweis auf das Nomadenleben des Fichtenkreuzschnabels liefert sein namengebender Schnabel: Die Spitze des Oberschnabels kreuzt den Unterschnabel. Die evolutionäre Anpassung dient dazu, die Samen aus Fichtenzapfen zu entnehmen. Der Vogel ist von dieser Ernährung so abhängig, dass er abwandern muss, wenn es keine Zapfen gibt. Deshalb ist diese Spezies ein „irruptiver" Zugvogel: Sie unternimmt keine regelmäßigen Wanderungen, sondern dringt je nach der Verfügbarkeit ihrer Hauptnahrung in neue Gebiete vor.

Der Fichtenkreuzschnabel ist ein Fink mit Geschlechtsdimorphismus: Männchen sind orangerot, Weibchen grünlich gelb gefärbt. Beim Fressen in den Fichten sind die Vögel oftmals unauffällig. Sie klettern akrobatisch zwischen den Zapfen herum, zeigen sich aber, wenn sie in kleinen Gruppen zwischen Gehölzen hin und her fliegen und ihren charakteristischen Flugruf hören lassen. Ornithologen kennen zahlreiche regionale Unterarten, die sich im Ruf und in den Abmessungen des Schnabels unterscheiden. Welche davon vollkommen eigenständige Arten sind, wird derzeit untersucht.

Zum Fressen öffnet der Kreuzschnabel innerhalb des Fichtenzapfens die gekreuzten Schnabelteile, drückt die Schuppen auseinander und zieht die Samen mit der Zunge heraus. Er frisst auch Knospen und andere Samen, aber wegen der Abhängigkeit von den Zapfen ist er an große Fichtenwälder und weiter südlich an Kiefern gebunden. In Westeuropa erstreckt sich sein zerstückeltes Verbreitungsgebiet von Spanien und Nordafrika bis nach Skandinavien, Russland und auch Zentralasien; eigene Populationen gibt es in China und Indien. In Nordamerika brüten die Vögel in großen Teilen des Kontinents.

Für einen Sperlingsvogel nistet die Art sehr früh: Oft schlüpfen die Jungen schon im Februar – Fichtensamen gibt es im Winter am reichlichsten. In Nordamerika und Indien brütet der Fichtenkreuzschnabel, wenn es genug Nahrung gibt, zu jeder Zeit. Das Nest besteht aus Gras und Zweigen auf einem Ast. Während das Weibchen die 3–5 Eier ausbrütet, wird es vom Männchen gefüttert. Die Jungen sind nach 18–20 Tagen flügge.

Die Irruption der Fichtenkreuzschnäbel ist manchmal ein großes Naturereignis. Der Benediktinermönch Matthew Paris zeichnete sie schon 1254 in einer britischen Chronik auf. Beringungsstudien zeigen, dass Wanderungen in Europa meist in südlicher Richtung verlaufen und dass die an einem Ort beringten Vögel später in weit voneinander entfernten Regionen brüten.

Der nachgewiesene regionale Rückgang der Spezies ist auf die Abholzung alter Wälder zurückzuführen. Mit einer weltweiten Population von 15 Millionen ist der Fichtenkreuzschnabel aber als „nicht gefährdet" eingestuft.

GEGENÜBER Der Fichtenkreuzschnabel landet häufig zum Trinken an Pfützen, sodass man seinen ungewöhnlichen Schnabel aus der Nähe sehen kann.

05 RAUBVÖGEL UND EULEN

Wie andere Vögel wandern auch Raubvögel, wenn die Nahrungssuche schwierig wird. Vielfach fressen sie kleine Säugetiere, Reptilien, Amphibien und große Insekten, und alle werden im Winter knapp, sterben oder halten Winterschlaf. Oder aber sie ernähren sich von Vögeln, die in großer Zahl fortziehen. Die Zugvögel unter den Raubvögeln brüten überwiegend in nördlichen Breiten, wo Klima und Nahrungsangebot stärker schwanken als in den Tropen.

Viele Raubvögel sind sehr groß und haben breite, an den Gleitflug angepasste Flügel. Ihre Zugwege sind meist schmale Korridore und verlaufen häufig parallel zu Gebirgsrücken, die Aufwinde erzeugen. Schwärme bilden sich an Gebirgspässen oder Gewässern, wo die Vögel darauf warten, dass die Thermik ihnen auf die andere Seite hilft. Solche Orte sind beispielsweise Gibraltar und der Bosporus am westlichen und östlichen Ende des Mittelmeers. Zum Höhepunkt der Zugsaison schrauben sich in solchen Regionen Tausende von Raubvögeln, darunter Wespenbussarde und Schlangenadler, in den Himmel und gleiten in Richtung ihres Ziels. Aber auch die größten Schwärme am Mittelmeer werden von denen in Veracruz an der mexikanischen Golfküste übertroffen: Dort werden im Herbst innerhalb weniger Tage 6 Millionen nordamerikanische Raubvögel gezählt. Dabei dominieren *Buteo*-Arten wie der Breitflügelbussard, aber auch zahlreiche Truthahngeier ziehen hier durch.

Manche Raubvögel sind schlank gebaut und können lange ununterbrochen fliegen. Schwalbenweihen bleiben oft sehr lange in der Luft und sind in der Lage, den Golf von Mexiko auf dem Weg von Florida nach Südamerika nonstop zu überqueren. Noch weiter fliegen manche Falken: Wenn der Eleonorenfalke seine Rundreise zwischen Mittelmeer und Madagaskar unternimmt, führt ihn der Weg nach Süden über die Sahara, und nach Norden fliegt er über den Indischen Ozean unmittelbar nach Kenia. Die Spezies ist auch aus einem anderen Grund bemerkenswert: Sie ist auf Singvögel als Nahrung spezialisiert, brütet auf Mittelmeerinseln und schiebt die eigene Fortpflanzung hinaus, damit sich die Jungen von den nach Süden fliegenden Zugvögeln ernähren können.

Der Fischadler ist ein Teilzieher mit Populationen in sehr unterschiedlichen Lebensräumen. Vögel aus Kanada wandern nach Südamerika und überfliegen dabei die sesshaften Populationen in der Karibik. Als spezialisierter Fischfresser folgt er den Küstenlinien und wird durch regelmäßige Fresspausen zu einem der langsamsten Langstrecken-Zugvögel. Dennoch legen Individuen, die in der kanadischen Provinz Quebec nisten und in Brasilien überwintern, im Laufe ihrer 15–20 Lebensjahre mehr als 200.000 km zurück.

Die Tropen bieten den meisten Raubvögeln reichhaltigere Nahrung als die weiter nördlich gelegenen Brutgebiete. Vögel wie die Wiesenweihe schwärmen in ihren afrikanischen Winterquartieren aus und nutzen die üppige Vielfalt an Reptilien, Insekten, Vögeln und kleinen Säugetieren in dem hohen Gras. In den Tropen herrscht aber auch Konkurrenz mit anderen Raubtieren, und die Parasitenbelastung ist höher; deshalb kehren diese unerschrockenen Wanderer nach Norden zurück, um ihre Jungen großzuziehen. Viele machen an Lieblingsstationen halt: Raubadler sammeln sich beispielsweise mit anderen Raubvögeln an Müllkippen auf der Arabischen Halbinsel.

Im Norden dagegen dreht sich das Leben mancher Arten um eine einzige Nahrungsquelle. Die arktischen Raufußbussarde fressen fast ausschließlich Wühlmäuse und Lemminge. Ihre Wanderungen richten sich nach der Verfügbarkeit dieser Beutetiere. In Jahren mit wenigen Nagetieren ziehen die Vögel in großer Zahl nach Süden. Eine solche Irruption ist auch typisch für mehrere Eulenarten: Die Sumpfohreule ist ein großer Wanderer, der mit seinen langen Flügeln sogar Meere überqueren kann, und die Schnee-Eule, das Symbol für die Arktis, zieht bis nach Florida, wenn die Lemminge knapp werden.

Wegen ihrer Größe wurden die Raubvögel zum Gegenstand wissenschaftlicher Pionierarbeit: Die Satellitenortung von Fischadlern zwischen Skandinavien und Senegal war eine der ersten ihrer Art. Solche Erkenntnisse sind für den Naturschutz entscheidend, denn Raubvögel werden auf ihren Zugwegen nach wie vor verfolgt. Das Mittelmeer ist eine Todesfalle, und 2012 kam ans Licht, dass Tausende von Amurfalken an einer Zwischenstation im nordindischen Nagaland abgeschlachtet werden. Naturschutz zielt darauf ab, die Einheimischen über die Vögel aufzuklären, denn sie stehen an der Spitze der Nahrungskette und sind Zeichen für eine gesunde Umwelt.

GEGENÜBER Der Buntfalke ist ein Teilzieher. Populationen aus Kanada und den nördlichen USA wandern im Winter nach Süden bis nach Mittelamerika und in die Karibik.

Fischadler

Pandion haliaetus

GRÖSSE
Länge: 50–66 cm
Gewicht: 0,9–2,1 kg
Flügelspannweite: 127–180 cm

AUSSEHEN
Großer Raubvogel mit langen Flügeln und kurzem Schopf; Oberseite dunkelbraun, dunkle Gesichtsmaske; Unterseite weiß mit braunem Brustband; Gleitflug auf gekrümmten Flügeln.

LEBENSWEISE
Ernährung: fast ausschließlich Fische, die aus der Luft gesichtet und im flachen Wasser gefangen werden; gelegentlich andere kleine Wirbeltiere; monogame Paare bauen großes Nest aus Ästen auf hoch gelegenem Aussichtspunkt am Wasser; Weibchen legt 2–3 Eier.

VERBREITUNG UND WANDERUNG
Stets in der Nähe von Wasser an Küsten oder im Landesinneren; Brutgebiete von Nordamerika bis Nordeuropa und Ostasien; Wanderungen nach Südamerika, Afrika und Südasien; sesshafte Populationen in der Karibik, Mittelamerika, dem Nahen Osten, dem Mittelmeerraum und Australasien.

STELLUNG
Nicht gefährdet; Population nach Schätzungen 460.000, Erholung nach Rückgang im 20. Jahrhundert; einer der am weitesten verbreiteten Landvögel.

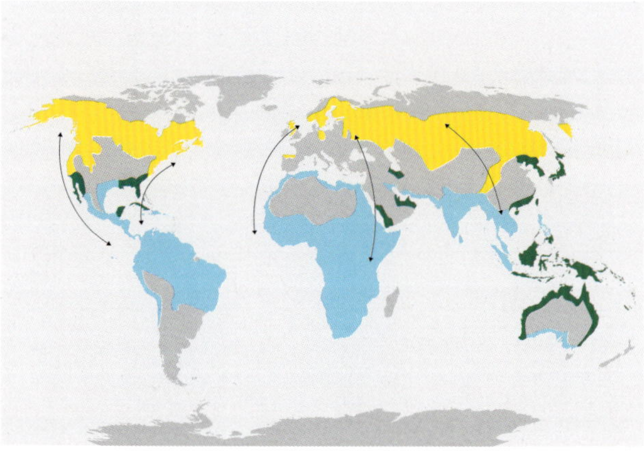

An einer Küstenlagune im Senegal laden Fischer im Morgengrauen den Fang der Nacht aus. Plötzlich spritzt es im seichten Wasser. Ein großer Vogel erhebt sich schwerfällig von der Oberfläche, in seinen Klauen windet sich eine Meeräsche. Er packt fester zu und gewinnt an Höhe, sein Flügelschlag verfällt in einen stetigen, kraftvollen Rhythmus.

Als einziger Raubvogel taucht der Fischadler bei der Nahrungssuche mit den Füßen voran völlig im Wasser unter. Dafür hat er mehrere einzigartige Anpassungen: lange, hakenförmige Klauen, stachelige Schuppen an den Zehen, einen drehbaren dritten Zeh zum besseren Festhalten der glitschigen Beute, fettiges Gefieder, das nicht vom Wasser durchweicht wird, und Nasenöffnungen, die sich im Wasser schließen.

Bei näherem Hinsehen zeigt dieser Vogel hier in Afrika eine unerwartete Farbenpracht. Das rote Band um eines seiner Beine ist der Beweis, dass er in einem anderen Erdteil noch ein zweites Leben hat. Es wurde im letzten Juni in Schottland befestigt, als der Vogel noch klein war – er ist einer von vielen, die den Wissenschaftlern neue Kenntnisse über die Wanderungen dieser Nomaden verschaffen.

Einen Fischadler kann man nicht verwechseln. Im Sitzen lässt er die braune Ober- und weiße Unterseite erkennen, verziert mit einem braunen Brustband, einer dunklen Gesichtsmaske und einem munteren Schopf. Im Flug ist seine charakteristische Form mit den langen, leicht herabhängenden, am Ansatz gewinkelten Flügeln, die ihn von anderen Raubvögeln unterscheidet, schon aus der Ferne leicht zu erkennen. Tatsächlich ist er mit ihnen so weitläufig verwandt, dass man ihn einer eigenen Familie zuordnet: den Pandionidae.

Fischadler gehören zu den Landvögeln, die fast überall verbreitet sind: Es gibt sie auf allen Kontinenten mit Ausnahme der Antarktis. Sie ernähren sich fast ausschließlich von Fischen und suchen deshalb Gewässer in gemäßigten und tropischen Regionen auf, von Küsten und Flussmündungsgebieten bis zu Seen und großen Strömen. Mit Ausnahme der australasiatischen Form brüten sie nur auf der Nordhalbkugel. Die nördlichsten Populationen ziehen nach dem Brüten gen Süden.

In Nordamerika brüten Fischadler im Norden bis nach Alaska und Neufundland. Vögel aus großen Teilen Kanadas und der USA wandern bis nach Südbrasilien. Südliche Brutpopulationen in Florida, Baja California, Belize und der Karibik sind sesshaft und bleiben in ihren Brutgebieten. In Eurasien brütet die Spezies von Schottland über Skandinavien bis nach Zentralasien und Kamtschatka. Vögel aus Europa und Westasien

GEGENÜBER Ein Fischadler reißt Stücke aus seiner Beute in den Everglades in Florida. Die Vögel in diesem Bundesstaat sind entweder auf dem Durchzug oder Teil einer lokal ansässigen Population.

OBEN Ein Fischadler mit einem fast flügge gewordenen Jungen in seinem Nest in Finnland.

überwintern in Afrika von Marokko bis zum Kap der Guten Hoffnung, solche aus Zentral- und Ostasien fliegen nach Süd- und Südostasien. Populationen, die weiter südlich am Roten Meer, am Persischen Golf, auf den Kanarischen Inseln sowie in Japan und Indonesien zu Hause sind, bleiben ebenso wie die aus Australasien in ihren Brutgebieten.

Man unterscheidet heute vier Unterarten von Fischadlern mit jeweils eigenen Zuggewohnheiten. Die eurasische Form *P. h. haliaetus* und die nordamerikanische Variante *P. h. carolinensis* sind vorwiegend Zugvögel. Die mittelamerikanische Unterart *P. h. ridgwayi*, die in der Karibik und Belize brütet, ist ebenso sesshaft wie die australische Form *P. h. cristatus*. Letztere wird von manchen Experten als eigene Spezies „Australischer Fischadler“ (*P. cristatus*) eingestuft, die anderen heißen demnach „Westliche Fischadler“.

Nordeuropäische Fischadler kehren im April in ihre Brutgebiete zurück. Paare sind monogam, besetzen nach einem Jahr wieder das gleiche Nest und festigen ihre Bindung mit Flugkunststücken. Das große Nest aus Stöcken und Treibholz hat häufig einen Durchmesser von über 2 m und wird auf einem hohen Baum, einer Felsinsel oder einem Strommast errichtet. Die Paare brüten im Alter von 3–4 Jahren, ein Weibchen legt jeweils 2–3 Eier, und beide Eltern sitzen 35–43 Tage auf den Eiern. Die Jungen sind nach 8–10 Wochen flügge. Das Männchen versorgt sie mit Fischen, während sich das Weibchen um das Nest kümmert.

Von August bis September brechen die Fischadler wieder nach Süden auf. Als Erste fliegen die Weibchen ab, dann folgen die Männchen und schließlich die Jungvögel. Ihre Wanderung ist eine der bestuntersuchten aller Vogelarten: Zahlreiche Vögel von beiden Seiten des Atlantiks wurden beringt oder mit Satellitensendern verfolgt. Die Studien zeigen, dass die Vögel relativ langsam wandern und über Land die Thermik nutzen. Sie fliegen aber auch längere Strecken über das offene Meer, und das sogar nachts. Durchschnittlich legen sie pro Tag 260–280 km zurück, aber sie legen regelmäßig Pausen ein, im Herbst oft sogar eine Woche oder mehr. Der Rückflug im Frühjahr verläuft schneller und direkter.

Fischadler aus Nordwesteuropa überwintern entlang der westafrikanischen Küste, insbesondere im Senegal sowie in Gambia und Guinea-Bissau. Schottische Vögel fliegen längs über die britischen Inseln nach Frankreich, dann folgen sie der Küste nach Südspanien und umfliegen die westliche Sahara zu ihren Winterquartieren. Auf dem Rückweg nehmen sie die Abkürzung über die Sahara und den Golf von Biskaya. Vögel aus Schweden kommen über Spanien, Italien oder entlang des Roten Meeres nach Afrika und legen dabei in 45 Tagen rund 6700 km zurück. Vögel aus Osteuropa konnte man bis nach Südafrika verfolgen.

Noch weiter fliegen manche nordamerikanischen Fischadler: Im Osten der USA markierte Vögel konnte man 7700 km entfernt im brasilianischen Amazonasgebiet beobachten, und Fischadler, die in Quebec nisten und in Brasilien überwintern, fliegen im Laufe ihrer 15–20 Lebensjahre mehr als 200.000 km. Und das ist noch nicht alles: Manche von ihnen überqueren mehr als 1500 km offenes Meer, weil sie die Abkürzung von Neuengland über den Westatlantik in die Karibik nehmen.

Ein junger Fischadler kehrt drei Jahre nach der ersten Wanderung an seinen Geburtsort zurück und paart sich ein Jahr später zum ersten Mal. Für solche Jungvögel ist die Reise gefährlich: In einer schwedischen Studie ereignete sich mehr als die Hälfte aller dokumentierten Todesfälle auf der Zugstrecke, insbesondere bei Überquerung der Sahara. Jäger, Hochspannungsleitungen und Fischnetze fordern ihren Tribut, aber ein Fischadler verbessert jedes Jahr seine Strategie und lernt, die ungefährlichsten, energieeffizientesten Routen zu nutzen. In freier Wildbahn wurde für die Spezies eine Lebensdauer von bis zu 32 Jahren dokumentiert.

Fischadler nehmen in Kulturen auf der ganzen Welt einen herausragenden Platz ein. Sie haben aber auch unter den Menschen gelitten, sowohl durch die Verfolgung als auch durch die Zerstörung ihrer Lebensräume mit DDT und anderen Pestiziden. Der Bestand der Spezies ging im 20. Jahrhundert stark zurück, konnte sich aber erfreulicherweise vielerorts später wieder erholen. In den USA wuchs die Population nach dem DDT-Verbot zwischen 1966 und 2015 um durchschnittlich 2,5 % im Jahr. Verstärkt wurde der Zuwachs durch künstliche Nistpfosten in Regionen, in denen der natürliche Lebensraum verschwunden war. In Großbritannien kehrten die Fischadler von selbst zurück; seit 1954 brüten sie wieder in Schottland, nachdem man sie dort 50 Jahre zuvor ausgerottet hatte. In England gab es sie 2001 zum ersten Mal seit 150 Jahren wieder. Heute wird die Spezies mit einer weltweiten Population von schätzungsweise 460.000 als „nicht gefährdet“ eingestuft.

GEGENÜBER Nach erfolglosem Sturzflug und Tauchgang taucht ein Fischadler in Schottland aus dem Wasser auf. Da die Spezies in der Lage ist, Fische zu fangen, kann sie auf ihren Wanderungen küstennahe Routen wählen.

Wiesenweihe

Circus pygargus

GRÖSSE
Länge: 43–47 cm
Gewicht: Männchen 265 g, Weibchen 345 g
Flügelspannweite: 97–115 cm

AUSSEHEN
Mittelgroßer Raubvogel mit langen Flügeln und eulenähnlichem Gesichtsschleier; Männchen grau mit schwarzen Flügelspitzen und schwarzer Linie über den Armschwingen; Weibchen braun mit weißem Hinterende; Junge auf der Unterseite rötlich braun; Gleitflug mit v-förmiger Flügelstellung.

LEBENSWEISE
Ernährung: Nagetiere, Vögel, Reptilien und größere wirbellose Tiere, aufgenommen vom Boden im niedrigen Gleitflug; Nest auf dem Erdboden; Paare mit akrobatischem Balzverhalten; Weibchen legt 3–5 Eier; manchmal polygyn.

VERBREITUNG UND WANDERUNG
Brutgebiete in gemäßigten Breiten Europas, Nordafrikas und Westasiens in offenem und landwirtschaftlich genutztem Gelände; Winterquartiere südlich der Sahara von Gambia bis Südafrika sowie in Indien.

STELLUNG
Nicht gefährdet; Population nach Schätzungen 150.000–200.000; lokale Rückgänge durch Pestizide und intensive Landwirtschaft.

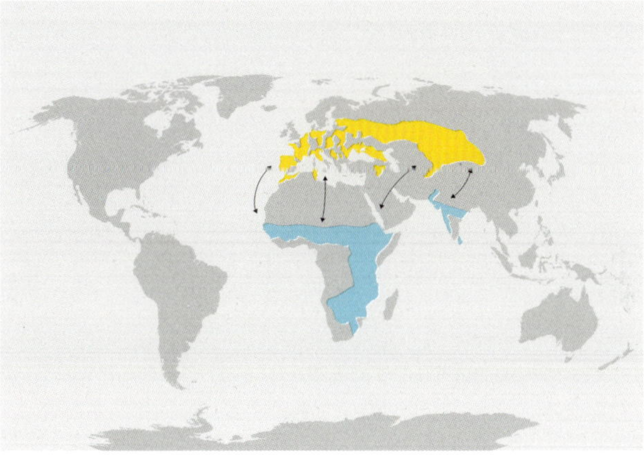

Über den Ebenen der Serengeti in Tansania schwebt ein schlanker grauer Raubvogel. Er kreist, geht inmitten weidender Herden nieder und schießt immer wieder auf arglose Beutetiere im Gras herab. Ein Blick zum Horizont zeigt weitere Vögel: Mit dem gleichen schwebenden Flug, die langen Flügel in V-Stellung, teilen sie die Savanne unter sich auf.

Es sind Wiesenweihen, die jeden Winter die Niederungen Europas gegen die Savannen Afrikas tauschen. Sie jagen kleine Säugetiere, Vögel, Reptilien und größere Insekten. Mit langsamem, wendigem Flug und hervorragendem Gehör, das sie ihrem flachen Eulengesicht verdanken, spüren sie Beute im hohen Gras auf und fangen sie. Nur die erwachsenen Männchen sind grau: Die größeren Weibchen sind vorwiegend braun, Jungtiere haben eine üppig rotbraune Unterseite.

Die Wiesenweihe lebt in den gemäßigten Regionen Europas und Asiens von der Iberischen Halbinsel bis nach Mittelrussland. Sie bewohnt offene Niederungen, von den Heidelandschaften am Mittelmeer bis zu den russischen Steppen. Im Herbst wandern die europäischen Populationen ins mittlere und südliche Afrika, wo sie die Graslandschaften von der Sahelzone bis zum nördlichen Südafrika besiedeln; die zentralasiatischen Populationen ziehen nach Indien.

Die Populationen, die im östlichen und südlichen Afrika überwintern, stammen aus Osteuropa. Westeuropäische Gruppen ziehen nach Westafrika bis zum Golf von Guinea. Mehrere in Großbritannien markierte Vögel steuerten in Westafrika verschiedene Winterquartiere an. „Sally" verließ England am 14. August 2016 und kam an ihrem Ziel in Ghana am 20. Januar 2017 an. Sie wanderte über Land durch die Westsahara in Mali und Mauretanien. „Mark" dagegen zog nach Gambia: Er verließ England am 19. August und kam auf einer küstennahen Route über Marokko und die Westsahara am 20. Dezember an.

In den Brutgebieten vollziehen die Paare eindrucksvolle Flugkunststücke, wobei das Männchen dem Weibchen Geschenke von Klaue zu Klaue aushändigt. Sie bauen am Erdboden ein verstecktes Nest aus Gras, das Weibchen legt 3–5 Eier. Gebrütet wird 27–40 Tage, wobei das Männchen ständig seine Partnerin füttert, und 28–42 Tage später sind die Jungen flügge.

Die Wiesenweihe wird mit einer weltweiten Population von schätzungsweise 150.000–200.000 als „nicht gefährdet" eingestuft. In vielen Regionen Europas sind die Bestände jedoch seit den 1940er-Jahren durch den Einsatz von DDT und anderer Pestizide sowie durch die immer früher einsetzende Getreideernte zurückgegangen.

GEGENÜBER Eine männliche Wiesenweihe trotzt im Kaukasus in Georgien auf dem Weg zu seinen zentralasiatischen Brutgebieten einem Schneesturm.

Breitflügelbussard

Buteo platypterus

GRÖSSE
Länge: 34–44 cm
Gewicht: 265–560 g
Flügelspannweite: 81–100 cm

AUSSEHEN
Kleiner, stämmiger Bussard mit großem Kopf und breiten, spitz zulaufenden Flügeln; Oberseite rötlich braun bis dunkelbraun; Unterseite weiß, Brust und Bauch mit Flecken und Streifen; weiße Streifen in der Mitte und am Ende des Schwanzes; selten auch dunkles Gefieder.

LEBENSWEISE
Ernährung: kleine Säugetiere, Vögel, Frösche, Reptilien und große wirbellose Tiere, gefangen am Erdboden nach kurzem, schnellem Gleitflug; Nester in Astgabeln unter der Baumkrone; Weibchen legt 2–5 Eier; hoher, schriller Ruf.

VERBREITUNG UND WANDERUNG
Brutgebiete in Nordamerika östlich der Rocky Mountains und westlich in Kanada bis British Columbia; Wanderung über Mexiko und Mittelamerika zu den Winterquartieren in Südamerika von Nordbrasilien bis Bolivien.

STELLUNG
Nicht gefährdet; Population nach Schätzungen 1,7 Millionen.

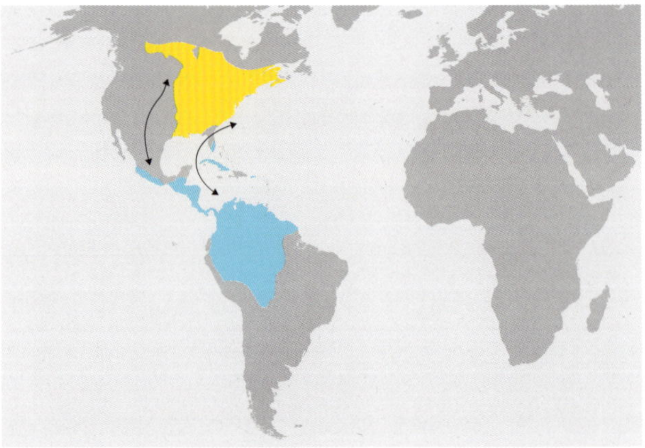

Ein warmer Oktobertag in der kleinen Ortschaft Chichicaxtle im mexikanischen Bundesstaat Veracruz. Am Himmel wimmelt es nur so von Raubvögeln. Dunkle Flecken kreisen vor dem Blau: ein brodelnder „Kessel“ voller Vögel. Immer wieder treffen kleinere Gruppen ein, und andere verschwinden Richtung Süden. Unter den Vogelarten, die man beobachten kann, dominiert vor allem eine: der Breitflügelbussard. Mehr als 50.000 Exemplare hat man gestern gezählt, und heute scheinen es sogar noch mehr zu sein.

Der Breitflügelbussard ist in Nordamerika der kleinste Vertreter der Gattung *Buteo*. Im Flug erkennt man ihn schnell an seinen kompakten Umrissen mit großem Kopf und breiten, spitz zulaufenden Flügeln. Aus der Nähe zeichnen sich die rötlich braune Oberseite und die blasse Unterseite mit Flecken auf Brust und Bauch sowie die charakteristischen weißen Streifen am Schwanz ab. Die Spezies ist im Osten Nordamerikas weit verbreitet. Die Vögel bewohnen die verschiedensten Wälder und jagen im Unterholz nach Beute – kleinen Säugetieren, Fröschen, Echsen und Jungvögeln. Nach dem Brüten tauschen sie die Wälder Nordamerikas gegen ähnliche Lebensräume in Mittel- und Südamerika: Von Brasilien bis Bolivien gehen sie am Rand von Regenwäldern und Plantagen auf die Jagd.

Die alljährliche Wanderung der Breitflügelbussarde nach Süden – ein wichtiger Bestandteil der großen Vogelzugschauspiele der Welt – beginnt im September. Sogar aus Südkanada machen sich die Vögel auf den Weg und wandern rund 70 Tage lang durchschnittlich 100 km täglich; bis zu ihren tropischen Zielorten legen sie 3000–6000 km zurück. Unterwegs gewinnen die Vögel durch Aufwinde an Höhe und sparen auf diese Weise Energie; ihre Flughöhe liegt bei 550–1300 m.

Die Wanderung beginnt an vielen Orten, aber wenig später sammeln sich die Vögel an topografischen Orientierungsmarken wie Bergrücken, Tälern und Küsten mit dem Ziel, eine Meeresüberquerung zu vermeiden. Kleinere Schwärme von einigen hundert Vögeln schwellen an wichtigen Nadelöhren zu Massen von Tausenden an. Zahlreiche solcher Orte – darunter Hawk Ridge in Minnesota, Hawk Cliff in Ontario und Hawk Mountain in Pennsylvania – sind deshalb berühmt geworden. An dem zuletzt genannten Ort wurde im Jahr 1978 ein Spitzenwert von 29.519 Vögeln gezählt.

Die US-amerikanischen Vogelschwärme werden aber von denen im mexikanischen Bundesstaat Veracruz in den Schatten gestellt. Zwischen zwei Barrieren – dem Gebirge der Sierra Madre im Westen und dem Golf von Mexiko im Osten – zwängen

GEGENÜBER An seinen weißen Streifen am Schwanz und dem kompakten Umriss kann man den Breitflügelbussard in einem Schwarm wandernder Raubvögel erkennen.

sich die Vögel über einen nur rund 32 km breiten Landstreifen, wo die Aufwinde aus der warmen Küstenebene ausgezeichnete Bedingungen für ihr Weiterkommen schaffen. In Spitzenjahren werden hier im Herbst bis zu 6 Millionen Raubvögel gezählt, und nahezu zwei Drittel davon sind Breitflügelbussarde – praktisch die gesamte weltweite Population der Spezies. Das aufsehenerregende Naturschauspiel wird auch „Fluss der Raubvögel" genannt.

Wegen ihrer auffälligen Wanderungen sind die Breitflügelbussarde relativ einfach zu studieren. Seit Jahren finden an allen wichtigen Nadelöhren ihrer Zugwege jährliche Zählungen statt. Im Herbst 2018 zählte die mexikanische Naturschutzorganisation Pronatura 844.256 Breitflügelbussarde unter den insgesamt 2.270.056 Raubvögeln, die allein über Chichicaxtle hinwegflogen. Gleichzeitig erfuhr man viel über die Strategien der Spezies. Der Breitflügelbussard ist eine von fünf wandernden nordamerikanischen Raubvogelarten. Er fliegt im Herbst als Erster ab und kehrt im Frühjahr als Letzter zurück – was sich im Wesentlichen mit seiner Abhängigkeit von Aufwinden erklären lässt: Er richtet seine Wanderungen so ein, dass sie mit den günstigsten Luftströmungen zusammenfallen. Deshalb verläuft die Rückreise auch auf einem elliptischen Weg: Die vorherrschenden Winde drängen die Vögel im Herbst weiter östlich in Richtung der Küste ab, während sie im Frühjahr einer weiter landeinwärts gelegenen Route folgen.

In Studien stellte sich auch heraus, dass die Bussarde im Schwarm leichter Aufwinde finden – Gruppen halten Ausschau nach anderen Gruppen, die bereits aufsteigen – und deshalb besser navigieren können. Ausgewachsene Vögel bilden häufiger Schwärme als jüngere, und in Gruppen gemischten Alters fliegen die älteren Vögel in der Regel voran. Unter denen, die in Südtexas und Florida überwintern und nicht den ganzen Weg nach Süden zurücklegen, finden sich proportional mehr jüngere und weniger erfahrene Vögel. Eine eigene Unterart (eine von sechs, die man in der Wissenschaft unterscheidet) findet sich auf Kuba, Puerto Rico und den Kleinen Antillen; diese Unterart wandert nicht, sondern ist auf den Inseln sesshaft.

Im April, nach der Rückkehr in die Brutgebiete, erfolgt die Paarung in einem Balzritual mit spektakulären Flugkunststücken, Sturzflügen und Überschlägen. Die Breitflügelbussarde paaren sich ab dem zweiten Jahr, und Paare bleiben mehrere Jahre zusammen. Das große Nest wird in einem Baum im Wald gebaut, beispielsweise einer Lärche, Birke oder Weißeiche, und besteht aus Ästen und Zweigen in einer Astgabel unterhalb der Baumkrone. Das Weibchen legt durchschnittlich 2–5 Eier, auf denen es 28–31 Tage brütet. Beide Eltern versorgen die Jungtiere, die nach weiteren 35-42 Tagen flügge werden. Die Eltern schützen ihre heranwachsenden Jungen und verteidigen das Nest aggressiv gegen Räuber wie Krähen, Waschbären oder sogar Schwarzbären.

Den Beständen des Breitflügelbussards geht es heute einigermaßen gut: Die Population ist von 1966–2016 beträchtlich gewachsen. Sie wird auf 1,7 Millionen geschätzt, und der Vogel ist als „nicht gefährdet" eingestuft – bedroht ist allerdings die Unterart auf Puerto Rico. Die großen wandernden Schwärme bieten in den USA, Mexiko und Mittelamerika weiterhin ein beliebtes Schauspiel für die Touristen.

RECHTS Häufig dominieren Breitflügelbussarde in den großen „Kesseln" mit wandernden Raubvögeln, die über Mittelamerika und den Südosten der USA hinwegfliegen und sich zu Tausenden in den Aufwinden sammeln.

Schwalbenweih

Elanoides forficatus

GRÖSSE
Länge: 50–68 cm
Gewicht: 310–600 g
Flügelspannweite: 112–136 cm

AUSSEHEN
Schlanker, eleganter, mittelgroßer Raubvogel; Flügel lang, Schwanz lang und gegabelt; Unterseite ausgewachsener Tiere weiß, Kopf weiß, Rücken dunkelgrau, Flügelspitzen und Schwanz schwarz; Jungtiere unauffälliger mit kürzerem Schwanz; charakteristischer schwebender, driftender Flug.

LEBENSWEISE
Lebensräume: Sumpfwälder und Feuchtgebiete; Ernährung: kleine Säugetiere (auch Fledermäuse), Vögel, Frösche, Reptilien, Jungvögel, Insekten und auch Früchte, die im Flug aus den Bäumen gepflückt werden; frei liegendes Nest oben in hohen Bäumen; Weibchen legt durchschnittlich 2–4 Eier.

VERBREITUNG UND WANDERUNG
Brutgebiete in Florida und gelegentlich auch in anderen südlichen US-Bundesstaaten; außerdem in Teilen Mittelamerikas und großen Teilen des nördlichen Südamerika bis nach Südbrasilien; nördliche Populationen wandern über den Golf von Mexiko in den Süden.

STELLUNG
Nicht gefährdet; Population nach Schätzungen 150.000.

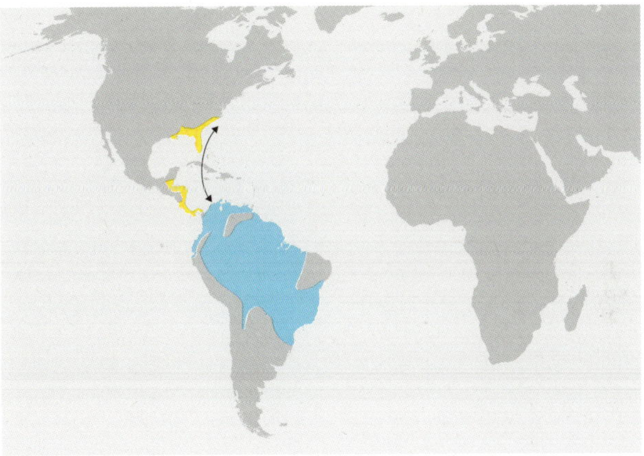

Dieser unverwechselbare Vogel wurde als der schönste Raubvogel Nordamerikas bezeichnet. Die Gründe erkennt man schnell: ein elegantes Profil, ein adrettes buntes Gefieder und ein eleganter, dahintreibender Flug. Die Spezies ist heute in Nordamerika nur schwach vertreten: Oft kommt sie nur in Florida vor. Von dort macht sich die Population im Herbst ins tropische Südamerika auf, das Hauptbrutgebiet der Spezies.

Der Schwalbenweih gehört zur Unterfamilie der Wespenbussarde (Perninae). Der lange, gegabelte Schwanz, dem er seinen Namen verdankt, unterscheidet ihn von allen anderen Raubvögeln, und auch der Flug ist charakteristisch: Er hängt im Wind wie ein Fregattvogel (siehe Seite 96ff.) und manövriert nur durch Drehungen des Schwanzes und Kippen der langen Flügel. Kleine Beutetiere wie Reptilien, Jungvögel und große Insekten fängt er in den Baumwipfeln und frisst sie in der Luft.

Die Spezies brütet vor allem in bewaldeten Feuchtgebieten, wo sie auf bis zu 30 m hohen Bäumen exponierte Nester baut. In Florida und anderen südlichen US-Bundesstaaten sind das oftmals Sümpfe mit Weihrauchkiefern oder Sumpfzypressen. Paare gehen eine langfristige Beziehung ein. Das Weibchen legt durchschnittlich 2–4 Eier und brütet 28 Tage; nach weiteren 36–42 Tagen sind die Jungen flügge.

In Florida wurden die Schwalbenweihen eingehend erforscht. Mit Geolokatoren fand man heraus, dass sie Tausende von Kilometern bis nach Südbrasilien ziehen. Die Reise nach Süden beginnt dabei mit einem einzigen großen Sprung über den Golf von Mexiko. Nach einer Ruhepause fliegen sie nach Mittelamerika weiter. Große Schwärme dieser sozialen Spezies sammeln sich vor der Wanderung an Rastplätzen, bauen durch gemeinsames Fressen Fettreserven auf und sind an wichtigen Engstellen der Zugwege in der Luft zu beobachten.

Der Bestand an Schwalbenweihen ist in den USA während des 20. Jahrhunderts um bis zu 80 % zurückgegangen, weil die unentbehrlichen Feuchtgebiete vernichtet oder zerstört wurden. Brüteten sie früher im Norden bis nach Minnesota, so kommen sie heute nur noch in sieben Bundesstaaten vor. Lediglich in Florida gibt es eine gesunde, wachsende Population insbesondere im Lower Suwannee National Wildlife Refuge, wo ihre Zahl aus der Luft überwacht wird – mit den auffälligen weißen Köpfen in den Baumwipfeln sind die Vögel leicht zu zählen. Die US-Population macht aber nur 3 % des Gesamtbestandes aus. In ihrem tropischen Verbreitungsgebiet ist die Spezies zahlreicher, und mit einer Gesamtpopulation von 150.000 gilt sie als „nicht gefährdet".

GEGENÜBER Schwalbenweihen umschwärmen bei Naples in Florida ihren Sitzplatz auf einer Kiefer und bereiten sich auf den Zug in den Süden vor.

Eleonorenfalke

Falco eleonorae

GRÖSSE
Länge: 36–42 cm
Gewicht: 350–390 g
Flügelspannweite: 87–104 cm

AUSSEHEN
Mittelgroßer Falke; Flügel lang und spitz, Schwanz mäßig lang; Unterseite blass bis braungelb, gestreift; Oberseite und Schwanz grau; dunkle Kappe und Streifen über dem Schnabel; selten auch dunkle Individuen, schwarz mit hellen Flecken an der Flügelunterseite.

LEBENSWEISE
Ernährung: große Insekten, im Flug gefangen; während der Paarungssaison wandernde Singvögel; Nester auf Felsvorsprüngen oder in Ritzen an Meeresklippen und ihrer Umgebung; Weibchen legt durchschnittlich 2–3 Eier; Jungvögel schlüpfen im Spätsommer, sodass die Eltern sie mit vorüberkommenden Zugvögeln füttern können.

VERBREITUNG UND WANDERUNG
Brutgebiete auf Inseln und an Küsten rund um das Mittelmeer in Griechenland, Kroatien, Sardinien, Marokko, auf den Balearen und den Kanarischen Inseln; Wanderung quer über Nordafrika ins Winterquartier in Madagaskar.

STELLUNG
Nicht gefährdet; Population nach Schätzungen 5900–6200 Brutpaare.

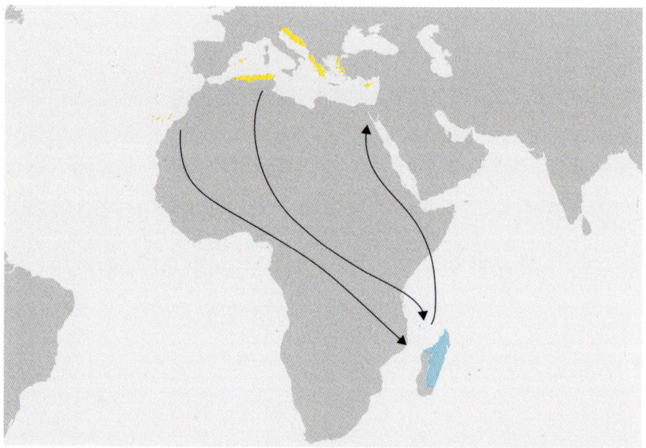

In den Studien über Zugvögel der Welt macht dieser elegante Falke in zweierlei Hinsicht Schlagzeilen. Erstens ist er mit seiner Lebensweise auf andere Zugvögel angewiesen und wählt die Zeit seiner Brutsaison so, dass er seine Jungen mit Singvögeln füttern kann, die über das Mittelmeer nach Süden fliegen. Und zweitens vollzieht er unter allen Raubvögeln selbst eine der schwierigsten Wanderungen mit langen Überquerungen der Sahara und des Indischen Ozeans.

Der Eleonorenfalke hat den langen Schwanz und die langen, spitzen Flügel eines typischen Falken und liegt in der Größe zwischen dem Wanderfalken (*Falco peregrinus*) und dem Baumfalken (*Falco subbuteo*). Es gibt zwei Farbvarianten: Die typische Form ähnelt mit dunkler Kappe, Streifen über dem Schnabel, grauer Oberseite, grauem Schwanz und blass gestreifter Unterseite einem Baumfalken. Die dunkle Form ist oben und unten schwarz mit helleren Abschnitten an den Flugfedern. Auf Beutejagd schießt der Eleonorenfalke mit großer Geschwindigkeit und wendig durch die Luft, und wie der Baumfalke behält er den Fang in den Klauen, während er ihn im Flug mit dem Schnabel zerreißt und verzehrt.

Der Name der Spezies erinnert an Eleonora von Arborea, Königin von Sardinien, die 1392 als erste Herrscherin einem Falken Schutz vor illegaler Jagd zusicherte. Noch heute brütet die Spezies in Sardinien wie auch auf anderen Inseln und an Küsten im Mittelmeer, von den Kanarischen Inseln und Balearen bis nach Marokko, Algerien, Kroatien, Zypern und Griechenland. Im Gegensatz zu anderen Falken bildet er kleine Brutkolonien, wobei sich jedes Paar an Klippenkanten, in Höhlen oder Felsspalten einen Nistplatz wählt. An solchen luftigen Orten legt das Weibchen durchschnittlich 2 oder 3 Eier, die es 28–30 Tage bebrütet. Die Jungen sind 35 Tage später flügge.

Von anderen Falken unterscheidet sich die Spezies durch den zeitlichen Ablauf ihres Fortpflanzungszyklus. Eleonorenfalken brüten im Spätsommer, also später als andere Arten; deshalb fällt das Wachstum ihrer Jungvögel mit dem Höhepunkt des Zuges von Singvögeln nach Süden zusammen. Dies ist für die Eltern der Auslöser, um ihre gewöhnliche Ernährung – Libellen und andere große Fluginsekten – aufzugeben und die neue Nahrungsquelle zu nutzen. Sie hängen entlang der Klippen in der Luft, warten, bis die erschöpften Zugvögel sich dem Land nähern, und fangen sie dann – häufig tief über den Wellen – in einer schnellen Jagd. Wenn die heranwachsenden Jungen die ersten eigenen Flüge unternehmen, sind sie fast vollständig auf diese Nahrung angewiesen. Im Jahr 2014 entdeckten

GEGENÜBER Ein Eleonorenfalke kreist über dem blauen Wasser des Mittelmeers. Seine Wanderung wird ihn quer durch Afrika nach Süden bis nach Madagaskar führen.

marokkanische Wissenschaftler, dass ausgewachsene Vögel sogar eine makabre Gewohnheit praktizieren: Sie reißen ihren Beutevögeln die Federn aus und sperren sie zum späteren Verzehr bei lebendigem Leib in Löchern und Felsspalten ein.

Im November, nach der Brutzeit, machen sich junge und ausgewachsene Vögel auf die Mammutwanderung quer über Afrika zur Insel Madagaskar im Indischen Ozean. Früher nahm man an, Vögel aus dem westlichen Mittelmeerraum würden entlang des Mittelmeers nach Osten wandern, die Sahara umgehen und über das Rote Meer nach Ostafrika fliegen. Vögel aus dem Osten nehmen tatsächlich diese Route. Als die Universitäten Valencia und Alicante in Spanien aber von 2007–2009 auf den spanischen Balearen und Islas Columbretes 16 Vögel mit Geolokatoren ausstatteten, stellte man erstaunlicherweise fest, dass diese Vögel unmittelbar über die Sahara und die Regenwälder des Kongobeckens flogen, bevor sie in Kenia die Küste des Indischen Ozeans erreichten und die Wanderung dann in südlicher Richtung über Mosambik nach Madagaskar fortsetzten.

In Madagaskar beziehen die Zugvögel von Dezember bis März ihr Winterquartier. Sie verbreiten sich über die tropischen Niederungen, bilden Fressgruppen von bis zu 25 Vögeln und tun sich häufig mit ihren engen Verwandten zusammen, den Schieferfalken (*Falco concolor*). Gemeinsam fangen sie Insekten über Seen, Reisfeldern und dem Kronendach der Wälder. Das sind aber nicht die einzigen Schwierigkeiten. Auf dem Rückweg nehmen die Vögel eine andere Route von Madagaskar nordwestlich über den Indischen Ozean, und erst an der Küste Somalias treffen sie wieder auf Land. Für den gesamten jährlichen Hin- und Rückweg wurde für einige Individuen eine Strecke von mehr als 9500 km gemessen. Die Nonstop-Überquerung der Sahara und des Indischen Ozeans setzt eine körperliche Belastbarkeit voraus, die man bei einem Vogel dieser Größe nicht für möglich gehalten hatte.

Der Eleonorenfalke wird heute als „nicht gefährdet“ eingestuft. Seine Population von schätzungsweise 5900–6200 Brutpaaren scheint in manchen Regionen geringfügig zu wachsen. Die größte Bedrohung für die Spezies liegt in den Winterquartieren auf Madagaskar, wo die Ausweitung einer opportunistischen Landwirtschaft zur Zerstörung der Wälder und Feuchtgebiete führt, auf die sie angewiesen ist.

RECHTS Auf seiner herbstlichen Wanderung nimmt ein Eleonorenfalke auf der Insel Zypern über einer Klippe eine strategische Position ein, um von hier aus ankommende wandernde Singvögel zu erlegen.

Truthahngeier

Cathartes aura

GRÖSSE
Länge: 62–81 cm
Gewicht: 0,8–2,1 kg
Flügelspannweite: 160–183 cm

AUSSEHEN
Großer, vollständig dunkler Raubvogel mit nacktem rotem Gesicht und hakenförmigem weißem Schnabel; Flügel lang, im Gleitflug in v-förmiger Haltung; sitzt zum Aufwärmen und Trocknen häufig mit ausgebreiteten Flügeln; am Boden schwerfällig hüpfender Gang.

LEBENSWEISE
Ernährung: Aas aller Arten, verweste Kadaver werden aber gemieden; tötet niemals selbst die Beute; manchmal auch Früchte und Pflanzenmaterial; Nahrungssuche mit Seh- und Geruchssinn im Tiefflug über offenem Land oder Baumkronen; brütet in versteckten Höhlen; kein Nestbau; Weibchen legt 1–3 Eier.

VERBREITUNG UND WANDERUNG
Brutgebiete überall in Amerika von Südkanada bis nach Feuerland; nördliche Populationen ziehen im Herbst in den Süden der USA und die Subtropen; Unterarten aus dem Westen kommen bis ins südliche Südamerika; tropische Populationen im Wesentlichen sesshaft.

STELLUNG
Nicht gefährdet; Population nach Schätzungen 4,5–5 Millionen.

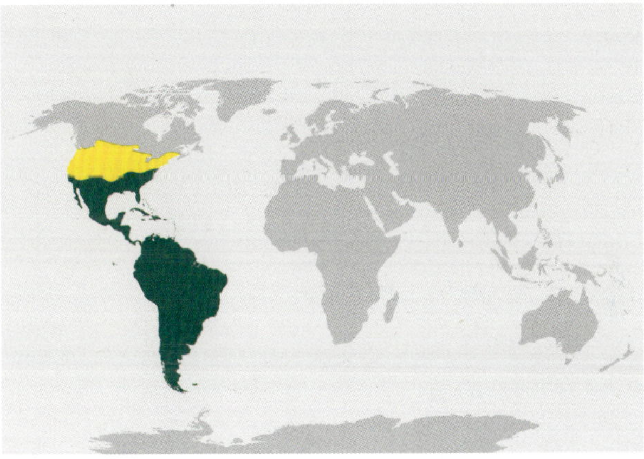

An warmen Novembertagen bietet sich über Panama City ein eindrucksvoller Anblick: Millionen Raubvögel kreisen über der glitzernden tropischen Skyline. In der Mehrzahl sind es Truthahngeier: 1.864.861 dieser Vögel wurden 2014 innerhalb weniger Tage gezählt. Entlang der Pazifikküste kommen sie mithilfe der Aufwinde nach Süden voran. Viele stammen aus dem Norden bis hoch aus der Provinz British Columbia, und manche schaffen es im Süden bis nach Argentinien.

Der Truthahngeier brütet in Amerika von Kanada bis Patagonien. Er ist ein Teilzieher: Manche Populationen unternehmen lange Wanderungen, andere bewegen sich kaum. Vögel aus dem Südosten der USA und Mexiko wandern nicht. Solche aus dem Nordosten ziehen in die südlichen Bundesstaaten, jene aus dem Westen nach Venezuela, Kolumbien und Ecuador. Vögel, die in Südamerika brüten, sind sesshaft und werden von den Zugvögeln aus dem Norden oft auf dem Weg nach Süden überflogen.

Die Spezies ist fast überall vertreten: von Ackerland und Wüsten bis zu Gebirgen und halbtropischen Wäldern. Bei dem charakteristischen „Schaukelflug" werden die breiten Flügel v-förmig schräg nach oben gehalten. Im Sitzen bildet das dunkelbraune Gefieder (das schwarz erscheint) einen Kontrast zu dem nackten roten Kopf und dem hellen, hakenförmigen Schnabel. Die Spezies ist weder mit den Falken der Gattung *Buteo* noch mit den Altweltgeiern verwandt, sondern gehört als eine von sieben Arten zu den Neuweltgeiern (Familie Cathartidae).

Als Aasverwerter nimmt der Truthahngeier – was für einen Vogel ungewöhnlich ist – die Gase wahr, die von einem Kadaver ausgehen. Er frisst alles Mögliche, von Tieren, die von Autos getötet wurden, bis zu toten Fischen an der Küste. Er brütet an versteckten Orten wie Höhlen, Felsspalten und hohlen Bäumen. Das Weibchen legt durchschnittlich 2 Eier, beide Eltern brüten 30–40 Tage. Die Jungen sind nach 60–80 Tagen flügge.

Wenn Truthahngeier wandern, sammeln sie sich im August und lassen sich tagsüber mit möglichst wenig Flatterflug von Aufwinden treiben. Täglich legen sie bis zu 320 km zurück. Auf dem Weg nach Süden wachsen die Schwärme ständig an. An wichtigen Engstellen wie Corpus Christi in Texas, Veracruz in Mexiko und Panama sammeln sich die Vögel zu Tausenden.

Die Truthahngeier wurden lange von Bauern verfolgt, weil man fälschlich glaubte, sie würden Kälber angreifen und Tierkrankheiten verbreiten. Im 20. Jahrhundert sank ihre Zahl auch durch das DDT und andere Giftstoffe in der Nahrungskette. Heute wird die Spezies mit einer Population von schätzungsweise 4,5 Millionen als „nicht gefährdet" eingestuft.

GEGENÜBER Mit seinen breiten Flügeln kann der Truthahngeier den Auftrieb der Thermik besonders gut nutzen.

Wespenbussard

Pernis apivorus

GRÖSSE
Länge: 52–60 cm
Gewicht: 0,6–1,1 kg
Flügelspannweite: 135–150 cm

AUSSEHEN
Mittelgroßer brauner Raubvogel; Schnabel vergleichsweise klein, Hals länglich, Gesicht taubenähnlich; Oberseite braun, Unterseite hell, breite Streifen auf der Flügelunterseite und auffallender dunkler Doppelstreifen am Schwanz; Kopf des Männchens grau, beim Weibchen braun.

LEBENSWEISE
Ernährung: vorwiegend Larven von Wespen, Bienen und anderen Insekten; sucht am Waldboden und im Unterholz nach Nestern; insbesondere im Winterquartier auch kleine Wirbeltiere; großes Nest wird in hohem Baum gebaut, Weibchen legt 1–2 Eier.

VERBREITUNG UND WANDERUNG
Brutgebiete in großen Teilen Europas von Nordspanien bis nach Finnland, im Süden bis zur Türkei, im Osten bis nach Kasachstan und Zentralasien; Winterquartiere im mittleren und südlichen Afrika vom Senegal bis nach Südafrika; verschiedene Zugwege über das Mittelmeer.

STELLUNG
Nicht gefährdet; Population nach Schätzungen 280.000–420.000.

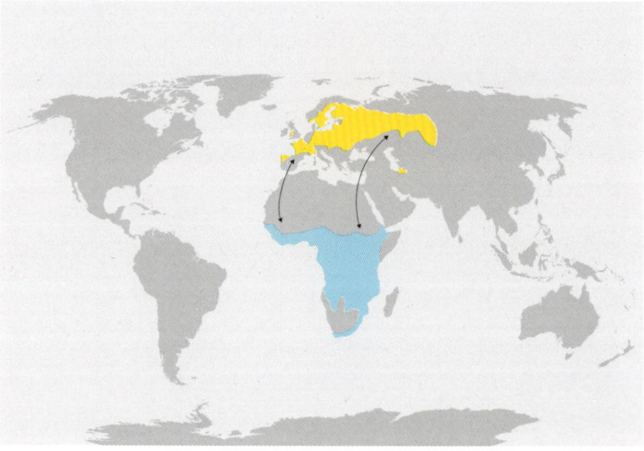

Der Wespenbussard trägt seinen Namen nur teilweise zu Recht: Er frisst Insektenlarven, wobei die Larven von Wespen einen wichtigen Nahrungsbestandteil darstellen. Allerdings ist er kein Bussard: Oberflächlich ähnelt er zwar dem Mäusebussard (*Buteo buteo*), gehört aber zu einer anderen Gattung. Der Vogel brütet in Europa und verbringt sein restliches Leben weitgehend in Afrika. Auf dem Höhepunkt des Vogelzuges gehören die kreisenden Schwärme der großen Raubvögel, die sich zwischen den Kontinenten hin und her bewegen, zu den eindrucksvollsten Naturschauspielen des Mittelmeerraumes.

Die Ähnlichkeit des Wespenbussards mit einem Mäusebussard – in der Größe wie in der Färbung – ist in der Evolution vermutlich als eine Art Mimikry entstanden. Die Ähnlichkeit mit seinem aggressiveren Namensvetter bietet Schutz gegen Räuber wie den Habicht. Bei näherem Hinsehen erkennt man, dass der kleinere Kopf des Wespenbussards eher dem einer Taube ähnelt – er ist beim Männchen blaugrau und beim Weibchen braun. Im Flug erkennt man die flacheren Flügel und einen längeren, schmaleren Schwanz mit zwei auffälligen Streifen in der Nähe des Schwanzansatzes und einem an der Spitze.

Das Brutgebiet der Wespenbussarde ist groß: Es erstreckt sich durch ganz Europa von Nordspanien bis nach Finnland, im Süden bis zur Türkei und im Osten bis nach Kasachstan und Zentralasien. Die Vögel bewohnen bewaldete Lebensräume häufig rund um Wiesen und Lichtungen. Sie suchen auf dem Waldboden und im Unterholz nach Bienen- und Wespennestern, hüpfen von Ast zu Ast und verschieben ihre Federn, während sie Ausschau nach den verräterischen Fluginsekten halten. Haben sie ein Nest gefunden, fliegen sie hinunter und graben es mit den Klauen aus, um es dann häufig im Ganzen wegzutragen. Schuppenbesetzte Federn auf dem Gesicht schützen vor Stichen, und das Gefieder ist vermutlich mit einem chemischen Abwehrstoff bedeckt.

Die Brutzeit beginnt Ende April. Das Paar baut auf einem Ast eines großen Baumes ungefähr 10–20 m über dem Boden ein Nest aus Zweigen und stattet es mit so viel grünem Material aus, dass es wie eine Pflanzenmasse aussieht. Das Weibchen legt 1–2 Eier, die von beiden Eltern 37 Tage bebrütet werden. Nach weiteren 40–45 Tagen sind die Jungen flügge, aber von den Eltern unabhängig werden sie erst nach rund 100 Tagen.

Im September sind die meisten Wespenbussarde unterwegs – die Jungen fliegen zwei Wochen nach den ausgewachsenen Vögeln ab. Mit magnetischer Orientierung und der visuellen Erinnerung an Orientierungsmarken steuern sie nach Süden

GEGENÜBER Der Wespenbussard ernährt sich fast ausschließlich von Bienen- und Wespenlarven; deshalb muss er im Winter, wenn seine Nahrungsquellen versiegen, nach Süden wandern.

zum Mittelmeer, wobei sie je nach ihrer Herkunft verschiedene Routen einschlagen. Vielfach überqueren sie das Meer bei Gibraltar im Westen oder am Bosporus im Osten. An beiden Drehscheiben treffen sie auf andere Raubvögel und warten auf die Aufwinde, mit denen sie über das Meer nach Nordafrika gleiten können. Wespenbussarde sind aber weniger auf schmale Meerengen angewiesen als die meisten anderen Raubvögel. Sie überqueren das Mittelmeer auch an breiteren Stellen, beispielsweise von Sizilien nach Tunesien oder von Griechenland nach Libyen, dabei fliegen sie manchmal mehrere hundert Kilometer über das offene Meer. Auf solchen Strecken, auf denen es keine Aufwinde gibt, bleiben sie meist in geringer Höhe und lassen sich zum Ausruhen auf kleinen Inseln nieder.

Jenseits des Mittelmeers nehmen Vögel auf der westlichen Route Kurs auf Westafrika, die östlichen Gruppen wandern nach Ostafrika und weiter bis nach Südafrika. Sie beziehen ihre Winterquartiere in feuchten Waldgebieten und Buschlandschaften, wobei sie häufig auch Sekundärwälder nutzen. An Straßen und auf Lichtungen finden sie verschiedene Wespen- und andere Insektenlarven. Auch andere Beutetiere verschmähen sie nicht, darunter kleine Säugetiere, Vögel und Reptilien.

Auf dem Rückweg im Frühjahr schlagen sie gewöhnlich nicht die gleiche Route ein wie im Herbst. Die meisten Wespenbussarde machen eine Rundreise und fliegen auf direkterem Weg nach Europa, wobei sie die jahreszeitlich vorherrschende Windrichtung ausnutzen. In Ungarn markierte Vögel zum Beispiel wanderten im Gegenuhrzeigersinn: Sie gelangten im Herbst über Gibraltar nach Afrika und kehrten im Frühjahr unmittelbar über das zentrale Mittelmeer zurück. Auf der südgriechischen Insel Antikythira konnte man 2007/08 beobachten, dass im Herbst zahlreiche Vögel vorüberflogen, während es im Frühjahr, als der Wind eine kürzere westliche Überquerung ermöglichte, sehr wenige waren. Unabhängig von der Route ergaben die Daten von Geolokatoren, dass ein Wespenbussard auf dem Weg nach Südafrika in 42 Tagen rund 6700 km hinter sich bringt. Jungvögel bewältigen die gleiche Strecke in 64 Tagen.

Auf den Zugwegen am Mittelmeer war der Wespenbussard lange ein Ziel der Jäger. Tausende von Vögeln, die an wichtigen Engstellen vorüberkamen, wurden zum Vergnügen getötet. Heute bemühen sich Naturschützer in Zusammenarbeit mit den örtlichen Gemeinden, das Gemetzel einzudämmen. Im April 2019 berichtete die Organisation BirdLife, es sei durch Naturschutzcamps in der Nähe der Straße von Messina in Sizilien gelungen, die Zahl der getöteten Tiere von rund 5000 auf nur noch 100 zu senken, und seit ihrer Einrichtung wurden Berechnungen zufolge etwa 85.000 Wespenbussarde gerettet. Heute ist die Spezies als „nicht gefährdet" eingestuft: Die europäische Population von 110.000–160.000 Brutpaaren macht 75–94 % des weltweiten Bestandes aus.

OBEN Wespenbussarde kreisen über Eilat in Israel auf thermischen Aufwinden. Sie sind unterwegs zu ihren afrikanischen Winterquartieren.

Schlangenadler

Circaetus gallicus

GRÖSSE
Länge: 62–67 cm
Gewicht: 1,2–2,3 kg
Flügelspannweite: 170–185 cm

AUSSEHEN
Großer Raubvogel; großer eulenähnlicher Kopf, kurzer Schwanz, lange Flügel; Augen hellgelb; Fußwurzel nicht gefiedert; Oberseite graubraun, Unterseite weiß, Kehle, obere Brust und Flügelunterseiten hell gestreift; Schwanz mit 3–4 braunen Streifen.

LEBENSWEISE
Ernährung: vorwiegend Schlangen und andere Reptilien; schwebt, um Beute am Erdboden auszumachen; Lebensraum: offenes Gelände von Heidelandschaften bis zur Steppe; Nest aus Ästen wird in Bäumen an Böschungen gebaut; Weibchen legt ein einziges Ei.

VERBREITUNG UND WANDERUNG
Brutgebiete rund um das Mittelmeer in Europa und Nordafrika; außerdem Russland, Naher Osten, Indien, Kleine Sunda-Inseln (Indonesien); europäische und zentralasiatische Populationen überwintern im mittleren Afrika, insbesondere in der Sahelzone.

STELLUNG
Nicht gefährdet; Population nach Schätzungen 100.000–200.000.

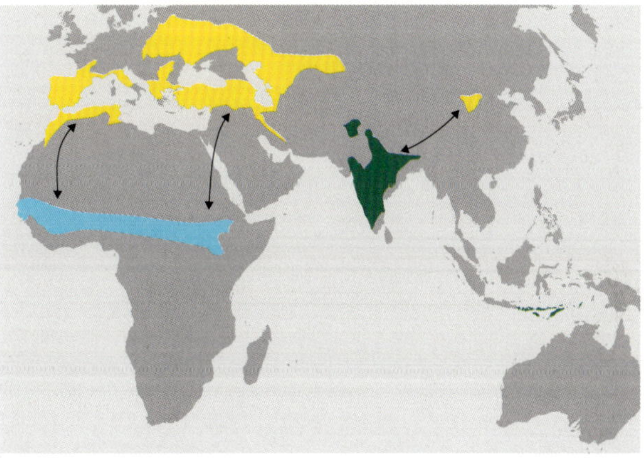

Die Wanderungen des Schlangenadlers scheinen der Intuition zu widersprechen: In Teilen seines Verbreitungsgebietes am Mittelmeer fliegt er nach Afrika zunächst in nördlicher Richtung. Als Wissenschaftler die großen herbstlichen Schwärme im mittelitalienischen Capriglia beobachteten, fragten sie sich lange, warum die Vögel nicht nach Süden, sondern nach Frankreich fliegen.

Die Antwort liegt in der Anatomie der Vögel. Mit ihren breiten Flügeln können sie über Land hervorragend auf der Thermik gleiten, aber für den Schlagflug, der sie die 150 km über das offene Meer von Sizilien nach Nordafrika tragen würde, eignen sie sich nicht. Deshalb fliegen die Vögel aus Süditalien zunächst nordwestlich nach Frankreich, dann über Spanien und schließlich bei Gibraltar über das Mittelmeer. Von dort ziehen sie zu den Winterquartieren im mittleren Afrika weiter.

Dies bestätigte sich 2010–2013 in Studien der Universität Valencia. In Mittelitalien wurden sieben junge Schlangenadler mit Satelliten-Geolokatoren ausgestattet. Fünf von ihnen schlossen sich im September den erwachsenen Tieren auf dem Umweg in Richtung Spanien an. Die beiden anderen folgten ihrem ererbten Instinkt und flogen nach Süden. In Sizilien angekommen, konnten sie den Weg nach Afrika nicht fortsetzen, sondern blieben über Winter dort, 3000 km nördlich von ihren traditionellen Winterquartieren. Im Frühjahr wurde einer der markierten Vögel erschossen, aber der andere kehrte in sein Brutgebiet zurück und wählte im nächsten Herbst den nördlichen Umweg. Ähnliche Beobachtungen machte man auch in Griechenland: Schlangenadler, die auf dem Peloponnes brüteten, wandten sich nach Norden und flogen über den Bosporus nach Afrika, statt die kürzere südliche Route zu wählen.

Der Schlangenadler ernährt sich vorwiegend von Schlangen und anderen Reptilien. Oft schwebt er hoch über einem Hügel und sucht im offenen Gelände nach Beute. Das Brutgebiet reicht vom europäischen und afrikanischen Mittelmeerraum bis nach Südrussland und in den Nahen Osten. Alle Vögel wandern ins mittlere Afrika, wo sie unmittelbar nördlich des Äquators in der Sahelzone überwintern. Sesshafte Populationen gibt es in Indien und Indonesien.

Im Allgemeinen baut jedes Paar ein neues Nest aus Ästen in einem Baum auf einem Hügel oder einer Klippe. Das Weibchen brütet 45–47 Tage auf dem einzigen Ei, die Jungen sind nach weiteren 60–80 Tagen flügge.

Die Spezies ist heute als „nicht gefährdet" eingestuft. In vielen Regionen Europas hat die intensive Landwirtschaft aber zu einem Rückgang der Population geführt. Zahlreiche Vögel werden im Mittelmeerraum illegal geschossen.

GEGENÜBER Der Schlangenadler frisst fast ausschließlich Schlangen; am besten erkennt man ihn an seiner sehr hellen Unterseite.

Steppenadler

Aquila nipalensis

GRÖSSE
Länge: 72–81 cm
Gewicht: Männchen 2–3,1 kg, Weibchen 2,3–3,9 kg
Flügelspannweite: 165–200 cm

AUSSEHEN
Großer brauner Adler; Nacken rötlich braun, Flug- und Schwanzfedern fast schwarz; im Flug erkennt man breite Flügel; Jungtiere einheitlicher gefärbt mit weißem Streifen an den Flügeldecken.

LEBENSWEISE
Lebensraum: offenes Gelände von der Steppe über die Halbwüste bis zur Savanne; Ernährung: kleine Säugetiere und Vögel, gerne auch Aas; Brut am Erdboden oder in niedrigen Bäumen; Weibchen legt 2 Eier und zieht beide Jungen groß.

VERBREITUNG UND WANDERUNG
Es gibt zwei Unterarten: *A. n. nipalensis* mit Brutgebieten in Zentral- und Ostasien vom Altaigebirge bis nach Tibet und zur östlichen Mongolei; Winterquartiere in Südasien und Indien. *A. n. orientalis* brütet in Zentral- und Westasien von Kasachstan bis nach Südrussland; Winterquartiere im östlichen und südlichen Afrika sowie in Arabien.

STELLUNG
Stark gefährdet; Population nach Schätzungen rund 37.000 Paare.

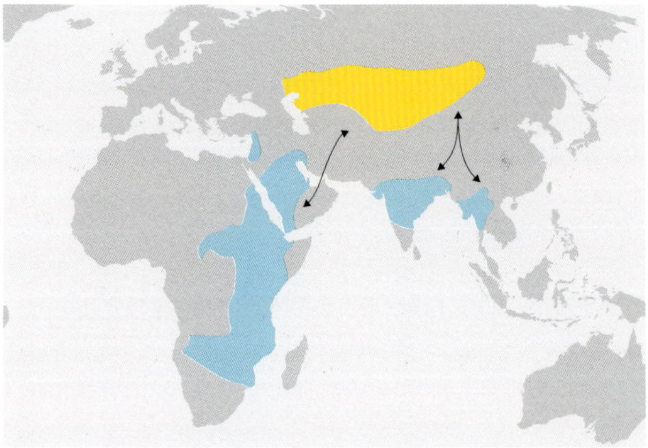

Im israelischen Eilat zählten Beobachter einmal an einem einzigen Herbsttag 29.000 vorüberfliegende Steppenadler. Die Vögel waren von ihren asiatischen Brutgebieten unterwegs in die Savannen Afrikas. Solche Zahlen gibt es leider nicht mehr. Der starke Rückgang verschaffte der Spezies einen Platz auf der Roten Liste.

Der Steppenadler ist ein Vogel der offenen Landschaften: Er brütet in trockenen Halbwüsten und überwintert meist in tropischen Savannen. Es gibt zwei Unterarten: *A. n. nipalensis* brütet rund um das Altaigebirge in Zentralasien und überwintert vor allem in Indien; weiter westlich brütet *A. n. orientalis* von Kasachstan bis nach Südrussland und überwintert im mittleren Afrika sowie auf der Arabischen Halbinsel.

Unter allen großen Adlern legt die Spezies die längsten Strecken zurück. Als man 2012 insgesamt 16 Vögel mit Satellitensendern ausstattete, konnte man einen von Botswana bis nach Kasachstan verfolgen. Er legte in acht Wochen bei einer Durchschnittsgeschwindigkeit von 77 km am Tag eine Entfernung von 9543 km zurück. Ein ausgewachsenes Männchen, das man während seines ganzen jährlichen Wanderungszyklus verfolgte, verbrachte 41,9 % seiner Zeit in den Brutgebieten in Kasachstan, 31,5 % im Winterquartier in Äthiopien und dem Sudan, und 26,6 % auf dem Weg zwischen beiden Regionen.

Auch andere Befunde waren aufschlussreich. Vögel, die in Südafrika überwinterten, unternahmen eine Rundreise rund um das Rote Meer, das sie im Herbst im Süden überquerten, während sie im Frühjahr über den Nordwesten zurückkehrten – ein Umweg von 1200 km. Einige überwinterten auf der Arabischen Halbinsel, was durch die wachsende Zahl von Viehkadavern und großen Müllkippen in der Region begünstigt wird. An solchen Stellen trifft man häufig Schwärme von 50–100 Vögeln an.

Der Steppenadler ist ein „echter Adler" (Gattung *Aquila*). Er jagt Eichhörnchen und andere kleine Säugetiere, frisst aber auch alles andere von Vögeln bis zu fliegenden Ameisen und Aas. Die Geschlechtsreife setzt mit vier Jahren ein, die Vögel nisten meist in Büschen oder auf niedrigen Bäumen. Das Weibchen legt durchschnittlich 2 Eier und brütet 45 Tage. Nach weiteren 55–65 Tagen sind die Jungen flügge.

Der Steppenadler ist heute gefährdet, der Großteil der schätzungsweise 37.000 Paare lebt in Kasachstan und der Mongolei. Die weltweite Brutpopulation ist von 1997–2015 um etwa 58,6 % zurückgegangen, in Osteuropa brütet die Art heute nicht mehr. Gründe sind die Verdrängung der Steppen durch die Landwirtschaft, Zusammenstöße mit Hochspannungsleitungen und Windrädern und Vergiftungen mit dem Medikament Diclofenac, das aasfressende Vögel von toten Rindern aufnehmen.

OBEN Ein Steppenadler kreist in seinem Winterquartier in Oman über der Wüste.

Schnee-Eule

Nyctea scandiaca

GRÖSSE
Länge: 52–71 cm
Gewicht: 1,6–3 kg
Flügelspannweite: 125–150 cm

AUSSEHEN
Sehr große weiße Eule; Männchen fast reinweiß, Weibchen mit Flecken und Streifen auf Oberseite, Krone und Flanken; Augen gelb, Schnabel schwarz mit weißem Gesichtsschleier, Füße stark gefiedert; Flügel lang mit schwarzen Streifen an den Spitzen.

LEBENSWEISE
Vorwiegend tagaktiv; Ernährung: Lemminge und andere Nagetiere der arktischen Tundra; im Winter auch Vögel und größere Beutetiere; Weibchen legt 5–8 Eier im Nest am Boden.

VERBREITUNG UND WANDERUNG
Rund um den Pol in der Arktis; in Nordamerika von den Aleuten bis Quebec und Labrador; in Eurasien von Lappland bis in die russische Arktis; manche Populationen bleiben im Winter in den Brutgebieten, andere wandern nach Süden: in Nordamerika nach Südkanada und in die nördlichen USA; in Eurasien nach Kasachstan, in die Mongolei und nach Nordchina.

STELLUNG
Nicht gefährdet. Population weltweit nach Schätzungen 300.000.

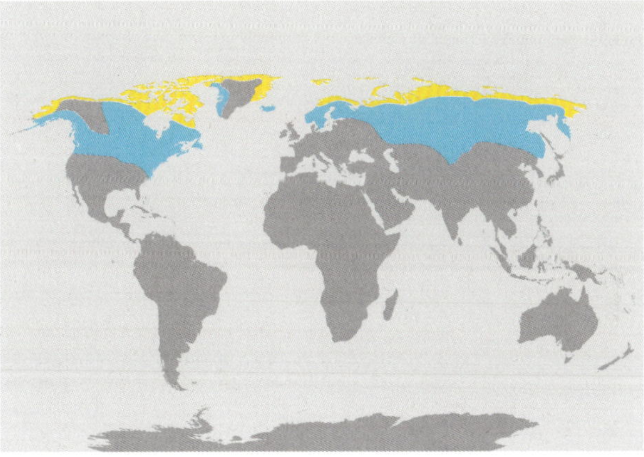

Eine Schnee-Eule im Maisfeld mag paradox aussehen. Schließlich ist der große weiße Vogel ein Sinnbild für das Leben in der Arktis und gewissermaßen der Eisbär unter den Vögeln. Zu den braunen Stoppeln und Maiskolben einer winterlichen Prärie passt sie nicht. Aber auch wenn die Schnee-Eulen in der weißen Kälte der Arktis gedeihen, führt ihre nomadische Lebensweise sie durchaus in andere Landschaften. Je nach den Schwankungen der Nagetierpopulation tauchen sie in manchen Jahren in großer Zahl weitab von ihren Brutgebieten auf. Solche Irruptionen werden auch „Schneestürme" genannt.

Die Schnee-Eule – *Ookpik* für die Inuit, Hedwig für Harry Potter – ist unverwechselbar. Die Männchen sind fast völlig weiß mit schwarzem Schnabel und gelben Augen. Die größeren Weibchen haben auf der Oberseite dunkelblaue Flecken und Streifen. Diese Färbung und das dicke, isolierende Gefieder – sogar auf den Füßen – sind Anpassungen an das Leben in der nördlichen Kälte. Da die Spezies zuerst in Skandinavien beschrieben wurde, trägt sie den wissenschaftlichen Namen *scandiaca*.

In Wirklichkeit erstreckt sich das Brutgebiet der Schnee-Eule über die gesamte arktische Tundra: in Nordamerika von den westlichen Aleuten über Alaska und Kanada bis nach Quebec und Labrador, in Eurasien von Lappland bis in die russische Arktis. In den 1960er- und 1970er-Jahren nistete ein Paar sogar kurzfristig auf den schottischen Shetlandinseln, und gelegentlich taucht die Spezies auch heute in Großbritannien auf. Trotz ihrer Verbreitung ist sie eine monotypische Art: Man kennt nur eine einzige Unterart.

Auf die winterliche Kälte und Dunkelheit der Arktis reagieren die Schnee-Eulen unterschiedlich. Manche erwachsenen Vögel überwintern in der Nähe ihrer Brutgebiete oder fliegen sogar nach Norden, wenn sie dort Nahrung in eisfreien Gebieten finden. Andere machen sich nach Süden auf und tauschen die Tundra gegen Seeufer, Marschen, Küstenlinien und Felder. In Nordamerika ziehen sie bis ins südliche Kanada und die nördlichen USA, manchmal sogar bis nach Texas und Georgia. In Eurasien fliegen sie innerhalb Skandinaviens und Russlands nach Süden, weiter im Osten auch nach Kasachstan, in die Mongolei und nach Nordchina. Manche Populationen wandern von Alaska nach Russland oder von Norwegen in den Osten Russlands und wieder zurück.

In manchen Jahren ziehen die Schnee-Eulen jedoch noch weiter, und das in größerer Zahl. Im Winter 2013/14 zum Beispiel beobachtete man an den Großen Seen und im Nordosten der USA den größten „Schneesturm" seit 100 Jahren. An der

GEGENÜBER Die weiße Färbung der Schnee-Eule ist als Tarnung eine Anpassung an ihre arktischen Brutgebiete. Die Spezies kann aber weit wandern und taucht unter Umständen weit weg vom nächsten Schnee auf.

US-Ostküste tauchten die Vögel in großer Zahl auf, wobei manche die 4800 km bis nach Jacksonville in Florida gewandert waren. Vögel wurden an unwahrscheinlichen Stellen beobachtet, so in der Innenstadt von Washington. Solche Wanderungsbewegungen sind komplex und unberechenbar, aber im Gegensatz zu früheren Annahmen werden die Vögel nicht vom Hunger getrieben. Ganz im Gegenteil: In dem Sommer vor einem solchen Winter gab es Lemminge und Wühlmäuse, die Hauptnahrung der Vögel, in Hülle und Fülle. In solchen Zeiten des Überflusses legen die Weibchen nicht nur 5–8, sondern 12–14 Eier, und die vom Männchen gefangenen Nagetiere stapeln sich rund um das Nest. Die zahlreichen Jungvögel müssen weiterziehen, um im Winter ihre eigenen Fressgebiete zu finden.

Im Rahmen des nordamerikanischen „Project Snowstorm" wurden zahlreiche Schnee-Eulen markiert, weil man ihre Wanderungen studieren wollte. Dabei stellte sich unter anderem heraus, dass junge Männchen in der Regel die längsten und ältere Weibchen die kürzesten Reisen unternehmen. Auf dem Weg nach Süden machen sie mehrfach kurz Zwischenstation und verteidigen jeweils ihr vorübergehendes Revier. Solche Langstreckenflieger haben im Gegensatz zu früheren Annahmen keinen Hunger, sondern erfreuen sich ausgezeichneter Gesundheit und wiegen oft mehr als ihre im Norden verbliebenen Artgenossen. In den Brutgebieten ist die Spezies auf Lemminge und andere kleine Nagetiere spezialisiert, die aus dem Hinterhalt im niedrigen Gleitflug über der Tundra gefangen werden. In den Winterquartieren erweitern die Vögel ihren Speisezettel und ihre Jagdstrategien. Über dem Meer schlagen sie Enten und andere Wasservögel, und an der Küste werden tote Fische verwertet – in einem Fall war es sogar ein toter Delfin.

Aufgrund ihrer nomadischen Lebensweise sind die Schnee-Eulen selten monogam, manche Paare bleiben aber bis zu fünf Jahren zusammen. Die Balz beginnt im Hochwinter und setzt sich bis März oder April fort, dabei unterstreicht das Männchen sein Geheul mit Fliegen und Herumstolzieren. Das Nest befindet sich auf dem Erdboden an einer schneefreien Stelle mit guter Aussicht auf die umgebende Landschaft und in einem guten Jagdrevier. Das Weibchen gräbt auf einem kleinen Hügel eine flache Senke, die mit Pflanzen und Federn ausgepolstert wird. Die Jungen schlüpfen nach 32–34 Tagen, verlassen nach 25 weiteren Tagen das Nest und sind nach 50–80 Tagen flügge.

In dieser Zeit haben die Eltern viel zu tun: Eine einzige Familie verbraucht bis zu 1500 Lemminge, bevor die Jungen davonziehen. Das Männchen verteidigt das Nest energisch und greift Polarfüchse an, die bis zu 1 km von der Brut entfernt sind. Schneegänse (siehe Seite 26ff.) und andere Vögel nisten sogar häufig in der Nähe der Eulen, um Schutz für ihre eigenen Nester zu erlangen.

Die Schnee-Eule wird von der IUCN angesichts einer weltweiten Population von rund 300.000 als „nicht gefährdet" eingestuft. Die Zahlen schwanken je nach den verfügbaren Beutetieren – in Boom-Jahren wächst der Bestand regional, im nächsten verschwindet er fast ganz. Der größte Feind dürfte der Klimawandel sein: Er führt dazu, dass die arktische Tundra in manchen Regionen „ergrünt", und damit verschwindet der Lebensraum, an den die Schnee-Eulen so hervorragend angepasst sind. In dieser Hinsicht liefert die Spezies wichtige Hinweise auf die Gesundheit der arktischen Ökosysteme.

RECHTS Schnee-Eulen sammeln sich an der Küste der kanadischen Provinz British Columbia, wo sie sich für den Winter verteilen.

Sumpfohreule

Asio flammeus

GRÖSSE
Länge: 34–43 cm
Gewicht: 206–475 g
Flügelspannweite: 85–110 cm

AUSSEHEN
Größe einer großen Taube; Gefieder sandfarben bis braun, Oberseite gescheckt, Brust gestreift, Bauch weiß; Augen leuchtend gelb, winzige Ohrbüschel, Flügel lang und auf der Unterseite hell.

LEBENSWEISE
Ernährung: kleine Säugetiere, erlegt im Flug über offenem Gelände; Nest am Boden, Weibchen legt 4–7 Eier; Populationsgröße und Wanderung spiegeln das jahreszeitliche Beuteangebot wider.

VERBREITUNG UND WANDERUNG
Alle Kontinente außer Antarktis und Australasien; in der Alten Welt von Island bis Nordostrussland; in Amerika in ganz Kanada und großen Teilen der USA, getrennt davon im nordwestlichen und südlichen Südamerika; auch auf ozeanischen Inseln wie Hawaii und Galapagos; Teilzieher: Nördliche Populationen wandern im Winter nach Mittelamerika, Nordafrika und Zentralasien.

STELLUNG
Nicht gefährdet; Population nach Schätzungen 2 Millionen.

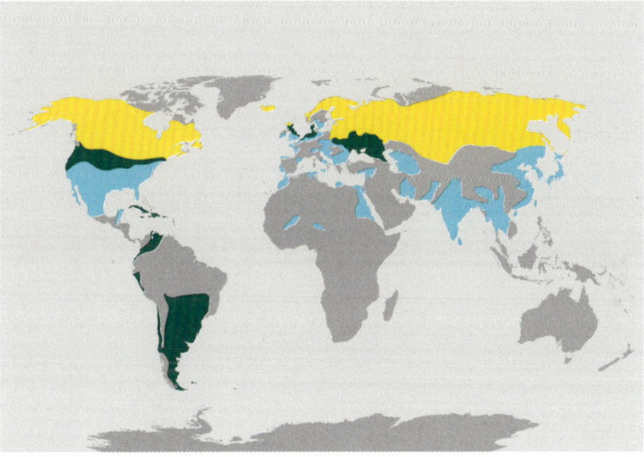

Die Sumpfohreule passt in kein Schema. Sie ist vorwiegend tagaktiv, jagt wie eine Weihe und durchkämmt langsam das offene Gelände auf der Suche nach ihrer wichtigsten Beute: Wühlmäuse. Im Gegensatz zu den meisten anderen Eulen nistet sie auch am Erdboden. Mit den langen Flügeln, die ihren langsamen Flug antreiben, kann sie große Strecken sogar über das offene Meer zurücklegen. Als größter Nomade unter den Eulen hat sie sogar abgelegene ozeanische Inseln besiedelt.

Die büschelförmigen „Ohren" dieser Spezies sind keine Ohren, sondern eine Tarnung, die den Umriss des Vogels verschleiern soll. Besser erkennbar sind die leuchtend gelben Augen, auf die der wissenschaftliche Artname *flammeus* („flammend") hinweist. Die sonstige Farbe schwankt je nach Unterart zwischen Sandgelb und dunklerem Braun, ist aber immer oben gefleckt und unten gestreift. Mit lässigen Schlägen der auffallend langen Flügel lässt sich der Vogel im Tiefflug treiben, und manchmal gleitet er auch mit v-förmiger Flügelhaltung.

Die Sumpfohreule ist sehr weit verbreitet. Sie kommt auf allen Kontinenten mit Ausnahme der Antarktis und Australasiens vor. In der Alten Welt lebt sie in einem breiten Streifen von Island und Großbritannien bis in den Nordosten Russlands. In Amerika findet man sie quer durch Kanada, in großen Teilen der USA und getrennt davon im nordwestlichen und südlichen Südamerika. Außerdem hat sie mehrere Inselgruppen besiedelt, insbesondere in der Karibik sowie Hawaii und die Galapagosinseln. Die Systematik ist kompliziert: Derzeit unterscheidet man elf Unterarten. Die Hauptform *A. f. flammeus* findet sich beiderseits des Atlantiks. Auf Inseln sind die meisten Unterarten sesshaft, und viele dürften sich im Prozess der Artbildung befinden. Manche Experten betrachten die Galapagos-Sumpfohreule (*A. f. galapagoensis*) bereits als eigene Spezies.

Die im Norden brütenden Populationen wandern nach Süden: von Europa in den Mittelmeerraum und nach Nordafrika, manchmal sogar bis in die Sahelzone; in Nordamerika in die südlichen US-Bundesstaaten, nach Mexiko und Mittelamerika. Von Russland fliegen die Populationen nach Südasien. In Großbritannien und manchen anderen Regionen wechseln sie auch die Höhenlage und begeben sich von hoch gelegenen Brutgebieten in tiefer liegende Flusstäler und Küstenebenen.

Wohin die Spezies zieht, hängt von den Wühlmäusen ab, ihrer wichtigsten Beute. In Jahren, in denen die Wühlmausbestände explodieren, kann sie sehr schnell in die produktivsten Regionen umziehen und ihre Brutzeit so anpassen, dass sie mit dem größten Überfluss zusammenfällt. In solchen Zeiten sind

GEGENÜBER Die Sumpfohreule nutzt ihr außergewöhnlich gutes Seh- und Hörvermögen, um Wühlmäuse zu fangen. Ist diese Hauptnahrung erschöpft, muss sie wandern und bessere Futterplätze finden.

LINKS Mit ihren für eine Eule ungewöhnlich langen Flügeln kann die Sumpfohreule auch lange Flüge unternehmen.

die Vögel bereits auf hoher See auf Schiffen und Ölplattformen aufgetaucht. Mit Markierung und Satellitentechnik konnte man bestätigen, dass junge Sumpfohreulen am weitesten wandern, nämlich bis zu 2000 km. In den Jahren 2009/10 verfolgten Wissenschaftler die Vögel telemetrisch nach dem Abflug von den Brutgebieten in Alaska 19 Monate lang. Die Mehrzahl flog nach dem Brüten südostwärts; der Korridor erstreckte sich östlich der Rocky Mountains nach Süden bis zu den Bundesstaaten mit Prärien und den Großen Ebenen, einige folgten aber auch westlich des Gebirges der Küste bis nach Kalifornien.

Früher kamen immer wieder viele Sumpfohreulen aus Osteuropa nach Großbritannien, nutzten dort die reichlich vorhandenen Wühlmäuse und sammelten sich an Rastplätzen. Umgekehrt konnte man Vögel, die in Großbritannien gebrütet hatten und dort markiert wurden, bis nach Nordafrika und Russland verfolgen. Der British Trust of Ornithology analysierte Daten aus 96 Jahren und gelangte zu dem Schluss, dass die Wanderungsbewegungen in Europa seit den 1970er-Jahren sowohl zahlenmäßig als auch im Hinblick auf die Entfernungen zurückgegangen sind. Der Grund liegt wohl in den immer kürzer werdenden Vermehrungszyklen der Wühlmäuse.

Ob die Sumpfohreulen nun brüten oder wandern, immer bewohnen sie offene Landschaften wie Tundra, Moore, Prärien und Küstenebenen. Die größte Aktivität entfalten sie am frühen Morgen und späten Nachmittag, wenn die Wühlmäuse am lebendigsten sind. Bei schlechtem Wetter jagen sie von einem Sitzplatz aus. Im Allgemeinen fangen sie ihre Beute aber im Tiefflug, wobei sie das Gelände durchkämmen und in den Gegenwind fliegen, um bei niedriger Geschwindigkeit zu manövrieren. Ist eine Wühlmaus erkannt, stößt die Eule mit den Füßen voran hinab und greift die Beute mit den Klauen. Auch größere Säugetiere und bodenbewohnende Vögel wie Regenpfeifer und Lerchen kommen als Beute infrage. Manche Unterarten haben sich auf regional üppige Nahrungsquellen spezialisiert: Die Galapagos-Sumpfohreulen fangen Galapagoswellenläufer (*Oceanodroma tethys*), wenn die kleinen Seevögel zu ihrem Bau zurückkehren.

Die Paarung beginnt auf der Nordhalbkugel im März und wird durch die Balz des Männchens angekündigt: Es fliegt mit übertriebenen Flügelschlägen hoch über dem Boden und klatscht manchmal auch hörbar mit den Flügeln. Das Weibchen baut am Boden ein Nest, das meist in niedriger Vegetation verborgen ist. Oft nisten mehrere Paare gemeinsam, und die Männchen dürften polygyn sein: Sie paaren sich mit mehreren Weibchen, tun sich aber nur mit einem zusammen. Das Weibchen legt im Durchschnitt 4–7 Eier, in Jahren mit vielen Wühlmäusen können es aber auch 16 sein. Auf dem Gelege brütet es 21–27 Tage. Die Nachkommen verlassen schon im Alter von zwölf Tagen das Nest und sind in etwas mehr als vier Wochen flügge. In dieser Zeit versucht das Weibchen, alle aufdringlichen potenziellen Räuber vom Nest wegzulocken, indem es einen gebrochenen Flügel simuliert.

Angesichts der weltweiten Verbreitung und einer Population von schätzungsweise 2 Millionen geschlechtsreifen Vögeln stuft die IUCN die Sumpfohreule als „nicht gefährdet" ein. In Teilen ihres Verbreitungsgebietes sind die Zahlen allerdings zurückgegangen. Insbesondere in Nordamerika ist der Bestand in der zweiten Hälfte des 20. Jahrhunderts stark geschrumpft, und manche Formen, darunter die Unterart *A. f. sandwichensis* auf Hawaii, gelten als bedroht. Die größte Gefahr ist in vielen Regionen der Verlust der Lebensräume (und damit der Wühlmäuse) durch die intensive Landwirtschaft.

LINKS Die Sumpfohreule ist gerade aus Skandinavien eingetroffen und geht jetzt an der englischen Ostküste im Schneesturm auf die Jagd.

06 ANDERE ZUGVÖGEL

Dieses Kapitel handelt von einigen Vögeln, die sich nicht ohne Weiteres in die zuvor beschriebenen systematischen Gruppen einordnen lassen und von denen jeder seine eigene Geschichte erzählt. Insgesamt machen sie deutlich, wie vielgestaltig der Vogelzug ist: Zu fast jeder Ordnung und Familie der Vögel gehören Arten, die zum Wandern geboren sind.

Keine Vogelstimme kündigt so eindeutig den Frühling an wie die des Kuckucks. Sein Brutparasitismus ist allgemein bekannt – er legt Eier in die Nester fremder Vögel –, und die zwei Töne seines Revierrufs sind in der abendländischen Kultur verankert, von Beethovens 6. Sinfonie bis zur Kuckucksuhr. Doch erst seit rund 100 Jahren weiß man, dass seine alljährliche Herbstreise ihn ins mittlere und südliche Afrika führt, und erst vor kurzer Zeit konnte man dank der Satellitentechnik herausfinden, wohin er genau fliegt: Gerade flügge gewordene Vögel, die ihre Eltern nie gesehen haben, überqueren das Mittelmeer und die Sahara auf mehreren Routen – ihr Ziel sind die Wälder des Kongobeckens.

Der Mauersegler, die am weitesten verbreitete von mehr als 100 Arten der Segler, ist das Urbild des Fliegers. Er schläft, frisst und paart sich im Flug – über ein Jahr kann er in der Luft bleiben. Da wundert es nicht, dass dieser flüchtige sommerliche Besucher Europas ohne Schwierigkeiten Langstreckenflüge absolviert: Nach Schätzungen legt ein Mauersegler in einem Jahr mehr als 200.000 km zwischen seinen Brut- und Winterquartieren zurück, wobei er auf der Suche nach fliegender Nahrung den Wetterfronten folgt.

Kaum zu glauben, aber wahr: Die nächsten Verwandten der Segler sind die Kolibris, deren Flügel evolutionär dazu angepasst sind, vor Blüten zu schweben statt über den offenen Himmel zu schießen. Trotzdem unternehmen auch diese kleinen, aktiven amerikanischen Nektarsammler eindrucksvolle Wanderungen: Der Rubinkehlkolibri fliegt nonstop und mit 50 Flügelschlägen pro Sekunde 800 km quer über den Golf von Mexiko.

Die meisten in diesem Buch beschriebenen landlebenden Zugvögel brüten in nördlichen und gemäßigten Breiten. Der farbenfrohe Scharlachspint dagegen ist ein Beispiel für einen innerafrikanischen Zugvogel. Er brütet in riesigen Schwärmen in der Trockenzeit, wenn das Wasser weit genug sinkt und den Bau von Nisthöhlen ermöglicht. Anschließend zieht er im Kreis: zuerst nach Südafrika, dann zurück in die afrikanische Äquatorregion. Ab November gesellen sich europäische Zugvögel zu ihm, so etwa die Blauracke mit ihrem lautstarken Balzverhalten. Sie konkurrieren mit den einheimischen Vögeln um das reichhaltige Insektenangebot, das sich mit dem tropischen Regen einstellt.

Im Gegensatz zu den wendigen Racken und Bienenfressern stehen die Hühnervögel, schwerfällige Bodenbewohner mit stämmigen Beinen, die nur im Notfall fliegen. Dem Trend widersetzt sich aber die Wachtel: Sie ist ein Langstrecken-Teilzieher, und manche Populationen unternehmen lange Reisen zwischen Eurasien und Afrika. Die Spezies wandert sogar in einem einzigen Jahr zwischen zwei Brutperioden: Die Nachkommen aus der ersten Brut reifen so schnell heran, dass sie weiter nach Norden ziehen und wenige Wochen später selbst Junge haben können.

Das Spießflughuhn ist trotz seines Namens kein Hühnervogel, sondern gehört zur Familie der schnell fliegenden, am Erdboden nistenden Taubenverwandten, die mit ihrem gemusterten Gefieder ausgezeichnet getarnt sind. Der Bewohner trockener Graslandschaften und Halbwüsten wandert aus den nördlichen Regionen seines zentralasiatischen Verbreitungsgebietes nach Südwesten und vollzieht manchmal eine große Irruption, wenn die Verhältnisse es verlangen.

Solche Irruptionen sind auch typisch für den Wellensittich, einen kleinen wandernden Papagei aus dem australischen Outback. Der gesellige Samenfresser ist vor allem als Käfigvogel bekannt, bildet aber riesige Schwärme, die auf ihren Wanderungen nach Niederschlägen und frischem Gras suchen.

Und schließlich gibt es die europäische Turteltaube. Dieser beliebte Vogel, ein bewährtes Symbol für Frieden und Treue, ist heute vor allem als Sinnbild für das Dilemma aller Zugvögel bekannt. Sie leidet in ihren europäischen Brutgebieten unter der intensiven Landwirtschaft, im afrikanischen Winterquartier unter Lebensraumverlust und unterwegs unter erbarmungsloser Jagd. Deshalb gehen ihre Populationen überall in Europa zurück. Wenn der Naturschutz das Schicksal der europäischen Turteltauben wenden kann, besteht für alle Zugvögel Hoffnung.

GEGENÜBER Der Bienenfresser gehört in den Winterquartieren im mittleren und südlichen Afrika zu den zahlreichsten und auffälligsten Zugvögeln aus dem Norden.

Kuckuck

Cuculus canorus

GRÖSSE
Länge: 32–34 cm
Gewicht: 110–130 g
Flügelspannweite: 55–60 cm

AUSSEHEN
Taubengroß, Silhouette im Flug falkenähnlich mit spitzen Flügeln und langem Schwanz; Augen gelb, Schnabel dünn, leicht gebogen und gelb; Oberseite und Kopf beim Männchen grau, beim Weibchen graubraun; Unterseite gestreift; Jungtiere braun und stark gestreift; Flug schnell und geradlinig.

LEBENSWEISE
Ernährung: vorwiegend Insekten, auch behaarte Raupen; Brutparasit: Weibchen legt Eier in die Nester anderer Vögel, die den jungen Kuckuck wie ein eigenes Junges großziehen; Populationen bedienen sich unterschiedlicher Wirtsvögel und passen die Farbe der Eier entsprechend an.

VERBREITUNG UND WANDERUNG
Brutgebiete in ganz Europa und Asien, von Irland bis nach Japan, im Norden bis Lappland, im Süden bis in die Türkei; Winterquartiere in Zentral- und Südafrika; eine kleine Population überwintert in Südostasien.

STELLUNG
Nicht gefährdet; Population weltweit nach Schätzungen 40–72 Millionen.

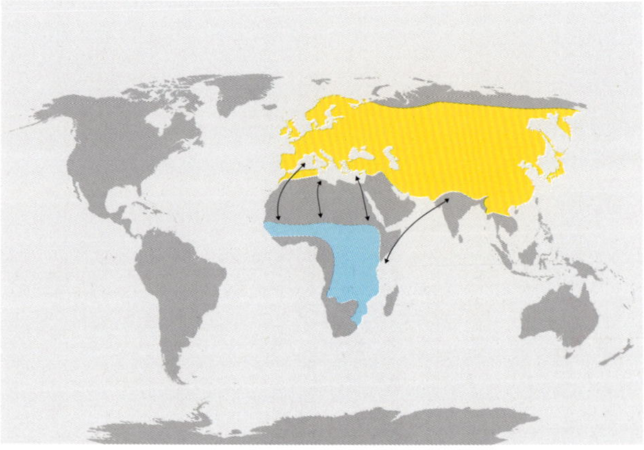

Keine Vogelstimme ist einfacher zu erkennen: *kuckuck, kuckuck*. Immer wieder ertönt die kleine Terz und schallt über die Hügel, weil der Sänger einen erhöhten Aussichtsplatz einnimmt und dann mit geschwollenem Hals und pumpendem Schwanz loslegt.

Der Sänger ist natürlich der Kuckuck – sein lautmalerischer Name stammt von dem altfranzösischen *cucu*. Die zwei Töne seines Revierrufes sind in der volkstümlichen Kultur vieler Länder verankert. Ein beliebtes Lied im deutschen Sprachraum ist das Stück „Kuckuck, Kuckuck, ruft's aus dem Wald", dessen Text 1835 von Hoffmann von Fallersleben geschrieben wurde. Der Vogel taucht auch in Stücken von Shakespeare sowie in der 6. Sinfonie von Beethoven und im „Le carnaval des animaux" von Camille Saint-Saens auf. Gefeiert wird stets der Frühling, den der Kuckuck – ein sommerlicher Zugvogel – ankündigen soll. Doch erst seit 100 Jahren wissen wir, von wo er kommt. Shakespeare wäre verblüfft gewesen, hätte er gewusst, dass die Vögel, die in Stratford-on-Avon den Frühling ankündigen, ihre Reise in Afrika begonnen haben.

Der Kuckuck ist ein schlanker, taubengroßer Vogel mit langem Schwanz und gelbem Schnabel. Auf der Oberseite sind die Männchen grau und die Weibchen braun, die Unterseite ist bei beiden zart gestreift. Im Flug ähnelt seine Silhouette einem Raubvogel – Größe und Farbe erinnern insbesondere an einen Sperber –, aber von diesem unterscheidet er sich durch den dünnen Schnabel ebenso wie durch die charakteristische Sitzhaltung mit erhobenem Schwanz und hängenden Flügeln.

Die Spezies bewohnt vorwiegend offenes oder locker bewaldetes Hügelgelände. Der Speisezettel besteht vor allem aus Insekten mit einer besonderen Vorliebe für behaarte Raupen, die für die meisten anderen Vögel giftig sind. Das Brutgebiet erstreckt sich über ganz Europa von Lappland bis in die Türkei und über Zentralasien bis nach China, Japan und in den Osten Russlands. Man kennt vier Unterarten; der größte Teil der Population zieht im Winter ins mittlere und südliche Afrika, einige Gruppen finden ihr Winterquartier in Südostasien.

Wo sich die Winterquartiere des Kuckucks in Afrika im Einzelnen befinden, war lange Zeit ein Rätsel. Im Gegensatz zu den meisten anderen Zugvögeln wandert der Kuckuck in breiter Front: Viele Vögel wählen die direkte Route über die Sahara. In Großbritannien fliegt er im Sommer als einer der Ersten ab. Da ausgewachsene Vögel keine Brutpflege betreiben, verlassen sie das Land schon Ende Juni. Im Rahmen eines Projekts des British Trust for Ornithology wurden zahlreiche

GEGENÜBER Ein gerade in Schottland eingetroffenes Kuckucksmännchen nimmt einen exponierten Sitzplatz ein und lässt seinen unverwechselbaren Ruf ertönen.

LINKS Ein erwachsener Teichrohrsänger versorgt den jungen Kuckuck, der sein Nest mit Beschlag belegt und die Eier des Teichrohrsängers hinausgeworfen hat. Seine Eltern wird der Kuckuck nie kennenlernen.

Kuckucksmännchen auf ihrer Herbstwanderung mit Geolokatoren verfolgt. Wie sich herausstellte, nahmen einige von ihnen eine westliche Route über Spanien und Marokko, andere wandten sich nach Osten und überquerten das Mittelmeer auf dem Weg über Italien und den Balkan. Die Routen trafen aber in West- und Zentralafrika – im Kongobecken – wieder zusammen. Im Frühjahr nahmen die Vögel eine westliche Route und schlossen damit ihre Rundreise ab.

Der Kuckuck wandert nachts und allein – Jungvögel haben keine Eltern, die sie anleiten. Studien lieferten neue Erkenntnisse über ihre Flugfähigkeiten. Ein Vogel namens Skybomb Bolt startete in Peking und flog in vier Tagen nonstop über den Indischen Ozean von Indien nach Somalia. Ein anderer, er hieß Flappy McFlapperson, gelangte ebenfalls von Peking nach Somalia, aber über Land rund um die Arabische Halbinsel. Auch in Südafrika wurden schon Kuckucke gesichtet. Wahrscheinlich vollenden manche Vögel also jedes Jahr eine Rundreise von mehr als 16.000 km.

Ebenso bemerkenswert wie die Wanderung des Kuckucks ist sein Brutverhalten. Als obligater Brutparasit ist er darauf angewiesen, dass Vögel anderer Arten seine Jungen großziehen. In der Paarungssaison legt das Weibchen heimlich bis zu 20 Eier in die Nester anderer Vögel. Dabei dienen in verschiedenen Regionen unterschiedliche Arten als Wirt: In Westeuropa sind Heckenbraunelle, Wiesenpieper und Teichrohrsänger besonders beliebt. Wenn der junge Kuckuck nach 11–13 Tagen schlüpft, wirft er alle anderen Eier oder Jungvögel aus dem Nest, sodass die Altvögel ihn wie ihren eigenen Nachwuchs füttern und großziehen. Dies ist für die Ersatzeltern eine schwere Bürde: Ein junger Kuckuck ist nach 14 Tagen dreimal so groß wie ein ausgewachsener Teichrohrsänger, aber sein Bettelverhalten treibt die „Eltern“ an, ihn weiter zu füttern, auch wenn sich das ungefähr eine Woche länger hinzieht, als es bei ihren eigenen Jungen gedauert hätte. Manchmal bemerken Wirte den Betrug und werfen das Kuckucksei aus dem Nest, aber in den meisten Fällen lassen sie sich täuschen – was dadurch erleichtert wird, dass der Kuckuck die Farbe seines Eies an die seiner Wirte anpassen kann.

Ein Kuckuck lernt seine Eltern nie kennen. Wenn das Junge nach 17–21 Tagen flügge ist, muss es sich allein auf den Flug nach Afrika vorbereiten. Dies ist mit Schwierigkeiten verbunden, und die scheinen in jüngster Zeit zuzunehmen. In Europa ist der Kuckuck im Rückgang begriffen – in England sank die Brutpopulation beispielsweise von 1991–2016 um 70 %. Die Ursachen sind vielfältig: Mit Satellitentechnik hat man auf der europäischen Etappe der herbstlichen Zugroute für Vögel aus Großbritannien eine hohe Sterblichkeit festgestellt, vielleicht weil Brände und Lebensraumverlust auf der Iberischen Halbinsel sie wichtiger Futterquellen und Rastplätze berauben. Auch die globale Erwärmung dürfte mitspielen: Da der Frühling in Großbritannien heute durchschnittlich 5,1 Tage früher einsetzt als vor 50 Jahren, brüten die meisten Wirtsvögel auch früher, sodass der Kuckuck zu spät kommt und keine geeigneten Nester mehr findet. Weltweit ist die Spezies aber mit einer Population von 40–72 Millionen als „nicht gefährdet“ eingestuft.

RECHTS Mit seinem kraftvollen Flug überwindet der Kuckuck auf seinen Wanderungen Entfernungen von mehr als 16.000 km.

Mauersegler

Apus apus

GRÖSSE
Länge: 16–17 cm
Gewicht: 35–56 g
Flügelspannweite: 38–40 cm

AUSSEHEN
Schmutzig braun (fast schwarz), Körper zigarrenförmig; Schnabel kurz und breit, Schwanz gegabelt, Flügel lang, in Halbmondform rückwärts gehalten; zu sehen ausschließlich im Flug oder im Nest, wo er sich mit winzigen Füßen an einer senkrechten Fläche festhält.

LEBENSWEISE
Ernährung: fliegende Insekten, Spinnen und anderes „Luftplankton", das im Flug gefangen wird; die Jungen im Nest werden mit Nahrungskugeln gefüttert; das einfache Nest aus vom Wind herangetragenem Material wird meist in einer Mauerritze gebaut; Weibchen legt 2–3 Eier; wenn die Jungen auf die Rückkehr der Eltern und die Fütterung warten, verfallen sie in einen Starrezustand.

VERBREITUNG UND WANDERUNG
Brutgebiete in Europa und Asien von Spanien bis nach Sibirien, nördlich bis Lappland, im Süden bis zur Türkei; Winterquartiere im mittleren und südlichen Afrika.

STELLUNG
Nicht gefährdet; Population weltweit nach Schätzungen 95,5–162,5 Millionen Brutpaare.

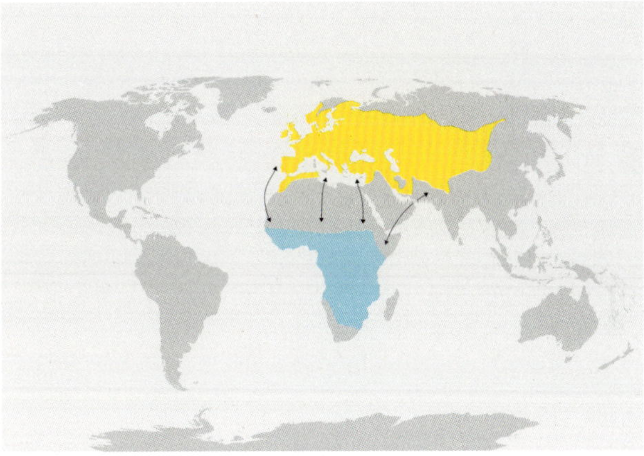

Mauersegler begrüßen den Sommer mit markerschütternden Schreien. Wenn sie in der Abenddämmerung über den Himmel schießen und ihre schnittigen, halbmondförmigen Silhouetten Kirchtürme und Stadtmauern umrunden, während ihre schrillen Rufe unten in den Straßen widerhallen, kann man verstehen, warum die Spezies in einigen Regionen den Spitznamen „Teufelsvogel" trug.

Mauersegler werden zwar manchmal mit Schwalben verwechselt, sie sind aber keine Singvögel, sondern gehören mit den Kolibris zur Ordnung der Seglervögel (Apodiformes). Der wissenschaftliche Name geht auf das altgriechische „ohne Füße" zurück und spiegelt die frühere Überzeugung wider, Mauersegler mit ihren kaum sichtbaren Füßen seien einfach beinlose Schwalben. Tatsächlich hat kein Vogel für seine Beine weniger Verwendung: Mauersegler sind an das Leben in der Luft angepasst und vollziehen viele Tätigkeiten, für die andere Vögel landen müssen, im Flug. Sie fressen Insekten und anderes „Luftplankton", das sie im Flug mit aufgesperrtem Schnabel fangen. Um zu trinken, stoßen sie herab und schöpfen Wasser. Sie sammeln Nestmaterial – Federn, Gras und andere vom Wind verwehte Dinge – im Flug und paaren sich auch im Flug, wobei die beiden Vögel vorübergehend scheinbar zu einem verschmelzen, und sie schlafen sogar im Flug: Dazu steigen sie in große Höhe und lassen sich langsam hinabgleiten, wobei sie mehrmals kurz einnicken.

Manche statistischen Angaben sind atemberaubend. In einer Studie über britische Mauersegler stellte sich 2010 heraus, dass drei Vögel zehn Monate lang nicht einmal den Boden berührt hatten. Dies ist der längste nachgewiesene ununterbrochene Flug eines Vogels überhaupt – und es ist durchaus möglich, dass manche Mauersegler jahrelang in der Luft bleiben. Ein Vogel legt nach Schätzungen pro Jahr mehr als 200.000 km zurück. Mit ihrer Fähigkeit zu schnellem Flug können sie weit von den Brutplätzen entfernte Nahrungsquellen nutzen, wobei sie oft zu Hunderten oder Tausenden auf Nahrungssuche gehen.

Der Mauersegler brütet von Spanien bis nach Sibirien (und von Norwegen im Norden bis Marokko im Süden). Er besiedelt viele Lebensräume, aber sein eigentlicher Lebensraum ist die Luft – Mauersegler fliegen überall hin, wo sie fliegende Insekten finden. Bevor es Menschen gab, brüteten sie vorwiegend auf Felsen, Klippen und großen Bäumen. Heute jedoch haben sie sich vorwiegend an Gebäude und Siedlungen angepasst. Unabhängig von den Nistplätzen wandern sie für den Winter nach Süden und besiedeln die Region vom Äquator bis nach Südafrika.

GEGENÜBER Der Mauersegler kann mit seinem aerodynamischen Körperbau mehrere Monate in der Luft bleiben, ohne ein einziges Mal zu landen.

Mauersegler gehen lebenslange Paarbeziehungen ein. Im Frühjahr treffen sie sich an ihrem Nest, das sich in der Regel in einer Mauerritze befindet und mit Federn, Papier und anderem vom Wind angewehtem, mit Speichel verklebtem Material ausgeschmückt ist. Das Weibchen legt durchschnittlich 2–3 Eier. Die Brutzeit dauert 19–20 Tage, und nach 6–8 Wochen – später als bei Sperlingsvögeln – sind die Jungen flügge. Die Eltern teilen sich die Brutpflege, suchen Nahrung auf langen Flügen und verarbeiten sie im Rachen zu Kugeln. Sind die Eltern länger als einen Tag abwesend, verfallen die Jungen in eine für Vögel ungewöhnliche Starre: Ihr Stoffwechsel verlangsamt sich, und sie sparen Energie, bis wieder Nahrung zugeführt wird. Flügge geworden, sind die Jungen sofort selbstständig und fliegen wenige Tage später nach Afrika.

Wenn die Insektenversorgung nach der Brutzeit abnimmt, fliegen die Mauersegler nach Süden. Vögel der Hauptform *A. a. apus*, die von Großbritannien bis Sibirien brütet, überwintern in Äquatorialafrika und im Süden bis nach Zimbabwe und Mosambik. Eine zweite Unterart namens *A. a. pekinensis* mit Brutgebieten vom Iran bis nach China hat ihre Winterquartiere im trockenen Südwestafrika, insbesondere in Namibia und Botswana. Auf dem langen Weg zu ihren Winterquartieren folgen die Mauersegler den Wetterbedingungen zu den besten Futterplätzen. Manche tauchen als „Irrgäste" weit entfernt auf, beispielsweise in Island, auf den Azoren und sogar auf Bermuda.

In Mitteleuropa brechen die Mauersegler in der zweiten Julihälfte oder Anfang August gen Süden auf. Da sie im Flug fressen können, müssen sie weniger Fettreserven aufbauen als die meisten Singvögel und können sich nach dem Brüten sofort auf den Weg machen. Als Erste brechen die Jungvögel zusammen mit Vögeln ohne Bruterfolg und unreifen Einjährigen auf. Es folgen die Männchen, dann die Weibchen. Ausgelöst wird der Abflug durch die Veränderung der Tageslänge – Mauersegler, die in Nordfinnland brüten, machen sich erst Ende August auf den Weg.

Von Europa schlagen die Mauersegler mehrere Wege nach Süden ein. Vögel aus West- und Mitteleuropa fliegen über das westliche Mittelmeer nach Nordwestafrika, wobei sie in der Regel entlang der Atlantikküste die Sahara umgehen. Solche aus Russland und Südosteuropa wählen den Weg über das östliche Mittelmeer und den Ostrand der Sahara. Einige überqueren die Sahara wahrscheinlich auf direktem Weg. Alle erreichen Mitte August die Sahelzone, fliegen weiter über Zentralafrika und erreichen im September ihre südafrikanischen Winterquartiere. Sie lassen sich aber nirgendwo nieder, sondern wandern immer weiter, wobei sie den Wetterfronten mit Niederschlag und Nahrung folgen.

Im nördlichen Frühling bleiben manche junge Mauersegler in Afrika. Die meisten ziehen aber wieder nach Norden, wobei sie von den südlichsten Regionen schon Ende Januar losfliegen. Sie treffen im Mai und Juni ein; den genauen Termin bestimmt das Wetter: Mauersegler wandern Hunderte von Kilometern, um insbesondere im Baltikum, in Skandinavien und der Nordseeregion Tiefdruckgebiete zu umgehen. Dennoch verläuft die Wanderung im Frühjahr unter dem Druck der Konkurrenz um gute Nistplätze meist schneller als im Herbst.

Weitere Aufschlüsse gewann man mit neuen technischen Methoden. Der British Trust for Ornithology verfolgte 2010 insgesamt 15 britische Mauersegler mit Geolokatoren. Als man im folgenden Sommer die Daten von neun Vögeln auswertete, zeigte sich, dass sie über Spanien und Westafrika und dann landeinwärts in die Wälder der Demokratischen Republik Kongo gezogen waren. Nachdem sie dort den größten Teil des Winters verbracht hatten, wanderten einige Vögel bis Mosambik, Angola und Südafrika. Auf dem Rückweg flogen sie über den Atlantik bis zur Kongomündung und hinüber nach Liberia. Dort machten sie etwa zehn Tage Pause – vermutlich um Nahrung aufzunehmen –, ehe sie eine schnelle letzte Etappe nach Europa angingen. Ein Vogel mit der Bezeichnung A322 legte die letzten 5000 km zu seinem Nistplatz im englischen Cambridgeshire in nur fünf Tagen zurück. Insgesamt hatte er fast 20.000 km hinter sich gebracht.

Der Mauersegler wird mit einer weltweiten Population von schätzungsweise 95,5–162,5 Millionen Paaren als „nicht gefährdet" eingestuft. In manchen Regionen gehen die Bestände allerdings zurück. Zu den komplexen Ursachen gehören Veränderungen der Nahrungsversorgung in Europa und Afrika. Ein wichtiger Faktor ist der Verlust traditioneller Nistplätze in Nischen älterer Gebäude. Moderne oder renovierte Bauten bieten dem Mauersegler oftmals keine Möglichkeit, Brutplätze anzulegen. In Zusammenarbeit mit Stadtplanern und Bauherren arbeiten Naturschützer an der Errichtung neuer, Mauerseglerfreundlicher Häuser.

GEGENÜBER Während der Brutsaison tun sich Mauersegler zu „Schreigruppen" zusammen und überfliegen mit hoher Geschwindigkeit ihre Nistplätze.

Ziegenmelker

Caprimulgus europaeus

GRÖSSE
Länge: 24,5–28 cm
Gewicht: 51–101 g
Flügelspannweite: 52–59 cm

AUSSEHEN
Größe und Körperbau eines kleinen Falken: Kopf groß, Flügel lang und spitz, verlängerter Schwanz; Beine winzig; Schnabel kurz mit breiter Öffnung und auffälligen Borsten am Ansatz; Gefieder grau, braun und ocker mit kompliziertem Tarnmuster, das an welke Blätter erinnert; beim Männchen auffällige weiße Markierungen an den äußeren Flugfedern und auf der Schwanzaußenseite; wendiger Flug; Sitzposition längs auf Ästen.

LEBENSWEISE
Nachtaktiv; Ernährung: große Insekten aus der Luft; Sitzplatz tagsüber am Boden; Nest auf dem Boden, Weibchen legt 1–2 Eier; Männchen verteidigt das Revier mit ununterbrochenem „Zirpen".

VERBREITUNG UND WANDERUNG
Brutgebiete überall in den gemäßigten Breiten Eurasiens von Spanien bis zur Mongolei, im Süden bis Nordafrika und Pakistan; Winterquartiere im mittleren und südlichen Afrika.

STELLUNG
Nicht bedroht; Population weltweit nach Schätzungen 3,1–5,5 Millionen.

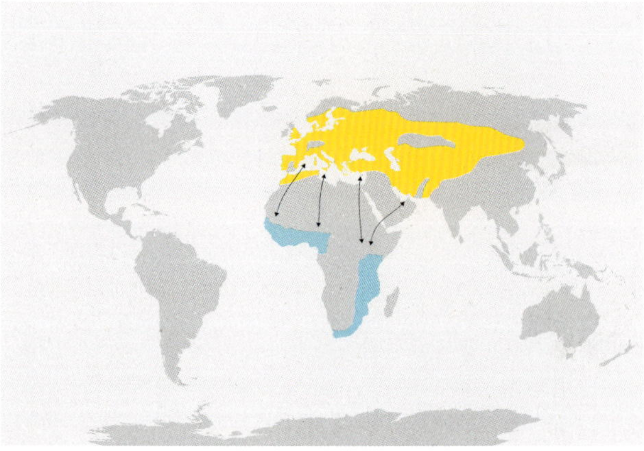

Der Ziegenmelker ist ein rätselhafter Vogel. Da er nachtaktiv und sehr gut getarnt ist, sieht man ihn nur selten. Sein Ruf, ein rollendes „Zirpen", kann sich bis zu zehn Minuten fortsetzen, ohne seinen Standort zu verraten. Wenn Schäfer früher miterlebten, wie der Vogel in der Abenddämmerung um ihre Ziegen flatterte, fürchteten sie, er würde Milch stehlen; doch fraß der Vogel die Insekten, die von den Tieren angelockt wurden. Diesem Mythos verdankt der Vogel seinen Namen.

Der Ziegenmelker gehört zu den Nachtschwalben, und wie alle Vertreter dieser Familie hat er den länglichen Körperbau eines Falken mit langen Flügeln. Aus der Nähe sieht man große eulenähnliche Augen, die dank einer Reflexionsschicht (Tapetum lucidum) auch bei schwachem Licht gut sehen können. Der kurze Schnabel und die große Mundöffnung versetzen den Vogel in die Lage, während seines wendigen, lautlosen Fluges Motten, Käfer und andere Insekten zu fangen. Tagsüber versteckt er sich mit seinem Tarnmuster im Laub am Boden.

Ziegenmelker brüten in den gemäßigten Breiten Eurasiens von Nordafrika und der Iberischen Halbinsel bis zur Mongolei. Sie bewohnen vorwiegend offenes Gelände, darunter Heideland und Waldlichtungen. Nach der Brutzeit wandern die meisten von ihnen ins tropische Afrika, wo sie vor allem trockene Aziensteppen aufsuchen. Westeuropäische Vögel nehmen die Route über West- und Zentralafrika, Populationen aus dem Osten fliegen in östliche und südliche Regionen.

Ziegenmelker wandern im August, fliegen bei Nacht und leben dabei von ihren Fettreserven. Vor dem Abflug wechseln sie das Körpergefieder, bei der Ankunft dann die Flügel- und Schwanzfedern. Über 30 Vögel, die 2015–2017 vom British Trust for Ornithology markiert wurden, zogen aus Großbritannien auf verschiedenen Routen über die Sahara. Ihr Ziel war meist die Demokratische Republik Kongo. Auf der Rückreise wählten sie eine andere Route.

Im Brutgebiet besetzen die Männchen mit „Zirpen" und Flattern ihre Reviere, klappern mit den Flügeln und lassen die weißen Markierungen auf Flug- und Schwanzfeder sehen. Das Weibchen legt 1–2 Eier unmittelbar auf die Erde. Die Jungen sind nach 17–21 Tagen ausgebrütet und nach weiteren 16–17 Tagen flügge.

Der Ziegenmelker wird als „nicht gefährdet" eingestuft. Die Population liegt weltweit bei 3,1–5,5 Millionen ausgewachsenen Tieren. Dennoch bleiben Gefahren wie Lebensraumverlust und Pestizide, und die Spezies ist auch anfällig für Störungen durch ausgeführte Hunde.

GEGENÜBER Unter dem Ziegenmelker kann man die flauschigen Daunen des Jungvogels erkennen.

Blauracke

Coracias garrulus

GRÖSSE
Länge: 29–32 cm
Gewicht: 127–154 g
Flügelspannweite: 52–58 cm

AUSSEHEN
Stämmiger Vogel von der Größe eines Hähers; Kopf groß, Schnabel kräftig mit hakenförmiger Spitze; Kopf, Brust und Schwanz helltürkis, Rücken rötlich braun, Flügel leuchtend blau und schwarz; aufrechte Sitzhaltung auf Drähten, auf Büschen und anderen exponierten Aussichtspunkten.

LEBENSWEISE
Lebensraum: vorwiegend trockene, offene Landschaft mit vereinzelter Vegetation; Ernährung: große Insekten und kleine Wirbeltiere, bevorzugt am Erdboden gefangen; farbenprächtige, lebhafte Balzrituale; Nester in Löchern, auf Bäumen und manchmal auf Sandbänken; Weibchen legt 4–6 Eier.

VERBREITUNG UND WANDERUNG
Brutgebiete in den gemäßigten Breiten Eurasiens von Spanien bis nach Westchina, südlich bis Nordafrika, nördlich bis in die baltischen Staaten; Winterquartiere im mittleren und südlichen Afrika vom Senegal bis nach Sudafrika.

STELLUNG
Nicht gefährdet; Population weltweit nach Schätzungen 277.000–660.000.

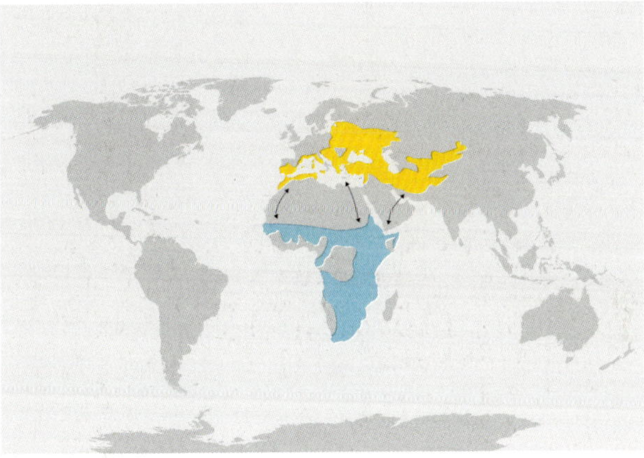

Im Krüger-Nationalpark in Südafrika sitzt ein hellblauer Vogel oben auf einem Akazien-Dornbusch. Eine fette Zikade springt aus dem langen Gras und ist kurzfristig auf einem Elefantenpfad ungeschützt. Mit einem schnellen Aufblitzen der leuchtend blauen Flügel schießt der Vogel hinab und ergreift den Leckerbissen mit seinem kräftigen Schnabel.

Der Vogel ist eine Blauracke. Lässt man den Blick über die Savanne schweifen, sieht man noch mehr – jede sitzt oben auf einem Busch und mustert den Erdboden. Einen Monat zuvor sind sie als jahreszeitliche Besucher aus Europa eingetroffen. Jetzt haben sie ihre Reviere abgesteckt und die einheimischen Gabelracken (*C. caudatus*) verdrängt. Diese haben sich an die Waldränder zurückgezogen und sind mit Brüten beschäftigt.

Die Blauracke lebt als einzige Spezies dieser vorwiegend afrikanischen Vogelfamilie in Europa und besiedelt dort trockene, offene Landschaften im Süden und Osten. Man kennt zwei Unterarten: Die eine lebt von Europa über Zentralasien bis nach Südwestsibirien, die andere vom Irak und Iran bis in die chinesische Provinz Xinjiang. Alle überwintern im mittleren und südlichen Afrika vom Senegal bis zum Horn von Afrika und im Süden bis zum Kap der Guten Hoffnung. Statt tropischer Wälder und Wüsten bevorzugen sie die offene Savanne.

Vögel aus ganz Europa fliegen auf parallelen Routen nach Süden: Sie überqueren das Mittelmeer an vielen Stellen und finden auf demselben Längengrad auch ihre Winterquartiere. Aus Südwesteuropa ziehen sie nach Angola und Namibia, aus Osteuropa nach Zimbabwe und Botswana. Nach der Saharaüberquerung machen alle Vögel in der Sahelzone einen Monat Pause, bevor sie Anfang November, zum Beginn der Regenzeit, an ihren Zielpunkten eintreffen.

In den Brutgebieten stecken die Blauracken mit farbenprächtigem Gehabe ihre Reviere ab. Sie nisten meist in Baumlöchern und gehen aggressiv gegen Eindringlinge vor. Das Weibchen legt 4–6 Eier und brütet 17–21 Tage. Nach 26–27 Tagen sind die Jungen flügge.

Der Bestand der Blauracken ist in Europa von 1989–2000 um 25 % zurückgegangen. Am stärksten traf es die nördlichen Populationen, insbesondere in Russland und den baltischen Staaten. Problematisch sind der Lebensraumverlust und die Jagd, insbesondere im Mittelmeerraum und auf der Arabischen Halbinsel: In Oman werden jedes Jahr Tausende von Vögeln getötet und gegessen. Dennoch wird die Spezies mit einer weltweiten Population von schätzungsweise 277.000–660.000 als „nicht gefährdet" eingestuft.

GEGENÜBER Die Blauracke ist der einzige Vertreter ihrer farbenprächtigen Familie in Europa. Im afrikanischen Winterquartier gesellt sie sich zu anderen Racken und beutet das reiche Insektenangebot aus.

Scharlachspint

Merops nubicoides

GRÖSSE
Länge: 33–38 cm
Gewicht: 44–66 g
Flügelspannweite: 46 cm

AUSSEHEN
Schlanker, eleganter Vogel; mittlere Schwanzfedern lang, Schnabel lang und abwärts gebogen; Gefieder üppig rot und rosa; Krone, Hinterende und Schwanzunterseite blau; Jungtiere eher braun.

LEBENSWEISE
Ernährung: fliegende Insekten, darunter Bienen, Wespen, Libellen und Heuschrecken, gefangen mit Ausfällen vom Sitzplatz; Stechinsekten werden durch Schläge gegen einen Zweig entwaffnet; Lebensraum: tropische Flussniederungen und Waldsavanne; Brutkolonien auf Sandbänken; tiefer Nesttunnel; Weibchen legt 2–5 Eier.

VERBREITUNG UND WANDERUNG
Brutgebiete in Flussniederungen im südlichen Afrika, insbesondere in Zimbabwe, Sambia und dem Norden Botswanas; wandert nach der Brutzeit nach Südafrika und Mosambik, kehrt anschließend zurück nach Äquatorialafrika, insbesondere Gabun, Tansania und südöstliche Demokratische Republik Kongo.

STELLUNG
Nicht gefährdet; keine genauen Angaben über die Populationsgröße.

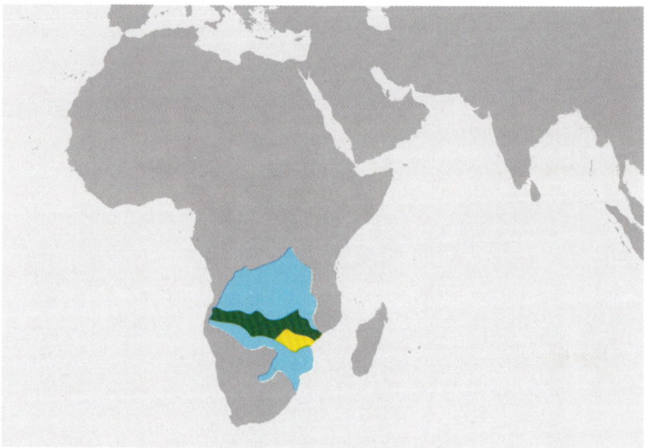

Jeden August spielt sich im Luangwa-Tal in Sambia eines der eindrucksvollsten Naturschauspiele Afrikas ab. Wenn der Wasserspiegel des Flusses sinkt und die Flusspferde in immer kleinere Tümpel treibt, besetzen die Scharlachspinte an den Flussufern ihre Brutkolonien. Es ist eine schwindelerregende Zurschaustellung von Rosa, Rot und Blau. Die eleganten Vögel sammeln sich zu Hunderten in Schwärmen und graben oder renovieren ihre Tunnel auf den Sandbänken.

Der Scharlachspint ist zusammen mit seinem Verwandten, dem Karminspint, der größte afrikanische Bienenfresser. Von anderen Mitgliedern dieser farbenfrohen Familie unterscheidet er sich durch sein üppig rotes und rosafarbenes Gefieder, das von einer Krone und einem Hinterende in Blau ergänzt wird und mit langen mittleren Schwanzfedern verziert ist. Wie alle Bienenfresser fängt er Insekten in der Luft: Er schießt im Sturzflug herab und schnappt nach Bienen, Libellen oder Heuschrecken, kehrt dann zu seinem Sitzplatz zurück und prügelt an einem Zweig das Leben aus seiner Beute.

Die Spezies ist ein innerafrikanischer Zugvogel: Ihr Wanderungszyklus spielt sich ausschließlich innerhalb des Kontinents ab. Die Brutkolonien befinden sich in Flussniederungen des südlichen Afrika, vorwiegend in Botswana, Zimbabwe und Sambia und insbesondere an den Flüssen Sambesi und Luangwa. Die Vögel treffen im August zur Paarung ein. Bis Ende November sind die Jungen flügge, dann geht es weiter: Die Mehrheit zieht südlich bis ins nördliche Südafrika und nach Mosambik, wo sich die Vögel auf den Savannen verteilen. Im März fliegen sie wieder nach Norden, überqueren ihre Brutgebiete und begeben sich in die Winterquartiere in Tansania, Gabun und der östlichen Demokratischen Republik Kongo.

In den Brutgebieten bilden die Bienenfresser Kolonien von bis zu 1000 Individuen. Die Paare finden sich auf flatternden Balzflügen zusammen. Entweder renovieren sie das Nest aus dem Vorjahr oder sie graben ein neues; dabei heben sie am senkrechten Flussufer mit den Füßen einen 1–2 m langen Tunnel aus. Das Weibchen legt 2–5 Eier. Die Brutzeit dauert drei Wochen, und die Jungen sind 23–30 Tage nach dem Schlüpfen flügge. Die Vögel vertreiben gemeinsam Warane und andere natürliche Feinde, indem sie sich mit einem Sturm aus Flügeln in die Luft erheben.

Über die Populationsgröße und den Naturschutzstatus dieser Spezies ist wenig bekannt. Sie ist empfindlich gegenüber Insektiziden und Wasserverschmutzung, wird aber derzeit als „nicht gefährdet" eingestuft.

GEGENÜBER Der Scharlachspint ist ein innerafrikanischer Zugvogel: Während der Trockenzeit, wenn der Wasserspiegel niedrig ist, kommt er zum Brüten in die Flussniederungen des südlichen Afrika.

RECHTS In einer Orgie von Farben steigen Scharlachspinte im Tal des Luangwa in Sambia aus ihrer Nistkolonie am Flussufer auf.

Rubinkehlkolibri

Archilochus colubris

GRÖSSE
Länge: 7–9 cm
Gewicht: 2–6 g
Flügelspannweite: 8–11 cm

AUSSEHEN
Winziger Vogel, Schnabel lang und dünn; Oberseite und Krone beim Männchen smaragdgrün, Gesichtsmaske schwarz, Kehle rot schillernd; Unterseite beim Weibchen hell, Oberseite grün; Flügelsummen hörbar wie bei einem Insekt; kann in der Luft stehen bleiben und rückwärts fliegen.

LEBENSWEISE
Ernährung: vorwiegend Nektar, der mit dem Schnabel und der Zunge aus Blüten gesogen wird; außerdem kleine Insekten; Lebensraum: Wälder, Gärten und Lichtungen, auch in Wohngebieten; Nahrungsquellen werden aggressiv verteidigt; Weibchen legt 1–2 Eier in winziges, becherförmiges Nest auf einem Zweig.

VERBREITUNG UND WANDERUNG
Brutgebiete in den USA östlich der Rocky Mountains und im Norden bis nach Zentralkanada; Winterquartiere im südlichen Florida, Südmexiko und Mittelamerika; manche Vögel überqueren auf geradem Weg den Golf von Mexiko.

STELLUNG
Nicht gefährdet; Population nach Schätzungen 7 Millionen.

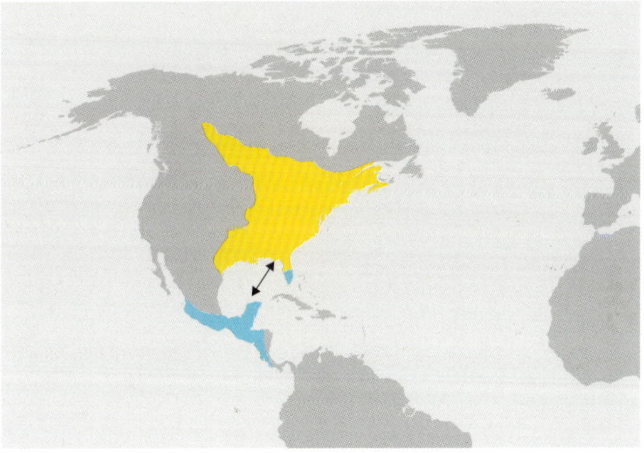

Sturmseeschwalben fliegen am weitesten und Streifengänse am höchsten, aber wenn es um den schieren Energieaufwand geht, gebührt die Goldmedaille sicher dem Rubinkehlkolibri. Er wiegt nicht mehr als ein Teelöffel Zucker und schlägt mehr als 50 Mal pro Sekunde mit den Flügeln. Damit kann dieser winzige Vögel den Golf von Mexiko mit einem einzigen 24-stündigen Nonstopflug von 800 km überqueren.

Der Rubinkehlkolibri ist in Nordamerika der am weitesten verbreitete Kolibri und brütet als Einziger östlich der Rocky Mountains. Sein Brutgebiet erstreckt sich von Florida über die östlichen US-Bundesstaaten bis nach Südkanada und im Westen bis in die Provinz Alberta. Nach dem Brüten wandert die gesamte Population in wärmere Klimazonen und lässt sich in Südflorida, Südmexiko und Mittelamerika bis Panama nieder. In den Brutgebieten bewohnt der Vogel offene Gehölze, Waldränder, Parks und Gärten, im Winterquartier wechselt er zu tropischen Waldrändern und Plantagen.

Den Namen verdankt die Spezies der schillernd roten Kehle des Männchens. Sie sieht aus der Entfernung dunkel aus, blitzt aber im direkten Licht wie ein Edelstein. Rücken und Kopfoberseite sind smaragdgrün, die Gesichtsmaske schwarz. Das Weibchen ist unauffälliger: Die Oberseite ist grün, die Unterseite weiß, die auffällige Kehle fehlt. Der Vogel gehört zu den kleineren Kolibris und ist kaum größer als ein großes Insekt. Die winzigen Füße dienen nur dazu, sich auf einem Sitzplatz zu halten oder am Kopf zu kratzen.

Der relativ lange, dünne Schnabel ist wie bei allen Kolibris eine Anpassung, um süßen Nektar aus Blüten zu saugen – energiereiche Nahrung zum Antrieb der intensiven Lebensweise. Der Vogel schwirrt von Blüte zu Blüte und schwebt davor, während er den Nektar mit der Zunge entnimmt. Eine Anpassung des Schultergelenks, die es nur bei Kolibris gibt, ermöglicht eine genaue Flugsteuerung; als einzige Vögel können sie rückwärts fliegen. Oft werden rote und gelbe Blüten bevorzugt, die Kolibris lassen sich aber auch in Gärten von Futterspendern anlocken, die eine farblose Zuckerlösung bereitstellen. Außerdem fressen sie winzige Insekten, die im Flug gefangen oder aus Spinnennetzen gepickt werden. In kalten Nächten verfallen Kolibris zum Energiesparen in einen Starrezustand mit vermindertem Stoffwechsel.

Rubinkehlkolibris machen sich im August auf ihre herbstliche Wanderung, wobei die Männchen früher abfliegen als die Weibchen. Sie brechen von ihren Brutgebieten Richtung Süden auf und fressen jeden Morgen, um die Energievorräte für den

GEGENÜBER Der winzige Rubinkehlkolibri unternimmt, was den Energiebedarf betrifft, eine der aufwendigsten Wanderungen in der gesamten Vogelwelt.

Flug des Tages aufzufüllen. Am Golf von Mexiko angekommen, wählen manche Vögel den Weg entlang der Küste, andere aber entscheiden sich für den Direktflug über das Meer, wobei sie nonstop bis zu 800 km zurücklegen, bevor sie an der mexikanischen Halbinsel Yucatán wieder auf Land treffen. Den extremen Energieverbrauch für diese erstaunliche Leistung bestreiten sie, indem sie vor dem Abflug viel fressen, Fettreserven anlegen und damit ihr Körpergewicht nahezu verdoppeln. Entsprechend groß sind die Brustmuskeln, die den Flug antreiben, und der Puls des Vogels kann bis auf 1260 Schläge pro Minute ansteigen. Wie man aus Markierungsexperimenten weiß, sind ältere Vögel meist schwerer und damit auch besser in der Lage, den notwendigen Treibstoff aufzunehmen.

Die Spezies unternimmt in der Regel keine Rundreise, sondern kehrt im Frühjahr auf der gleichen Route zurück. Welcher Anteil der Population den Weg über das Meer wählt, ist nicht bekannt, aber zweifellos überqueren viele Vögel den Golf von Mexiko auch ein zweites Mal und treffen dann Ende Februar in Florida oder Louisiana ein. Damit addiert sich die Hin- und Rückreise auf 1600 km. Die nächste Etappe führt sie nach Norden zu ihren Fressplätzen. Die Vögel bleiben ihrer alljährlichen Route treu: Manchmal konnte man denselben einzelnen Vogel in mehreren aufeinanderfolgenden Jahren am selben Ort genau zum gleichen Datum markieren.

Das Brüten ist wie die meisten Aspekte des Kolibrilebens eine schnelle Angelegenheit. Das Männchen fliegt während der Balz, die nur wenige Minuten dauert, mehrmals rechts und links am Weibchen vorbei. Das Weibchen baut dann auf einem abwärts weisenden Zweig – meist in einem Laubbaum – ein winziges Nest; in städtischen Gebieten erfüllen Drähte oder Drahtgeflechte den gleichen Zweck. Es legt 1–2 Eier, woraufhin das Männchen abfliegt und dem Weibchen die Brutpflege überlässt. Gebrütet wird 10–14 Tage, danach füttert die Mutter ihre Jungen mit hochgewürgter Nahrung, wobei sie vor ihnen schwebt wie vor einer Blüte. Nach 18–22 Tagen verlassen die Jungvögel das Nest.

Rubinkehlkolibris können bis zu neun Jahre alt werden. Zahlreiche Räuber, die schnell genug sind und sie fangen können, stellen ihnen nach, von Raubvögeln bis zu Wegekuckucken. Selbst große Gottesanbeterinnen können ihnen neben Blüten auflauern und sie verspeisen. Eine umfassendere Bedrohung liegt aber im Klimawandel: Wie sich 2001–2010 in einer Studie zeigte, treffen die Vögel heute nach der Frühjahrswanderung früher ein als im letzten Jahrhundert, und das könnte sich auf die Nahrungsversorgung auswirken. Dennoch ist die Spezies mit einer Population von schätzungsweise 7 Millionen als „nicht gefährdet“ eingestuft.

OBEN Nektar aus Blütenpflanzen liefert die Energie für die erstaunlichen Wanderungen des Rubinkehlkolibris.

Wachtel

Coturnix coturnix

GRÖSSE
Länge: 16–18 cm
Gewicht: 91–131 g
Flügelspannweite: 32–35 cm

AUSSEHEN
Sehr kleiner, birnenförmiger Hühnervogel; braun gestreift, Männchen mit weißem Augenstreif und weißer Kehle; fliegt nur, wenn er aufgestöbert wird.

LEBENSWEISE
Ernährung: Gras- und Getreidesamen, insbesondere während der Brutsaison gelegentlich Insekten; Nest am Boden; Männchen stößt in der Morgen- und Abenddämmerung wiederholt Rufe zur Verteidigung des Reviers aus; Weibchen legt 8–13 Eier.

VERBREITUNG UND WANDERUNG
Brutgebiete in Europa und Zentralasien von Spanien bis nach China, im Süden bis zur Türkei und nach Marokko, im Norden bis nach Südskandinavien; Teilzieher: Manche Populationen überwintern im Niltal, der Sahelzone und Südwestafrika, andere in Indien; außerdem vereinzelte sesshafte Populationen in Marokko, Ostafrika, Südostafrika und Madagaskar.

STELLUNG
Nicht gefährdet; Population nach Schätzungen 15–35 Millionen.

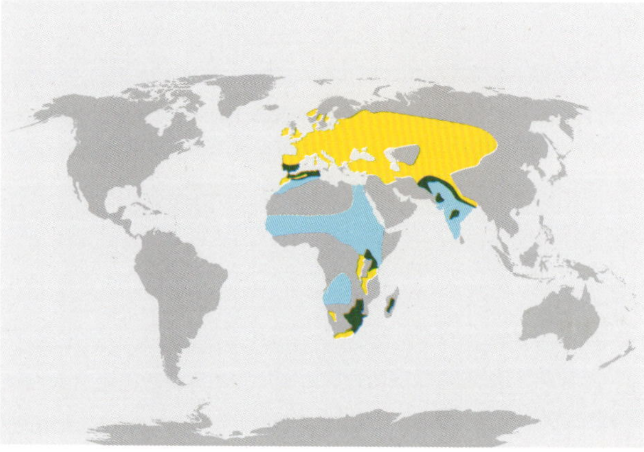

Der dreisilbige Ruf der Wachtel ist für das Frühjahr charakteristisch. Schwieriger ist es, den kleinen Hühnervogel zu Gesicht zu bekommen. Statt zu fliegen, läuft er am liebsten durch das hohe Gras und flattert nur in die Höhe, wenn man praktisch über ihm ist.

In den erstaunlich langen Flügeln spiegelt sich die Tatsache wider, dass die Wachtel der einzige Zugvogel unter den europäischen Hühnervögeln ist. Sie wandert schon in zartem Alter, sodass manche Populationen in einem Jahr an zwei Stellen brüten. Wachteln mit Brutgebieten in Nordafrika und auf der Iberischen Halbinsel besetzen Mitte Februar ihr Nest. Die Jungen reifen in nur 12–15 Wochen heran und ziehen im April oder Mai nach Norden, wo sie ab Juni wiederum Nachkommen hervorbringen. Dieses einzigartige Verhalten erinnert an Insekten wie den Distelfalter.

Die Wachtel ist der kleinste europäische Hühnervogel. Sie ist starengroß und birnenförmig. Am liebsten versteckt sie sich in Graslandschaften und Feldern, wo das braun gestreifte Gefieder eine hervorragende Tarnung bietet. Als Liebhaber sonniger, gut entwässerter Lebensräume ernährt sie sich vorwiegend von Getreide und anderen Samen, manchmal aber, insbesondere während der Brutsaison, auch von Insekten.

Die geografische Verteilung ist kompliziert. Das Brutgebiet erstreckt sich über große Teile Europas und Zentralasiens von Spanien bis nach China, im Süden bis zur Türkei und Marokko, im Norden bis Finnland. Die meisten Populationen beziehen Winterquartiere im mittleren und südlichen Afrika, im Niltal, in der Sahelzone und in Südwestafrika. In Afrika gibt es aber auch sesshafte Populationen, so in Marokko, Ostafrika, Südostafrika und Madagaskar. Vögel aus dem ostasiatischen Verbreitungsgebiet überwintern meist in Indien.

Wachteln ziehen nachts. Die Länge ihrer Wanderungen schwankt zwischen 950 und 5000 km; das Mittelmeer überqueren sie in breiter Front. In den Brutgebieten werden die Weibchen von Männchen umringt, die bei der Balz einherstolzieren und unaufhörlich ihre Revierrufe hören lassen. In eine kleine Vertiefung am Boden werden 8–13 Eier abgelegt. Das Weibchen brütet 16–18 Tage, 19 Tage später sind die Jungen flügge.

Wachteln wurden lange als Speisevögel gejagt. Sie kommen schon vor rund 5000 Jahren in ägyptischen Hieroglyphen vor, und in Ägypten ist die Bedrohung heute am größten: Jeden Herbst werden Tausende von Vögeln auf ihrem Weg nach Süden entlang der Mittelmeerküste mit Netzen eingefangen. Dennoch ist der Vogel zahlreich und als „nicht gefährdet“ eingestuft.

GEGENÜBER Die Wachtel ist in Europa der einzige Zugvogel unter den Hühnervögeln.

Spießflughuhn

Pterocles alchata

GRÖSSE
Länge: 31–39 cm
Gewicht: 250–400 g
Flügelspannweite: 54–65 cm

AUSSEHEN
Robuster Vogel mit kleinem Kopf, kurzem Schnabel und gefiederten Beinen; Männchen im Prachtgewand mit Muster in Hellbraun, Grün, Schwarz, Ocker und Beige, Unterseite weiß; lange, spitze Schwanzfedern; Weibchen und Männchen im Ruhegewand unauffälliger mit deutlichen Streifen auf der Oberseite.

LEBENSWEISE
Ernährung: Samen und andere pflanzliche Nahrung, Insekten; Schwärme fliegen in der Morgen- oder Abenddämmerung ans Wasser; Nester am Boden; Weibchen legt 2–3 Eier; Männchen bringt mit den einzigartig saugfähigen Brustfedern Wasser zu den Jungen.

VERBREITUNG UND WANDERUNG
Brutgebiete in Südwesteuropa, Nordafrika, dem Nahen Osten und Südwestasien, im Norden bis Kasachstan; Vögel aus nördlichen Regionen ziehen in den Nahen Osten und nach Indien; andere Gruppen sind sesshaft, aber nomadisch.

STELLUNG
Nicht gefährdet; Population nach Schätzungen 170.000–250.000 geschlechtsreife Individuen.

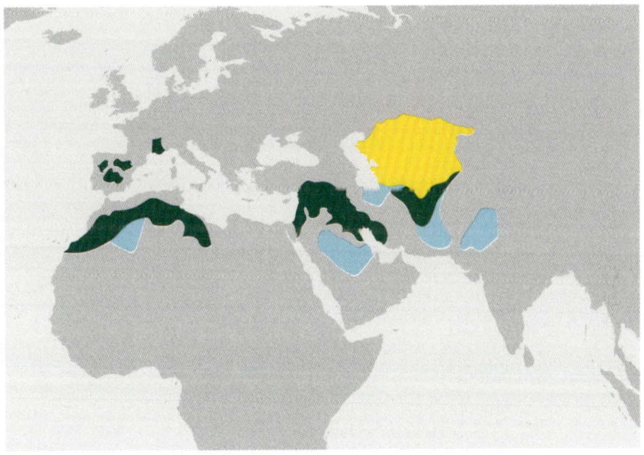

Flughühner leben in den halbtrockenen Landschaften Afrikas, Asiens und Südeuropas. Die Wasserversorgung der Jungen erfolgt mit einer einzigartigen Strategie: Während das Weibchen auf dem Nest (einer in den Boden gekratzten Vertiefung) sitzt, fliegt das Männchen zur nächsten Wasserstelle, watet ins Wasser, sodass sich seine Brustfedern vollsaugen können, fliegt zurück und versorgt seine durstigen Jungen mit Feuchtigkeit.

Das Spießflughuhn ist ein Teilzieher. Man unterscheidet zwei Unterarten: Die eine brütet in Südwesteuropa, die andere in einem zerstückelten Streifen in Nordwestafrika, dem Nahen Osten und Südwestasien. Populationen aus dem Norden des Verbreitungsgebietes sind Zugvögel und wandern nach dem Brüten zu Winterquartieren im Nahen Osten und Indien. In anderen Regionen ist die Spezies mehr oder weniger sesshaft, aber wie viele Vögel in trockenen Gebieten lebt sie auch nomadisch – sie neigt zu plötzlichen Irruptionswanderungen, wenn die Ressourcen schwinden.

Spießflughühner sind stämmige, taubengroße Vögel mit kleinem Kopf und gefiederten Fußwurzeln. Aus der Entfernung sind sie dank ihrer Tarnung in steinigem, sandigem Gelände kaum zu erkennen. Bei näherem Blick ist das Gefieder wunderschön verziert; das gilt vor allem für das Prachtgewand des Männchens mit gelbgrünem Kopf und hellbrauner Brust, schwarzen Streifen und beigefarbenen Flecken auf der grauockerfarbenen Oberseite. Außerdem hat es in der Mitte des Schwanzes lange, spitze Federn – daher der Name –, die bei dem nüchterner gefärbten Weibchen fehlen.

Wie alle Flughühner ernährt sich das Spießflughuhn von Samen, Knospen, Schösslingen und anderen Pflanzenteilen. Meist gehen die Schwärme am Boden gemeinsam auf Nahrungssuche. In der Morgendämmerung fliegen sie zum Wasser und lassen ihre ständigen Kontaktrufe *kattar-kattar* hören. In der Brutsaison kratzt das Weibchen eine flache Vertiefung als Nest, in das es 2–3 Eier legt. Die Brutzeit dauert 19–25 Tage, wobei das Männchen nachts, das Weibchen tagsüber brütet. Die Jungen können mit vier Wochen fliegen, bleiben aber noch zwei Monate von ihren Eltern abhängig.

Der Bestand der Spießflughühner ist in den europäischen Brutgebieten in letzter Zeit zurückgegangen, weil Graslandschaften durch die Landwirtschaft verdrängt wurden. In der Türkei nimmt ihre Zahl jedoch zu, wobei der Klimawandel möglicherweise eine Rolle spielt. Mit einer Population von schätzungsweise 170.000–250.000 wird die Spezies derzeit als „nicht gefährdet“ eingestuft.

GEGENÜBER Ein Spießflughuhn erhebt sich neben einem Wasserloch im nordspanischen Vogelschutzgebiet El Planerón in die Luft.

RECHTS Spießflughühner sind in Teilen ihres Verbreitungsgebietes Nomaden: Die Wanderung der Populationen richtet sich nach den regionalen Wasser- und Nahrungsangeboten.

Turteltaube

Streptopelia turtur

GRÖSSE
Länge: 24–29 cm
Gewicht: 85–170 g
Flügelspannweite: 47–55 cm

AUSSEHEN
Kleine, schlanke Taube; Kopf, Hals und Brust blaugrau; beiderseits des Halses schwarze und weiße Streifen; Rücken hellbraun, schwarz geschuppt; Schwanz schwarz und rautenförmig mit weißen Seiten und weißem Band am Ende, das im Flug auffällt.

LEBENSWEISE
Lebensraum: lockere Wälder und Felder; Ernährung am Boden: vorwiegend Samen und krautige Pflanzen wie Erdrauch; Weibchen legt 2 Eier in dünnes, in einer Astgabel erbautes Nest aus Ästen.

VERBREITUNG UND WANDERUNG
Brutgebiete in Europa, Nordafrika und dem Nahen Osten sowie bis nach Zentralasien; Winterquartiere im mittleren und südlichen Afrika in einem breiten Streifen der Sahelzone vom Senegal bis Äthiopien.

STELLUNG
Gefährdet; abnehmende Population, nach Schätzungen weltweit 13–48 Millionen Paare.

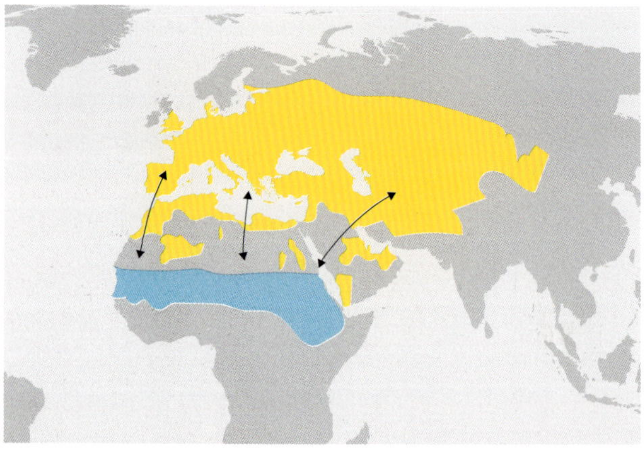

„Am zweiten Weihnachtstag", so ein traditionelles Lied, „gab meine Liebste mir zwei Turteltauben und ein Rebhuhn in einem Birnbaum." Rebhuhn und Birnbaum mögen noch zur Verfügung stehen, aber die Turteltauben sind leider knapp. Ihre Zahl ist in Europa von 1980 bis 2013 um 78 % gesunken, und in Großbritannien, wo der Vogel früher weit verbreitet war, betrug der Rückgang seit 1995 erschreckende 94 %. War die anmutige kleine Taube einst ein Symbol für Frieden und Treue, steht sie heute für das traurige Schicksal vieler Zugvögel.

Als einzige europäische Taubenart unternimmt die Turteltaube lange Wanderungen. Ihr Brutgebiet erstreckt sich quer durch Europa und Nordafrika, im Norden bis ins Baltikum und im Osten bis nach Zentralasien. Alle Populationen ziehen nach dem Brüten in den Süden und überwintern südlich der Sahara in einem breiten Streifen von Guinea und Senegal im Westen bis nach Äthiopien im Osten. Dabei tauschen sie die offenen Gehölze und Felder der gemäßigten Breiten gegen die tropische Akaziensavanne der Sahelzone.

Doch die Tauben sind in allen Stadien ihrer Wanderung bedroht. Die Spezies ernährt sich nur von Samen. In den Brutgebieten hat die intensive Landwirtschaft dazu geführt, dass die Versorgung mit samentragenden krautigen Pflanzen wie dem Erdrauch, den die Taube lange genutzt hat, stark zurückgegangen ist. Deshalb konnten viele Vögel nicht mehr brüten oder nur wenige Nachkommen hervorbringen. Auf dem Zugweg müssen sie das Sperrfeuer der Jäger rund um das Mittelmeer überstehen – das gilt vor allem in Italien, Zypern, Malta und Südfrankreich, wo jedes Jahr mehr als 2 Millionen Turteltauben geschossen werden. In den afrikanischen Winterquartieren gehen die Dornendickichte, in denen die Vögel sich immer aufgehalten haben, durch die Kleinlandwirtschaft verloren, weil die Bevölkerung das Land immer stärker nutzt. Obendrein schwächt eine Vogelkrankheit namens Trichomonadose manche Zugvögel so stark, dass sie die Reise nicht überstehen.

Die Turteltaube ist die kleinste europäische Taubenart. Man erkennt sie an der blaugrauen Färbung von Kopf und Brust, dem schwarz-weißen Streifen am Hals und den auffälligen weißen Rändern an dem schwarzen, keilförmigen Schwanz. Entgegen einer verbreiteten Ansicht ist der Name des Vogels nicht auf das gescheckte Muster der hellbraunen Oberseite zurückzuführen. Er stammt vielmehr von dem lateinischen *tutur*, einer lautmalerischen Beschreibung ihres Rufes. Da die Vögel scheu sind und sich meist im dichten Blattwerk verstecken, ist das weiche *turr, turr, turr* häufig der einzige Hinweis auf ihre Gegenwart.

GEGENÜBER Eine Turteltaube trinkt an einer Pfütze in Spanien. Wie alle Tauben kann auch diese Spezies Wasser aufnehmen, ohne den Kopf zu heben.

Turteltauben gehen lebenslange Paarbeziehungen ein. Im April kommen sie in ihren europäischen Brutgebieten an, und die Männchen balzen am Erdboden und in der Luft, wobei sie die Flügel im Sturzflug über den Baumwipfeln zusammenschlagen. Das Paar baut in einer versteckten Astgabel aus Zweigen ein Nest, und das Weibchen legt 2 Eier. Sie werden in 13–14 Tagen ausgebrütet, danach versorgen beide Eltern die Jungen und füttern sie mit hochgewürgten, halb verdauten Getreidekörnern, bis sie 20 Tage später flügge sind. Unter Idealbedingungen produziert ein Weibchen 2–3 Gelege im Jahr.

Wenige Wochen nachdem eine junge Turteltaube das Nest verlassen hat, macht sie sich auf die gefährliche Reise nach Afrika. Die Wanderung beginnt im September. Die Tauben fliegen nachts mit rund 60 km/h. Das Mittelmeer überqueren sie auf vielen verschiedenen Routen, und manche fliegen geradewegs über die Sahara. Die meisten Vögel aus Westeuropa nehmen eine westliche Route nach Westafrika. Vögel aus Großbritannien hat man zu Winterquartieren im Senegal, in Guinea, Ghana und Burkina Faso verfolgt. Tauben aus östlichen Regionen überwintern auch weiter östlich im Sudan oder in Äthiopien.

Da der Turteltaubenbestand in Europa in jüngster Zeit zurückgegangen ist, wird die Spezies als „gefährdet" eingestuft. Ein Bündnis britischer Naturschutzorganisationen – darunter die Royal Society for the Protection of Birds und der British Trust for Ornithology – hat die „Operation Turtle Dove" ins Leben gerufen, an der sich Wissenschaftler und Naturschützer von allen Abschnitten der Zugwege beteiligen. In Großbritannien will man insbesondere taubenfreundliche landwirtschaftliche Methoden fördern. Die beteiligten Bauern probieren verschiedene Saatgutmischungen aus, und Wissenschaftler ermitteln an Vögeln, die in Gefangenschaft großgezogen wurden, deren Vorlieben. In Afrika wollen Partnerorganisationen wie Naturama in Burkina Faso mit Zählungen genau herausfinden, wie Turteltauben ihren winterlichen Lebensraum nutzen und welche Auswirkungen lokale Veränderungen haben – damit will man auch in Afrika landwirtschaftliche Methoden entwickeln, die sowohl den Vögeln als auch den Menschen nützen. Gleichzeitig liefert die Satellitentechnik neue Aufschlüsse über Zugwege und Probleme und schafft damit die Grundlage für internationale Maßnahmen – zum Beispiel die Einschränkung der Jagd oder den Schutz der Zwischenstationen.

Die Turteltaube hat in der europäischen Kultur eine Sonderstellung. Selbst die Bibel feiert sie als Vorboten des Frühlings: „Der Lenz ist herbeigekommen, und die Turteltaube lässt sich hören in unserem Lande" (Hohelied Salomos, 2, 12). Ihr starker Rückgang sollte für die Naturschützer ein Weckruf sein.

LINKS Eine wandernde Turteltaube auf der griechischen Insel Lesbos. Die Tauben werden jedes Jahr auf ihrem Weg über das Mittelmeer in riesiger Zahl abgeschossen.

Wellensittich

Melopsittacus undulatus

GRÖSSE
Länge: 18 cm
Gewicht: 30–40 g
Flügelspannweite: 30 cm

AUSSEHEN
Kleiner, spatzengroßer Papagei mit winzigem Schnabel und langem, spitzem Schwanz; grün, Kehle und Stirn gelb, Schwanz kobaltblau, schwarze Schuppen auf Rücken und Flügel; domestizierte Varianten auch in vielen anderen Farben wie Blau, Gelb, Weiß und Grau.

LEBENSWEISE
Lebensraum: halbtrockene Gras- und Strauchlandschaften; Ernährung: Grassamen und andere niedrige Pflanzen; Schwärme fliegen jeden Morgen zum Trinken ans Wasser; Nester in Baum- oder Zaunlöchern; Weibchen legt 4–6 Eier.

VERBREITUNG UND WANDERUNG
Große Teile Australiens außer Tasmanien, Cape York und einige Küstenabschnitte im Norden, Westen und Osten; zieht im Frühjahr nach Norden; nomadische Wanderungen auch zu anderen Jahreszeiten.

STELLUNG
Nicht gefährdet; Population nicht genau bekannt, aber nach Schätzungen über 5 Millionen.

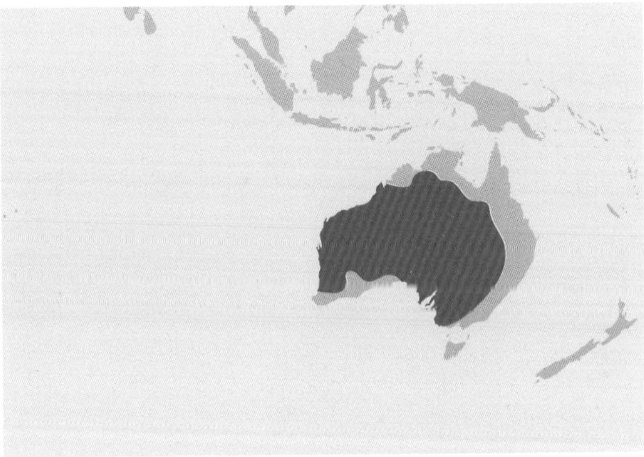

Schnell und niedrig zieht eine Wolke über das australische Outback. Vor dem klaren blauen Himmel wirbelt sie wie ein Tornado und blitzt lebhaft grün über der sonnenversengten Graslandschaft. Aber das hier ist kein meteorologisches Phänomen: Die Wolke besteht aus Wellensittichen. Zu Hunderttausenden bewegen sie sich wie ein einziges Lebewesen. Während sie vorüberziehen, schwillt das Rauschen unzähliger Flügel und zirpender Stimmen an wie ein Düsentriebwerk.

Der Gedanke an frei herumfliegende Wellensittiche mag seltsam erscheinen – häufiger sieht man diese farbenfrohen kleinen Vögel hinter Gitterstäben. Weltweit stehen sie an dritter Stelle der Haustiere, geliebt wegen ihres fröhlichen Tschilpens, ihrer leuchtenden Farben und ihrer Fähigkeit, Sprache nachzuahmen. Der beliebte Käfigvogel stammt von einem Wildpapagei im Taschenformat ab, der in den trockenen Savannen und Strauchlandschaften Mittelaustraliens heimisch ist; der Schlüssel zum Überleben ist für ihn in dieser unwirtlichen, trockenen Umgebung die Fähigkeit, weiterzuziehen – manchmal in riesiger Zahl – und Wasser zu finden.

In Gefangenschaft wurden Wellensittiche erstmals in den 1850er-Jahren gehalten. Seither sind vielfältige Rassen auf der ganzen Welt beliebt, von blau und weiß bis zu gelb und grau. In freier Wildbahn kommt die großartige Papageienart aber nur in Grün vor, verziert mit gelber Kehle und Stirn, kobaltblauem Schwanz und zarten schwarzen Schuppen auf Rücken und Flügeln. Männchen unterscheiden sich durch die blaue Nasenhaut von den Weibchen. Der kurze, abwärts gebogene Schnabel dient dazu, aus Süßgras, Fuchsschwanzgewächsen und anderen niedrigen Pflanzen der trockenen Gras- und Strauchlandschaften Australiens die Samen zu gewinnen.

Wie alle Körnerfresser müssen Wellensittiche regelmäßig trinken. Ihr Tag beginnt stets mit einem Besuch an einem natürlichen Wasserloch oder einer Viehtränke. Die Vögel kommen in kleinen Gruppen und trinken abwechselnd, bevor sie sich zum Fressen aufmachen. Die Spezies findet Wasser noch aus über 60 km Entfernung.

Wellensittiche bewohnen große Teile Australiens und fehlen nur in Tasmanien, Cape York und einigen Küstenregionen. Sie wandern im Frühjahr regelmäßig nach Norden und kehren im Herbst in den Süden zurück. Im Inneren Australiens herrschen aber unwirtliche, unberechenbare Bedingungen mit beträchtlicher Dürre und örtlich heftigem Regen; die Vögel können sich aufgrund ihrer Evolution darauf einstellen. Eine kleine Vorhut erkundet das Gelände, sucht am Horizont nach

GEGENÜBER Günstige Bedingungen können den Paarungszyklus der Wellensittiche zu jeder Jahreszeit auslösen.

Niederschlag oder nach Bewegungen grasender Tiere (zum Beispiel Kängurus), die auf frisches Pflanzenwachstum hindeuten. Die kleinen Gruppen finden sich schnell zusammen und bilden Schwärme von Hunderttausenden oder manchmal sogar Millionen Vögeln. Auf längeren Reisen fliegen sie manchmal 50 Stunden nonstop. Haben sie eine angenehme Umgebung mit vielen Samen gefunden, beginnt sofort der Brutzyklus.

Die Brutzeit dauert bei Wellensittichen in Nordaustralien in der Regel von Juni bis September und weiter südlich von August bis Januar. Die geselligen Vögel entwickeln enge Bindungen; Sozialverhalten ist wesentlich für ihren Alltag. Es bilden sich lockere Brutkolonien, in denen jedes Paar sein Nest in einem Loch baut – in einem Baum, einem Zaunpfahl oder auch einem umgestürzten Baumstamm. Das Weibchen legt 4–6 Eier und brütet 18–24 Tage, während sein Partner es füttert. Nach weiteren 30–35 Tagen sind die Jungen flügge. Bei guten Voraussetzungen bringt die Spezies mehrmals im Jahr ein Gelege hervor. Auf diese Weise kann die Population stark wachsen.

Wellensittiche sind hervorragend angepasst, ihre unwirtliche Umgebung zu bewältigen. Neueren Forschungsergebnissen zufolge können sie den Wasserverlust durch die Haut gering halten, indem sie ihre Körpertemperatur steuern. Dennoch fordern Trockenheit und Hitze ihren Tribut: Im Januar 2009 fand man am Overlander Roadhouse bei Carnarvon in Westaustralien über 15.000 tote Vögel – vorwiegend Wellensittiche, aber auch einige Finken. Sie waren an Wasserverlust und hitzebedingter Erschöpfung gestorben. Andere Gefahren drohen durch Waldbrände und invasive Arten, von denen die einheimischen Samenpflanzen, die unentbehrliche Nahrung der Wellensittiche, verdrängt werden. Umgekehrt war durch Bewässerung und Viehhaltung auch Wasser in zuvor trockenen Regionen verfügbar, sodass die Vögel gedeihen konnten.

Millionen Wellensittiche leben auf der ganzen Welt als Käfigvögel. Der wilde Bestand in Australien wurde nicht quantitativ erfasst und dürfte von Jahr zu Jahr je nach den Bedingungen beträchtlich schwanken. Die Spezies ist als „nicht gefährdet" eingestuft.

OBEN Wie die meisten Papageien nisten auch Wellensittiche in Löchern.

GEGENÜBER Örtlich begrenzter Niederschlag und das nachfolgende frische Pflanzenwachstum können gewaltige Ansammlungen von Wellensittichen anlocken.

Glossar

Beringung: An einem Bein eines Wildvogels wird als Erkennungsmarke ein kleiner, individuell nummerierter Metall- oder Kunststoffring angebracht. Wenn der Vogel später wieder eingefangen wird, liefert der Ring Aufschlüsse über seine Wanderung, aber auch über viele andere Aspekte seiner Biologie und Lebensgeschichte. Beim Beringen der Vögel werden meist auch biometrische Daten erfasst, aus denen man mehr über Alter und Gesundheitszustand des Vogels erfährt.

Bioakkumulation: Chemischer Prozess, durch den niedrig konzentrierte Giftstoffe und andere Substanzen auf dem Weg über die Nahrungskette immer höhere Konzentrationen erreichen, bis sie für die Tiere am oberen Ende – meist Räuber wie der Fischadler – gefährlich werden.

Biologische Systematik (Taxonomie): Wissenschaft der biologischen Klassifikation. Systematiker verfolgen die Evolutionslinien der einzelnen Lebewesen und stellen fest, welche man als Art (Spezies) klassifizieren kann, welche Arten eine Gattung bilden, welche Gattungen zu einer Familie gehören und so weiter.

Brutparasitismus: Fortpflanzungsstrategie der Kuckucke und einiger anderer Vogelfamilien: Die Vögel legen ihre Eier in die Nester einer anderen Spezies, der Wirte. Lässt sich der Wirt täuschen, zieht er das Junge des Brutparasiten groß, und das häufig auf Kosten des eigenen Nachwuchses. Da Brutparasiten den Aufwand für die Brutpflege ausgelagert haben, können sie ihre Energie in die Produktion von mehr Eiern stecken.

Dimorphismus: Das Vorkommen zweier Formen innerhalb einer Spezies. Ein Beispiel ist der Geschlechtsdimorphismus der meisten Enten: Die Männchen sind farbenfroher als die Weibchen. Bei manchen Arten kommen auch mehrere Farbvarianten vor, so beim Kuckuck, der grau oder rötlich braun sein kann. Die Unterschiede haben nichts mit Unterarten zu tun, bei denen größere genetische Abweichungen auftreten.

Durchreisende: Vögel, die eine bestimmte Region durchwandern. So wandert der Bruchwasserläufer meist durch Großbritannien. Er brütet weiter nördlich in der Arktis und überwintert in Afrika, aber zweimal im Jahr ist er zwischen beiden Orten auf der „Durchreise".

Familie: Systematische Hierarchiestufe oberhalb der Gattung und unterhalb der Ordnung. Die Albatrosse bilden beispielsweise die Familie der Diomedeidae, eine von vier Familien in der Ordnung der Röhrennasen (Procellariiformes), die sich ihrerseits in vier Gattungen mit insgesamt 22 einzelnen Arten gliedert.

Flächenbelastung: In der Aeronautik das Gesamtgewicht eines Vogels (oder Flugzeugs), dividiert durch die Fläche des Flügels. Ein Vogel mit geringer Flächenbelastung, beispielsweise ein Geier, hat im Verhältnis zur Körpermasse eine größere Flügelfläche als etwa eine Ente, bei der die Flächenbelastung hoch ist. Flügel erzeugen Auftrieb durch die Luftströmung über ihrer Oberfläche. Größere Flügel bewegen mehr Luft, sodass ein Vogel mit geringer Flächenbelastung bei gleicher Geschwindigkeit mehr Auftrieb erzielt.

Gattung: Systematische Hierarchieebene oberhalb der Art (Spezies) und unterhalb der Familie. Die Familie der Albatrosse (Diomedeidae) gliedert sich in vier Gattungen mit insgesamt 22 Arten. Die Gattung eines Lebewesens ist am ersten Teil seines zweiteiligen Artnamen zu erkennen. Der Wanderalbatros heißt beispielsweise *Diomedea exulans*.

Geolokator: Leichtes elektronisches Instrument, das an einem Vogel befestigt wird und seine Wanderungsrouten sowie manchmal auch zusätzliche ökologische Informationen erfasst. Ein Licht-Geolokator zeichnet regelmäßig das Umgebungslicht auf. Mit den so gewonnenen Daten kann man Längen- und Breitengrad und damit die Bewegungen und Positionen eines Vogels ermitteln. Manche Geräte übermitteln die Daten per Satellit oder Funk. Die Daten der kleinsten Geolokatoren lassen sich nur auslesen, wenn man den Vogel wieder einfängt. Die Instrumente müssen mit einem Band oder einer Klammer am Bein befestigt werden. Die leichtesten unter ihnen wiegen nur 0,3 g. Die Lebensdauer der Batterie liegt zwischen sechs Monaten und fünf Jahren.

Gesichtsschleier: Konkave Anordnung der Federn im Gesicht mancher Vögel, insbesondere bei Eulen, aber auch bei Weihen und manchen tagaktiven Raubvögeln. Er liegt im Umfeld der Augen und dient dazu, Schallwellen zu sammeln und zu den Ohren zu leiten. Durch entsprechende Einstellung der Federn kann sich die Fokussierung ändern, sodass sich der Vogel auf unterschiedliche Entfernungen konzentrieren kann.

Hauptform: Die zuerst benannte Form einer Spezies, deren Name dem Artnamen gleicht. *Hirundo rustica rustica* ist die Hauptform der Rauchschwalbe *Hirundo rustica*, von der weltweit aber noch fünf andere Varianten vorkommen.

Hypoxie: Sauerstoffmangel. Der ganze Körper oder das Gewebe eines Körperteils wird nicht ausreichend mit Sauerstoff versorgt.

Irruption: Umfangreiche, irreguläre Wanderung einer großen Zahl von Vögeln in Regionen, in denen sie in der Regel nicht vorkommen und die manchmal weit von ihrem normalen Verbreitungsgebiet entfernt sind. Ausgelöst wird eine Irruption im typischen Fall durch den Zusammenbruch der Nahrungsversorgung oder durch extreme Wetterverhältnisse. Irruptive Zugvögel sind Arten, die gewöhnlich nur über kurze Entfernungen wandern, gelegentlich aber auch in großer Zahl weit nach Süden ziehen.

Kleptoparasitismus: Methode der Futtersuche: Ein Tier stiehlt die Beute, die ein anderes Tier gefangen, gesammelt oder sich auf andere Weise beschafft hat. Ein gewohnheitsmäßiger Kleptoparasit ist der Bindenfregattvogel; allerdings ist er auf diese Strategie nicht angewiesen. Der Begriff bezeichnet auch den Diebstahl von Nestmaterial oder anderer Gegenstände unter Tieren.

Magnetorezeption: Sinneswahrnehmung von Magnetfeldern zur Ermittlung von Richtung, Höhe oder Position. Sie dient einer ganzen Reihe von Tieren zur Orientierung und Zielfindung und spielt für den Vogelzug eine bedeutende Rolle.

Ordnung: Systematische Hierarchieebene oberhalb der Familie und unterhalb der Klasse. Die Ordnung der Röhrennasen (Procellariiformes), zu der die Albatrosse gehören, umfasst vier Familien und ist eine von 28 Ordnungen in der Klasse der Vögel (Aves).

Pelagisch: Eigenschaft von Seevögeln, die ihre Zeit (außer beim Nisten) vor allem auf dem offenen Meer weitab vom Land verbringen. Pelagische Vögel sind unter anderem Albatrosse, Sturmschwalben, Sturmtaucher und Tropikvögel. In vielen Fällen haben sich in der Evolution besondere Anpassungen an die Lebensweise auf hoher See entwickelt, darunter Drüsen am Schnabelansatz, mit denen der Vogel überschüssiges Salz ausscheiden kann. Küsten-Seevögel wie Möwen und Kormorane sind enger an das Land gebunden.

Polyandrie: Paarungsstrategie, bei der sich ein Weibchen mit mehreren Männchen paart. Häufiger kommt das Gegenteil vor, die Paarung eines Männchens mit mehreren Weibchen (Polygynie).

Rastplatz: Ort, den Zugvögel auf dem Weg zwischen Brutgebieten und Winterquartier regelmäßig aufsuchen. Rastplätze bieten meist ausreichend Nahrung und sichere Sitzplätze, sodass die Vögel auf der Reise Energie tanken und sich ausruhen können. Große Flussmündungsgebiete und Wattflächen entlang der Zugwege sind für Millionen Wasservögel vieler Arten unentbehrliche Rastplätze. Wenn solche Orte bedroht sind, können sich dramatische Auswirkungen auf die Zugvogelpopulationen ergeben.

Rundreise (Schleifenzug): Wanderungsbewegung, bei der Hin- und Rückreise auf unterschiedlichen Routen erfolgen, sodass der Vogel im Laufe seiner Wanderungen eine Schleife vollzieht. Auf einer solchen Rundreise können die Vögel zu verschiedenen Jahreszeiten unterschiedliche Ressourcen oder Bedingungen nutzen. Die Rotrücken-Sprungelfe etwa zieht im Frühjahr entlang der Küste von Mexiko nach Alaska, nutzt aber im Herbst auf dem Weg nach Süden die Gebirgsblumen im Landesinneren. Rundreisen kommen vor allem bei Seevögeln vor, die sich durch die jahreszeitlich wechselnden Winde auf ihren Flügen unterstützen lassen.

Sesshaftigkeit: Eigenschaft von Vögeln, die ständig in einer Region ansässig sind und nicht ziehen. In Europa ist beispielsweise der Waldkauz eine sesshafte Spezies. Auch die meisten Bewohner tropischer Regenwälder sind mehr oder weniger sesshaft: Ihre Umwelt verändert sich vergleichsweise wenig und liefert zu allen Jahreszeiten ausreichend Nahrung, Wärme und Niederschlag. Die Notwendigkeit von Wanderungen besteht daher so gut wie nicht.

Sperlingsvögel: Vögel der Ordnung Passeriformes. Die Gruppe, die manchmal auch als Singvögel bezeichnet wird, unterscheidet sich von anderen Ordnungen durch die Anordnung der Zehen (drei weisen nach vorn, eine nach hinten), die das Sitzen auf Stangen erleichtert, und durch den Aufbau ihres Stimmapparats, der bei vielen Arten komplizierte Gesänge möglich macht. Mit rund 6600 bekannten Spezies sind die Sperlingsvögel die größte Ordnung der Vögel und eine der vielgestaltigsten Wirbeltierordnungen.

Sprungwanderung: Wanderungsbewegung einer nördlichen Brutpopulation in Winterquartiere, die weiter südlich liegen als die Brutgebiete einer südlichen Brutpopulation derselben Spezies. Die Vögel aus dem Norden „überspringen" ihre Artgenossen im Süden.

Streckung: In der Aeronautik das Verhältnis zwischen der Länge und Tiefe einer Tragfläche. Ein langer, schmaler Flügel (z. B. eines Albatros) hat eine hohe Streckung und eignet sich besser für einen langsamen, energiesparenden Flug. Ein kurzer, breiter Flügel mit geringer Streckung wie der eines Sperbers ist besser für schnelles Fliegen und gute Manövrierfähigkeit geeignet.

Teilzieher: Spezies, bei der manche Populationen wandern und andere nicht. In Nordamerika ist beispielsweise der Rotflügelstärling ein Teilzieher: Die meisten Vögel, die in nördlichen Regionen brüten, wandern über Winter nach Süden, während die Bewohner südlicher Regionen das ganze Jahr über in ihren Brutgebieten oder in deren Nähe bleiben.

Telemetrie: Sammeln von Messwerten oder anderen Daten an abgelegenen oder unzugänglichen Stellen und ihre automatische Übertragung an Empfangsgeräte. Bei der Satelliten-Telemetrie trägt ein Tier einen kleinen Peilsender, dessen Position mithilfe der die Erde umkreisenden Satelliten ermittelt wird. Solche Informationen können entweder in dem Instrument gespeichert oder sofort gesendet werden.

Überwinterung: Aufenthalt eines Vogels in einer Region, in der er nicht brütet, sondern die er nach der Brutsaison aufsucht. Vögel von der Nordhalbkugel tun dies während des nördlichen Winters – wenn sie allerdings südlich des Äquators „überwintern", ist auf der Südhalbkugel Sommer.

Watvögel: Vögel aus der Unterordnung der Charadrii (Ordnung Regenpfeiferartige oder Charadriiformes) sind in der Regel an Stränden oder auf Waldflächen anzutreffen, wo sie auf den langen Beinen im Schlamm oder flachen Wasser waten und auf dem Boden oder im Wasser nach kleinen Nahrungsbrocken Ausschau halten. Viele Arten bilden bei der Nahrungssuche und an Sitzplätzen große Schwärme. Typische Watvögel sind die Schnepfenvögel (Scolopacidae), Regenpfeifer (Charadriidae), Brachvögel (*Numenius*) und Säbelschnäbler (Recurvirostridae).

Zugweg: Von Zugvögeln regelmäßig genutzte Route zwischen Brutgebieten und Winterquartier. Die Zugwege erstrecken sich über Kontinente und Ozeane. Sie stellen die evolutionär entstandene, optimale Verbindung zwischen zwei Orten dar, wobei Hindernisse wie Gebirge oder große Wasserflächen in der Regel umgangen werden. In der Ornithologie kennt man mindestens acht Hauptzugwege rund um den Erdball, die sich regional in kleinere Zugwege gliedern – gewissermaßen Nebenadern der Hauptarterie.

Zweigeteilte Wanderung: Strategie, bei der mehrere Populationen derselben Spezies unterschiedliche Zugwege einschlagen. So wandern die in Großbritannien und Island brütenden Odinshühnchen nach Südwesten über den Atlantik in die Karibik und zum mittleren Pazifik, die weiter östlich in Europa brütenden Vögel dagegen ziehen südöstlich zum Arabischen Meer.

Weitere Informationen

WEITERFÜHRENDE LITERATUR

Bairlein, Franz, u. a., ***Atlas des Vogelzugs: Ringfunde deutscher Brut- und Gastvögel.*** **Wiebelsheim: Aula-Verlag 2014**
Erstmalige zusammenfassende Darstellung der Daten der drei deutschen Beringungszentralen. Zahlreiche Karten veranschaulichen das Material.

Berthold, Peter, ***Vogelzug. Eine aktuelle Gesamtübersicht.*** **Darmstadt: Wissenschaftliche Buchgesellschaft 2008**
Der ehemalige Direktor der Vogelwarte Radofzell beschreibt hier den Vogelzug in allen Aspekten sowie seine Erforschung, außerdem erklärt er ausführlich moderne technische Dokumentationsmöglichkeiten der Wanderbewegungen.

Bezzel, Einhard, ***Das BLV Handbuch Vögel: Alle Brutvögel Mitteleuropas.*** **München: BLV 2019**
Übersichtliche Darstellung der Brutvögel Mitteleuropas mit kurzen Steckbriefen, Zeichnungen und farbigen Abbildungen sowie Informationen zu ihrer Verbreitung, ihrem Bestand und Lebensraum, ihren Wanderungen und Weiteres.

Couzens, Dominic, ***Bird Migration.*** **London: New Holland 2005**
Prägnante, gut verständliche Darstellung des Vogelzuges für Nichtwissenschaftler, mit hervorragenden Zeichnungen und Fotos. Der Schwerpunkt liegt auf britischen und europäischen Vogelarten.

Der Falke **(Hg.),** ***Vogelzug.*** **Sonderheft. Wiebelsheim: Aula-Verlag 2013**
Sonderheft der Zeitschrift *Der Falke* mit Aufsätzen von zahlreichen Experten über Themen wie Rastplätze der Vögel, Klimawandel, Orientierung der Vögel, Beringung, Evolution des Vogelzugs, internationale Konventionen zum Vogelschutz, Rote Liste, Auswirkungen der Offshore-Windenergieanlagen, Bedeutung des Wattenmeers und anderes.

Elphick, Jonathan, ***Atlas des Vogelzugs: Die Wanderungen der Vögel auf unserer Erde.*** **Bern: Haupt 2008**
Ausführliche Quelle über alle Aspekte des Vogelzugs. Großformat, zahlreiche Abbildungen und Fotos. Katalog der Zugvögel mit Einzeldarstellung von mehr als 500 Arten.

Gatter, Wulf, ***Vogelzug und Vogelbestände in Mitteleuropa. 30 Jahre Beobachtung des Tagzugs am Randecker Maar.*** **Wiebelsheim: Aula 2000**
Detaillierte Informationen über eine Station des Vogelzugs am baden-württembergischen Randecker Maar, darüber hinaus ausführliche allgemeine Informationen zum Vogelzug und Darstellung der Veränderungen in der Vogelwelt.

Harris, Tim, ***RSPB Migration Hotspots: The World's Best Bird Migration Sites.*** **London: A & C Black 2013**
Schön illustrierter Bildband; zeigt 30 Stellen auf der ganzen Welt, an denen man den Vogelzug besonders eindrucksvoll beobachten kann.

Newton, Ian, ***Bird Migration.*** **Glasgow: Collins New Naturalist Library 2010**
Standardwerk über den Vogelzug von einem führenden Experten für Ökologie und Biogeografie der Vögel. Schwerpunkt auf britischen und europäischen Arten.

Richarz, Klaus, ***Vogelzug.*** **Darmstadt: Wbg Theiss 2019**
Beschreibung der wichtigsten Zugvögel, ihrer Zugwege, der Geschichte der Erforschung des Vogelzuges und der Auswirkung des Klimawandels auf den Vogelzug.

Roland, Christoph, ***Birding Hotspots. 43 Routen rund um den Neusiedler See.*** **Wiebelsheim: Aula-Verlag 2020**
Praktischer Ratgeber zur Beobachtung des Vogelzuges auf 43 Routen rund um den Neusiedler See.

Streffer, Walther, ***Wunder des Vogelzuges. Die großen Wanderungen der Zugvögel und das Geheimnis ihrer Orientierung.*** **Stuttgart: Verlag Freies Geistesleben 2005**
Darstellung des Vogelzugs rund um den Globus mit Informationen über die Zugrouten, die Zwischenstationen und der Flugleistungen der Vögel.

Südbeck, Peter, u. a., ***Zugvögel im Wattenmeer: Faszination und Verantwortung.*** **Wilhelmshaven: Brune-Mettcker 2018**
Das Buch schildert die Bedeutung des Wattenmeers für die Zugvögel, warum der Schutz dieses Unesco-Welterbes so wichtig ist, woher die Vögel kommen und wohin sie fliegen, und geht dabei vielen weiteren Fragen nach.

SCHUTZ UND ERFORSCHUNG VON ZUGVÖGELN

Die folgenden Organisationen engagieren sich für die Erforschung und den Schutz von Zugvögeln. Manche bieten Projekte für Laien an, an denen man ehrenamtlich mitarbeiten kann.

AG Seevogelschutz (seevogelschutz.jimdofree.com): Ein Zusammenschluss von Vereinen und Institutionen, die sich dem Schutz und der Erforschung von Küstenvögeln widmet.

Ala (www.ala-schweiz.ch): Die schweizerische Gesellschaft für Vogelkunde und Vogelschutz hat sich zum Ziel gesetzt, die ornithologische Forschung zu fördern. Darüber hinaus bietet sie Exkursionen, Kurse und Reisen für Interessierte an und gibt eine Zeitschrift heraus.

Audubon Society (www.audubon.org): Führende amerikanische Naturschutzorganisation mit über 450 Ortsgruppen in den Vereinigten Staaten. Setzt sich mit Veröffentlichungen, Naturschutzgebieten und Laienforschung für den Schutz der Zugvögel ein.

BirdLife International (www.birdlife.org): Weltweites Netz von Naturschutzorganisationen zum Schutz der Zugvögel, ihrer Lebensräume und der globalen Biodiversität, das auch in

Deutschland, Österreich und der Schweiz vertreten ist. Die Online-Datenbank (datazone.birdlife.org) bietet umfassende Angaben über alle Vogelarten der Welt und ihre Wanderungen.

Cornell Lab of Ornithology (birdsna.org): Umfassende Informationen über mehr als 760 Vogelarten, die in den Vereinigten Staaten und Kanada brüten; ausführliche, von Fachleuten verfasste Berichte über einzelne Arten sowie Audiodaten, Bilder, Videos und Verbreitungskarten.

Dachverband Deutscher Avifaunisten (DDA) (www.dda-web.de): Ein Zusammenschluss landesweiter und regionaler ornithologischer Verbände in Deutschland, der unter anderem die Erfassung der Vogelarten in Deutschland organisiert.

Deutsche Ornithologen-Gesellschaft (DOG) (www.do-g.de): Die bereits 1850 gegründete Gesellschaft fördert vor allem die Vogelkunde, dazu gehören die Herausgabe einer Zeitschrift, Kontakte zu internationalen Ornithologen-Gesellschaften, Förderung von Forschungen und wissenschaftlichen Arbeiten sowie von Vogelschutzvorhaben.

Deutscher Rat für Vogelschutz e.V. (www.drv-web.de): Der Verband beschäftigt sich mit Fragen der Biodiversität, Landschaftsveränderungen (z. B. durch Windkrafträder oder Agrarwirtschaft). Publiziert die Rote Liste der Brutvögel Deutschlands.

ebird (ebird.org): Online-Datenbank zur Koordination der Beobachtungen von Vogelfreunden auf der ganzen Welt; die so geschaffenen Datenmengen dienen der Erforschung und Erhaltung von Zugvögeln.

Forschungsstation Randecker Maar e. V. (www.randecker-maar.de): In der wissenschaftlichen Einrichtung auf der Schwäbischen Alb, die sich aus Spenden finanziert, beobachten und untersuchen von Ende August bis Anfang November Ornithologen und Entomologen den Vogelzug und die Insektenwanderung.

Institut für Vogelforschung (www.ifv-vogelwarte.de): Das Institut ist eine außeruniversitäre Forschungseinrichtung des Landes Niedersachsen mit einer Inselstation auf Helgoland sowie einer Forschungsstelle und einer der bedeutendsten europäischen ornithologischen Fachbibliotheken Europas in Wilhelmshaven.

IUCN (www.iucn.org): Die 1948 gegründete Internationale Naturschutzunion ist eine gemeinnützige Organisation, die Daten sammelt, um den Gefährungsstatus aller Pflanzen- und Tierarten zu dokumentieren. Die „Rote Liste" der IUCN stuft jede Spezies in eine Gefährdungskategorie ein, von „nicht gefährdet" bis zu „ausgestorben".

Landesbund für Vogelschutz in Bayern e.V. (www.lbv.de): Umwelt- und Naturschutzverband in Bayern, der sich dem Arten-, Landschafts- und Biotopschutz widmet.

Max-Planck-Institut für Ornithologie (orn.mpg.de): Rund 150 Mitarbeiter in dem Forschungsinstitut am Starnberger See widmen sich verschiedenen ornithologischen Fragenstellungen und arbeiten dabei mit internationalen Institutionen zusammen.

Nabu (www.nabu.de): Der Naturschutzbund Deutschland ist der älteste Umweltverband Deutschlands. Er wurde ursprünglich 1899 von Lina Hähnle als Bund für Vogelschutz gegründet, und noch heute spielt der Vogelschutz eine große Rolle. Dabei geht es unter anderem um Artenschutz und Erhalt von Lebensräumen. Der Verband bietet auch viele Aktivitäten und Informationen für Vogelfreunde.

Naturschutzbund Österreich (www.naturschutzbund.at): Der Naturschutzbund widmet sich unter anderem dem Vogelschutz und bietet vielfältige Informationen.

RSPB (www.rspb.org.uk): Die Royal Society for the Protection of Birds ist die größte gemeinnützige Naturschutzorganisation Großbritanniens. Sie fördert Naturschutz und Laienforschungen, betreut Naturschutzgebiete und setzt sich in Zusammenarbeit mit internationalen Partnern für weltweiten Vogelschutz und Wissenschaft ein.

Schweizerische Vogelwarte Sempach (www.vogelwarte.ch): Die gemeinnützige Stiftung für Vogelkunde und Vogelschutz überwacht und erforscht nicht nur die Vogelwelt, sie kümmert sich auch um verwaiste sowie verletzte Vögel und informiert Gäste in ihrem Besucherzentrum.

Seabird Tracking Database (www.seabirdtracking.org): Die weltweit größte Sammlung von Daten über die Verfolgung von Seevögeln, betreut von BirdLife International. Wirkt an weiteren Bemühungen zum Schutz der Seevögel mit und unterstützt ihre Erforschung mit Satelliten. Umfasst Daten von mehr als 50 Seevogelarten, die in rund 100 Brutkolonien gesammelt und von mehr als 100 Wissenschaftlern zur Verfügung gestellt wurden.

Smithsonian Migratory Bird Center (nationalzoo.si.edu/migratory-birds): Zentrum am weltweit größten Museum und Forschungszentrum für die Erforschung, Erhaltung und Förderung des Vogelzuges, angesiedelt am National Zoo der Smithsonian Institution in Washington. Unter anderem wird untersucht, warum Zugvogelpopulationen schrumpfen, gleichzeitig soll das Bewusstsein für Zugvögel und den Schutz ihrer Lebensräume in der westlichen Hemisphäre gestärkt werden.

Staatliche Vogelschutzwarten (www.vogelschutzwarten.de): Fachbehörden auf Länderebenen, die für den ornithologischen Artenschutz zuständig sind.

Verein Jordsand zum Schutz von Seevögeln (www.jordsand.eu): Der Verein betreut mehrere Seevogel- und Naturschutzgebiete und veranstaltet auch Workcamps für Jugendliche.

World Migratory Bird Day (www.worldmigratorybirdday.org): Weltweite alljährliche Aufklärungskampagne über die Notwendigkeit, Zugvögel und ihre Lebensräume zu schützen; dazu werden öffentliche Veranstaltungen wie Vogelfestivals, Fortbildungen, Ausstellungen und Exkursionen zur Vogelbeobachtung organisiert. Eine im Oktober 2017 begründete gemeinsame Initiative von Environment for the Americas (EFTA), Convention on Migratory Species (CMS) und dem Agreement on the Conservation of African-Eurasian Migratory Waterbirds (AEWA).

Register

Gefettete Seitenzahlen kennzeichnen die Haupteinträge

Rote Liste der Internationalen Naturschutzunion (IUCN)

Bei den hier aufgeführten Vögeln handelt es sich lediglich um die Arten, die ausführlicher im Buch besprochen werden. Weitere Informationen finden sich unter www.iucn.org.

Danksagung

Autor (Mike Unwin)

Mein Dank gilt allen, die zur Entstehung dieses Buches beigetragen haben. Wieder einmal war es eine Freude, mit dem Team bei Quarto zu arbeiten. Insbesondere danke ich Philip Cooper, der den Ball ins Rollen brachte, Michael Brunström, der das Projekt betreute, David Callahan für sein fachkundiges Lektorat und Adlerauge und Paileen Currie, die ein so schönes Layout erstellt hat. Dankbar bin ich ebenso Jean Thomson Black und ihrem Team an der Yale University, die an das Buch glaubten und uns in allen Stadien mit ihren detaillierten, hilfreichen Überprüfungen unterstützten.

Wie immer war es sowohl ein Privileg als auch ein Vergnügen, mit David Tipling zusammenzuarbeiten: In seinen Bildern spiegeln sich nicht nur seine Kenntnisse über Vögel und seine Liebe zu ihnen wider, sondern sie zeigen auch den Blick des Künstlers. Nachdem ich selbst versucht habe, Zugvögel zu fotografieren, bin ich mir der damit verbundenen Herausforderungen sehr wohl bewusst. Davids Blick richtet sich sowohl auf das Individuum als auch auf das dramatische Gesamtschauspiel, das diese Wunderwesen bieten.

Dankbar bin ich auch den vielen Naturforschern und Naturschützern, die uns mit Leidenschaft, Fachkenntnis und Engagement im Laufe der Jahre alles gelehrt haben, was wir heute über das Wunder des Vogelzuges wissen, und die heute die Welt darauf aufmerksam machen, vor welchen Gefahren so viele Vogelarten stehen.

Schließlich danke ich meiner Familie: meinen Eltern, die meine Liebe zur Natur seit frühester Zeit gefördert haben, und meiner Frau Kathy sowie meiner Tochter Florence, mit denen ich bei der Beobachtung von Zugvögeln wunderbare Erlebnisse teilen durfte.

Fotograf (David Tipling)

Zuzusehen, wie eine halbe Million Kanadakraniche zum Ausruhen an ihrem traditionellen Rastplatz am Platte River in Nebraska eintreffen, oder mitzuerleben, wie eine einsame Sumpfohreule bei ihrer Reise von der Nordsee an der englischen Ostküste ankommt, sind überwältigende Erlebnisse. Visuell sind sie sehr verschieden, aber beide erzeugen das gleiche Kribbeln, das uns beim Anblick von Zugvögeln erfasst. Und solche Begegnungen bieten oft auch die beste Gelegenheit, aussagekräftige Fotos zu machen.

In unserer Zeit gibt es scheinbar unzählige großartige Bilder von Zugvögeln. Das gilt besonders für größere Arten wie die Kraniche, bei denen das Fotografieren relativ einfach ist. Wenn es aber um kleinere Vögel geht, ist die Herausforderung weitaus größer. Als ich Bilder für dieses Buch auswählte, wurde mir schon bald klar, dass der Vogelfotograf vor vielen Schwierigkeiten steht, wenn er Vögel auf der Wanderung abbilden will. Bei vielen Arten stehen wir noch am Beginn ihrer Dokumentation.

Bei der Entstehung des Buches wurde auch die Bildauswahl fortwährend verbessert. Eine Feinabstimmung mit dem ständigen Austausch von Bildern ist wichtig, wenn man dafür sorgen will, dass das Buch visuell eine möglichst große Wirkung erzielt. Dieser Prozess ist Teamarbeit. Es war eine große Freude, wieder mit Mike Unwin zu arbeiten, denn er teilt die Leidenschaft für großartige Fotografie und leistet unschätzbar wertvolle Beiträge zur Bildauswahl. Ein großer Dank geht auch an unsere wunderbare Designerin Paileen Currie und unseren Redakteur Michael Brunström, die beide das Projekt zielsicher vorangetrieben haben.

Bildnachweis

Alle Fotos von David Tipling (birdphoto.co.uk) außer folgende: **Seite 15 (oben links)** Design Pics Inc./Alamy; **Seite 20** Nathaniel Attard/BirdLife Malta; **Seite 23 (oben)** Chris Schenk/Alamy; **Seite 23 (unten)** Mike Unwin; **Seite 33** Dong Lei/Nature Picture Library; **Seite 39** Neal Mishler/Alamy; **Seite 45** Steve Oehlenschlager/Alamy; **Seite 56** Roberta Olenik/Alamy; **Seite 59** Auscape/Alamy; **Seite 60** Donovan Klein/Alamy; **Seite 61** Auscape/Alamy; **Seite 76–77** Ole Jorgen Liodden/Nature Picture Library; **Seite 83–84** Mark Cawardine/Nature Picture Library; **Seite 92** Pete Morris/Alamy; **Seite 95** Luciano Candisani/Alamy; **Seite 96** Pete Oxford/Alamy; **Seite 98–99** Chris & Monique Fallows/Nature Picture Library/Alamy; **Seite 138** Paul Sterry/Alamy; **Seite 167** All Canada Photos/Alamy; **Seite 188** G. Lacz/Alamy; **Seite 191** Jabruson/Nature Picture Library; **Seite 213** Alan Murphy/Nature Picture Library; **Seite 215** Alan Murphy/Nature Picture Library; **Seite 216** Stephanie Starr/Alamy; **Seite 222** Alan Murphy/Nature Picture Library; **Seite 227** Markus Varesvuo/Nature Picture Library; **Seite 228** M.Wolke/Alamy; **Seite 231** Markus Varesvuo; **Seite 235** Connor Stefanison/Nature Picture Library; **Seite 256** Markus Varesvuo/Nature Picture Library; **Seite 259** Wim van den Heever/Nature Picture Library; **Seite 260–261** Will Burrard-Lucas Nature Picture Library; **Seite 262** Alan Murphy/Nature Picture Library; **Seite 265** Rolf Nusbaumer/Nature Picture Library; **Seite 267** Frederic Desmette/Alamy; **Seite 276** Martin Willis/Nature Picture Library; **Seite 278** Marc Anderson/Alamy; **Seite 279** Roland Seitre/Alamy